JN213985

# ウォーカブルなまちを評価する

一ノ瀬友博＋国際交通安全学会 ウォーカブルなまち研究会 編著

岩貞るみこ　紀伊雅敦　小嶋 文　柴山多佳児　土井健司
松橋啓介　馬奈木俊介　村上暁信　森本章倫　岩崎 寛
長田哲平　田島夏与　鳥海 梓　伊藤佑亮　浅野幸継
岸上祐子　曽 翰洋　中地遥菜　三輪哲大　共著

鹿島出版会

# はじめに

本書は、公益財団法人国際交通安全学会の調査研究プロジェクトとして、二〇二〇年度から二〇二二年度の三か年に「ウォーカブル・シティ評価手法の開発」（研究代表者 一ノ瀬友博）、二〇二三年度から二〇二四年度の二か年に「ウォーカブル・シティ評価手法の成果公表と実装」（研究代表者 一ノ瀬友博）として実施された研究成果をとりまとめたものである。著者は全てこの調査研究プロジェクトの共同研究者である。

二〇世紀の終わりから欧米を中心に新たな都市のあり方が盛んに議論されるようになった。車中心の都市からヒューマンスケールの都市への転換である。その経緯は第1章で解説するが、健康、居住環境、地球環境、感染症のパンデミックといった様々な側面からウォーカブルな都市が議論されてきた。日本においては人口減少、超高齢化という社会問題が加わる。これまで国内外で都市のウォーカビリティを評価する指標が数多く提案され、各地でそれらが試行されている。ウォーカブルな都市への転換を目指すプロジェクトも世界中で実施されるようになった。近年の調査研究と事例を収集し分析することによって、横断的・統合的なウォーカブル・シティの評価手法を提案しようというのが私たちの研究調査プロジェクトの出発点であった。

当初の研究計画では、二〇二〇年度から既往研究のレビューと並行して、欧米の先進事例を精力的に調査する予定であった。しかし、ご承知のように二〇一九年末からの新型コロナウイルス感染症（以下ＣＯＶＩＤ-19）のパンデミックにより国外への渡航が不可能になり、国内調査や対面での研究会の開催も大きな制約を受けることになった。二〇二〇年度は国土交通省による「居心地の良く歩きたくなるまちなか」づくりが本格的にスタートする年度でもあり、本調査研究プロジェクトにも国土交通省都市局まちづくり推進課の担当者にオブザーバーとして加わっていただき、国土交通省が行う「居心地の良く歩きたくなるまちなか」の指標作成についても意見交換させていただく予定であった。国土交通省の実証実験もコロナ禍により大きな影響を受けた。一方で、研究期間中に世界的なパンデミックに見舞われたことは、人々の移動が世界各地で改めて見直される機会に立ち会うことでもあった。例えば、二〇二〇年六月のパリ市長選でアンヌ・イダルゴ市長が一五分都市を公約に掲げ、再選を果たした。コロナ禍で移動が制限される中で、徒歩や自転車で移動できる範囲のまちのあり方が、市民の強い関心を集めたことの表れでもある。また、人々が集中する可能性のある屋内空間が次々閉鎖される中で、野外の公園緑地に人々が集まる現象も世界各地で見られた。公園緑地は特定の機能に特化しているわけではないが、人々の様々なニーズにこたえうることを示した結果である。私たちの調査研究プロジェクトでは、二〇二二年度と二〇二三年度にようやく国外の事例を調査する機会を得たが、アメリカでもヨーロッパでもコロナ禍を経て変わりつつある都市の姿を目の当たりにした。

本書は以下のような構成となっている。まず、第1章でなぜウォーカブルなまちが求められるようになったのか、その経緯と様々な視点からの評価手法を紹介する。第2章では調査研究プロジェクトにおいて現地調査を行った国内外の事例を紹介する。第3章でウォーカブルなまちを評価する枠組みを提示し、筆者らがそれぞれの専門の視点からウォーカブルを評価する視点を提示する。調査研究プロジェクトを通じて、私たちは横断的・統合的な評価のあり方を議論してきた。ウォーカブルなまちを評価する手法は数多く提案されており、そのアプローチも多様である。事例についても同様である。いかにそれらを統合するか、当初はそれが大きな論点であった。しかし、そもそも現実世界に存在している都市は実に多様で、そこで求められるウォーカビリティは背後に存在する社会課題によって大きく異なることがわかってきた。つまり画一的な評価手法を提示することが必ずしも対象となる都市のウォーカビリティ向上に資するとは限らないということである。このような議論を経て、私たちは日本のまちをウォーカブルにして行くためには何が求められるのか検討した。

第4章は、二〇二四年九月に東京で開催した公開シンポジウムにおけるパネルディスカッションをもとに構成されている。そこではこれからの日本のまちのあり方とウォーカビリティを議論した。これらを受け、議論をまとめている。

本書の基盤となった調査研究プロジェクトは先に述べたように公益財団法人国際交通安全学会の支援によって実施された。本書はその成果を公表するものとして出版できることになった。また、第2章で現地調査をさせていただいた都市においては、数多くの関係者の皆さんに情報の提供、現地の案内、意見交換など多大なご協力をいただいた。この場をお借りしてお礼を申し上げたい。本書が日本のウォーカブルなまちの実現に少しでも貢献できることを期待したい。

二〇二五年二月
著者を代表して
一ノ瀬友博

Contents

第1章

# なぜ<br>ウォーカブルなまちが<br>求められているのか

一ノ瀬友博

## 持続可能な都市のあり方

日本では急激な人口減少、超高齢化を迎え、都市のコンパクト化が進められている。しかし、ただ単に都市をコンパクトにすれば良いわけではなく、都市の活力を維持し、魅力を向上させるために「居心地が良く歩きたくなる」まちなかから始まる都市再生が二〇一九年に国土交通省に設置された懇談会で提唱され、二〇二〇年度から「まちなかウォーカブル推進プログラム」がスタートすることになった。すでに、全国で三八三（二〇二四年一月末現在）の都市がウォーカブル推進都市として名乗りを上げている。この「居心地が良く歩きたくなる」まちなかについて、国土交通省は、ホームページで以下のように説明している。「世界中の多くの都市で、街路空間を車中心から〝人間中心〟の空間へと再構築し、沿道と路上を一体的に使って、人々が集い憩い多様な活動を繰り広げられる場へとしていく取組が進められています。これらの取組は都市に活力を生み出し、持続可能かつ高い国際競争力の実現につながっています。近年、国内でも、このような街路空間の再構築・利活用の先進的な取組が見られるようになりました。しかし、多くの自治体では、将来ビジョンの描き方や具体的な進め方など、どう動き出せば良いのか模索しているのが現状です。このような背景のもと、国土交通省では街路空間の再構築・利活用に関する様々な取り組みを推進しております」。以下で詳細にウォーカブルなまちの背景について述べていくが、歩くことが健康増進につながることは古くから知られており、それが二〇世紀の終わり頃から都市のあり方の議論につながってきた。二一世紀に入り、地球規模の気候変動が全世界的な課題となり、二〇一九年末から新型コロナウイルス感染症（以下ＣＯＶＩＤ–19）のパンデミックが世界を襲った。期せずして、国土交通省の「まちなかウォーカブル推進プログラム」は、コロナ禍の始まりと重なることになった。迫り来る地球環境問題と世界的な感染症の拡大は、私たちに持続可能な都市のあり方を問いかけている。

## パンデミックと地球環境問題の衝撃

二〇二〇年四月初めの緊急事態宣言から本格的に始まった日本のコロナ禍は、三年以上にわたり私たちの生活に様々な制約をもたらしたが、二〇二三年五月初めの五類感染症移行に伴い、多くの制限がなくなった。コロナ禍における対応は、各国で様々であったが、ロックダウンをはじめとした移動の制限が長期間にわたったり、人と人の物理的な距離を確保することが求められたりするなど、人々の日常生活に大きな影響を与えてきた。リモートワークや遠隔授業といったオンラインによるコミュニケーションが急速に浸透し、日常的に当たり前だった通勤や通学という移動も急激に減少した。家にいながらでも会社の会議に出席したり、学校の授業を受けたり、さらにはオンラインで観光をしたりと、私たちは少し違った形でどこでもドアを手に入れたのかもしれない。一方で、多くの人々が自宅で過ごす時間が一気に増加し、その結果として自宅周辺の身近な環境が強く意識されるようになった。世界各地で公園緑地に人が押し寄せ、入場規制や施設の利用制限がかけられることになった。パンデミックが長期化した結果として、リモートワークを行うためにより広い住宅と良好な住環境を求めて都市近郊に移転する動きも世界各地で報告された[2,3]。

二〇二一年は、COVID-19のみならず気候変動についても話題に事欠かなかった。八月には気候変動に関する政府間パネル（IPCC）の第六次報告書第一作業部会報告書[4]が公開され、二〇一一年から二〇二〇年の一〇年間で、世界の地表温度は一八五〇年から一九〇〇年の間に比べて一・〇九度上昇していること、その気温上昇のほとんどが人的な要因であることが示された。加えて、温室効果ガスの排出を最も抑えたシナリオでも二〇三〇年代初めに一・五度を超える気温上昇が予測された。このような報告を受け、一一月にイギリスのグラスゴーで気候変動枠組条約の第二六回締約国会議（COP26）が開催され、気温上昇を一・五度に抑える努力を追求することが合意された。各国のリーダーからは二〇三〇年に向けて排出量を半減させるなど野心的な目標が示されたが、その具体的なロードマップは明らかにされていない。

二〇二一年は、もう一つの地球規模の環境問題である生物多様性損失についても節目の年であった。二〇一〇年に愛知県で開催された生物多様性条約第一〇回締約国会議（COP10）で掲げられた愛知ターゲットの目標年が二〇二〇年であった。その目標とは、生物多様性が失われる速度を顕著に低減することであった。愛知ターゲットは、さらに二〇の個別の目標から構成されるが、二〇二〇年までにその目標がほとんど達成できなかったことが明らかになり[5]、それはほとんどの国々が同様の状況に置かれていることもわかった。世界人口の増加、人やものの移動の爆発的な増加、そして地球規模の自然破壊により、人間以外の動物の感染症が人へ感染する機会が増加の一途であるとされる。パンデミックを防ぐためにも、ワンヘルス（one health）という人、動物、生態系の健康を一体として守らなければならないという考え方も示されている[6]。

これらの地球環境問題、感染症のパンデミックは、都市や地域のあり方に劇的な影響を及ぼしている。C40都市気候リーダーシップグループ（世界人口の一二分の一と世界経済の四分の一を代表する世界九六都市のグループ）は、二〇二〇年七月にCOVID-19からのグリーン復興アジェンダを発表した[7]。そこでは、世界中の都市で大気汚染を三〇％削減し、生息地の破壊を防ぐことで未知の感染症のパンデミックを防ぐこと、二〇三〇年までに温室効果ガスの排出量を半減させ、地球温暖化を一・五度に抑えることなどが述べられている。バルセロナでは、COVID-19後の都市再編についてのマニフェストという市長への書面が二〇二〇年四月にオンラインで公開され[8]、多くの賛同を集めて話題になった。二〇二一年一一月の時点で二一〇〇人を超える専門家からの署名を集めている。そこでは、モビリティの再編、都市の（再）自然化、住居の脱コモディティ化、脱成長が掲げられている。モビリティの再編においては、さらに自家用車・バイクの劇的な減少、都市のモビリティとしての自転車の活用、効率が良くクリーンな公共交通網の整備、まち全体を歩行者優先に転換、輸送に伴う騒音の削減といった具体策が示されているCOVID-19のパンデミックをきっかけとして、都市の再編に関わる議論や提案は世界的になされており、そこでは人が中心となる都市のあり方と地球環境問題への対応がほぼ共通して見られる。

### 歩行による健康への効果

歩行と健康については、医学や公衆衛生学の分野から実に数多くの研究がなされている。例えば、運動は糖尿病のリスクを下げることが知られていたが、中程度の負荷のウォーキングが激しい運動と比較して、エネルギー消費量が同じであれば糖尿病のリスクを同程度下げることが明らかにされている[9]。また歩行はすでに糖尿病に罹患している人の死亡率を有意に低下させることもわかっている[10]。このような歩行がもたらす健康へのポジティブな効果は、歩きやすい都市が健康にもたらす影響についての研究へと発展していく。二〇〇三年にはセーレンスらにより近隣の歩行環境を評価する指標（Neighbourhood Environment Walkability Scale: NEWS）が提案される[11]。これは住宅密度、土地利用混在度、街路の接続性などの項目をアンケートにより回答してもらうもので、歩きやすい地域の住民は歩きにくい地域の住民に比べて身体活動量が多く、肥満の程度も低かった。この指標はその後修正を加えられ[12]、世界的に広く活用されるようになり、数多くの研究で活用され、日本でもその有効性が検証されている[13]。

セーレンスら[11]に始まる近隣歩行環境評価手法は、アンケートを用いたものであるので、サンプルサイズには限界がある。一方で、大規模な人口ベースのコホート分析もなされるようになる。サルカーら[13]はイギリスにおいて四〇万人以上を対象に近隣の歩きやすさと高血圧の関係を分析し、一㎞圏内の歩きやすさは血圧と関係があることを明らかにした。さらにハウウェルら[14]は、カナダのオンタリオ州の大都市圏に居住する約二五〇万人を対象に歩きやすさと交通に由来する大気汚染が、高血圧と糖尿病のリスクに及ぼす影響を分析した。その結果、歩きにくさと大気汚染は相互に作用し、高血圧と糖尿病のリスクが高くなることを明らかにした。これらの研究は主に成人を対象としているが、歩行は子どもの健康にも影響を及ぼす。シモンズら[15]は、カナダのオンタリオ州の子ども三二万人以上を対象に、自宅周辺の歩きやすさと喘息の発症について分析を行ったところ、歩きにくい地域に住む子どもは、喘息の発症および継続的な喘息のリスクが高いことがわかった。歩行が及ぼす健康への影響は、特定の疾患について数多く検討されてきたが、最近の四〇歳以上のアメリカ人を対象とした研究では[17]、一日の歩数の多さが死亡率の低さと有意に関連していることが明らかになり、歩行が疾患の種類にかかわらず健康に大きな影響を及ぼすことが示唆されている。

　歩行は疾患のリスクを下げるだけではなく疾患の改善にも大きな効果をもたらす。歩行は、心血管疾患[18,19]や慢性筋骨格系疼痛[20]から回復した人にとって安全な運動で回復を促すことが明らかになっている。歩行は、精神疾患の改善にも効果があることもわかってきている。少し古い研究であるが、Mobilyら[21]によれば、六五歳以上の高齢者を対象とした研究で、抗うつ症状と歩行は有意な負の相関を示すことを明らかにした。

　以上のように歩行が及ぼす健康への効果が明らかになるとともに、病気を予防したり、疾患からの回復を目的として緑地やまちなかにウォーキングコースを設定するような試みも世界各地で試みられるようになった。そのようなコースを使っての身体への影響を検証する研究も数々行われてきている[22]。しかし、設定されたコースを歩くのはそのために時間を確保し、そこに行かなければならない。一方で、人々が生活している都市で日常的に歩行を促すことは結果的に健康増進につながるという考え方が生まれてくるのは必然的であった。

## 自動車中心からウォーカブルなまちへ

　自動車の出現は様々な点において画期的であった一方で、都市計画のあり方を根本的に変え、自動車による移動を前提とした直線的な都市のグリッドと郊外へのスプロール化をもたらした[22]。そのような新しい都市計画は、持続可能で効率的な都市計画を再構築しようとしたル・コルビュジエにさかのぼるという[24]。都市のスプロール化を促進し、自動車に過度に依存するまちの登場は、ジェイコブズによって痛烈に批判されることになった[25]。自動車による移動を前提とした都市のあり方は、社会、経済、環境といったあらゆる側面から様々な批判を浴びるようになった。自動車優先の都市から歩行者や自転車のアクセスを確保するような都市への転換という動きは、二〇世紀の終わりにアメリカから大きな動きとなってきた。一九九〇年代からアメリカ連邦政府が支援するプロジェクトでは歩行者と自転車への配慮が義務化されるなど、政策の転換が図られるようになった[25]。ウォーカブルな都市をデザインすると題して、二〇〇〇年代初頭の歩行可能な都市計画のあり方についてまとめた論文[25]では、歩行者ネットワークをデザインするための六つの基準を示している。すなわち接続性、他の交通手段との連携、詳細な土地利用パターン、安全性、道路の質、道路の状況である。

同じ二〇〇五年に発表されたフランクら[27]の研究では、のちに数多くの研究で引用されることになるウォーカブル指標(Walkable Index)が提案された。この論文では土地利用混在度、住宅密度、交差点密度からなる変数をウォーカブル指標とし、この指標は住民の一日あたりの中程度身体活動量と有意な正の相関が得られた。この著者らは、先の歩行と健康で取り上げた近隣歩行環境評価手法を提案した論文の著者と重複していて、公衆衛生上の視点からの都市や交通システムのあり方に当初から着目していた。このウォーカブル指標は、指標として改良をされながら異なる都市に適用され、様々な要因との関係が検証されるようになった。フランクら[28]は、指標に商業地域における商業施設の床面積の比率を加え、ウォーカブル指標が一%上昇すると、身体的活動時間の増加、肥満度の減少、自動車の走行距離の減少、窒素酸化物の減少、揮発性有機化合物の減少につながることを明らかにした。ウォーカブル指標を用いた都市の評価は、主に北米とオーストラリアを中心に行われてきたが、ロンドンを対象とした研究でも都市中心部から周辺部に向けウォーカブル指標が減少し、最も歩きやすい地域に住む人は最も歩きにくい地区に住む人に比べて週に六時間以上も歩く可能性が高いと評価された[29]。日本においてもウォーカブル指標は近年注目を集めていて、大阪府茨木市の都市計画区域を対象に評価した事例[30]や滋賀県草津市の公園を対象とした事例[31]などが見られる。

ウォーカブル指標に対し、一般に公開され実用化されているものとして「ウォーク・スコア」(Walk Score)[32]が存在する。これは近隣に存在する食料品店、レストラン、学校、公園といった一三のカテゴリーの都市施設までの距離に基づいて、歩きやすさのスコアを算出するもので、ポイントは合計され、〇から一〇〇のスコアになるよう正規化される[33]。いわば特定の場所の利便性を評価しようというものであり、市民が住居を選択する際に参考になるもので、北米とオーストラリア、ニュージーランドの主要都市について誰でもオンラインで評価をできるように公開されている。カーら[33]によれば、ウォーク・スコアはウォーカブル指標に用いられる道路接続性、住宅密度、公共交通機関へのアクセス性などと有意な相関が見られ、主観的な評価である身体活動環境とも有意な相関があることが明らかになった。一方で、ウォーク・スコアは人口一〇万人あたりの犯罪発生件数とも有意な相関が見られた。同様にウォーク・スコアが都市の歩きやすさを評価するために簡単で安価な処方となり得るという検証がなされるようになり[34]、ウォーク・スコアを用いた数多くの研究がなされるようになった。しかし、ウォーク・スコアを活用した論文四二本を評価したホールら[35]の研究によれば、ウォーク・スコアは歩きやすさを評価するためには十分ではなく、代替的な指標と理解するのが適切であると指摘している。なお、ウォーク・スコアは日本において検討した研究も存在し、ウォーク・スコアと交差点密度、目的地の数と有意な正の相関が見られたとされている[36]。この結果は、ホールらの指摘の範囲を出ていないと考えて良いだろう。

## 歩いて暮らせる都市

ウォーカブル指標は都市における歩行可能性を指標化しようという考えであるが、都市計画において伝統的な近隣住区論に近いアプローチで、近接性、歩行可能性を重視した圏域を実現しようというアイデアが、モレノにより提唱された一五分都市(15-minute city)である[24]。モレノらによれば先に挙げた自動車優先の都市計画を批判したジェイコブズの書籍[25]からインスピレーションを得ているという。モレノらは、住民が住居から徒歩や自転車で一五分以内に生活、仕事、商業、医療、教育、娯楽の六つの必須機能にアクセスできることが、一五分都市の基本的なコンセプトであるとしている。

この一五分都市にきわめて近い考え方として、二〇分都市(20-minute city)も提案されている。二〇分近隣(20-minute neighbourhoods)という表現であるが、オーストラリアのメルボルン市の中長期計画ですでに位置づけられている[37]。メルボルン市の計画では、二〇分の根拠としてオーストラリアで行われた研究で、一般的な人が歩こうと思う時間として二〇分が限界であるとされていること[38]を挙げている。この二〇分という時間で歩ける範囲は距離でいうと八〇〇mとなり、これを一つの基準としている。二〇分都市には、徒歩と自転車だけでなく、公共交通機関も加えて二〇分以内というコンセプトも提案されている。アリゾナ州のテンピ市を対象とし、食料品店、レストラン、運動施設、公園、学校などの一二の都市施設を対象にそのアクセシビリティを検討した結果、テンピ市は自動車を中心に開発された都市であるが、徒歩、自転車、公共交通機関によりほぼ二〇分以内にアクセス可能であった[39]。このような結果から自家用車への依存を下げるためにアクセス性を優先した道路ネットワークに改善していく必要があるとしている。モレノら[23]は、このカパッソ・ダ・シルバらの二〇分都市[39]に対し、都市施設へのアクセス性を特に重視したコンセプトで、持続的で社会的な交流や都市住民の参画が考慮されていないとしており、その点が彼らの一五分都市と異なると指摘している。一五分都市は社会的な側面に加え、生態学的な持続可能性まで考慮に入れているとされる[23]。

COVID-19のパンデミックを踏まえ、これからの一五分都市のあり方としてモレノらは、四つの視点からのフレームワークを提示している。すなわち、密度、近接性、多様性、デジタル化である。密度や近接性はこれまでのウォーカブル指標で議論されてきたことと同様である。多様性はアクセスできる都市施設の多様性と、文化と人の多様性である。前者はウォーカブル指標においても検討されている。後者については多様な文化を許容する都市環境が社会的な結束を促し、ソーシャルキャピタルを生み出すこと[40]、また多文化的な側面は都市の魅力を高め観光の促進をはじめとした経済的な効果[41]をもたらすとしている。そしてCOVID-19をきっかけに加わったのが、デジタル化である。都市のデジタル化という意味ではスマートシティ推進がCOVID-19以前から世界中の都市で取り組まれてきたが、例えばデジタル技術を活用したシェアサイクルの重要性などが明らかになったとしている[23]。特に今回のパンデミック下においてリモートワークやバーチャルなコミュニケーションを取ることが可能になり、移動の必要性が減少した。短距離の移動であっても自動車から徒歩や自転車に転換することは温室効果ガスの排出量削減につながるので[42]、デジタル化はCOVID-19後においても持続可能な都市のあり方に大きな役割を果たすとしている[23]。

この一五分都市、二〇分都市の考え方は、急速に注目を集めている。パリでは、アンヌ・イダルゴが一五分都市のコンセプトを市長選の公約に取り入れ当選し、二〇二〇年六月にそれを実現した[43]。先に紹介したC40都市気候リーダーシップグループもCOVID-19からの復興という視点で一五分都市に注目している[44]。中国[45]やイタリア[46]でも一五分都市の実証的な研究がなされるようになってきている。日本については、パリ市における一五分都市の導入をきっかけにメディアに取り上げられるようになったが、研究レベルでも施策レベルでも事例は見られない。一五分都市を提唱したモレノは二〇一九年末からのCOVID-19のパンデミックがさらにこのコンセプトの重要さを裏付けたとしている[23]。つまり、各地の都市がロックダウンされ、車両による移動も制限された中で、人々は公共交通機関を避けたため、代替の移動手段として自転車が最も活用された。そして公園をはじめとした公共スペースに対する人気と需要が高まった。ポズキドゥら[47]は、COVID-19をきっかけに地域レベルのアメニティの不足が顕在化したと指摘し、ボトムアップで都市の福祉を促進し、都市全体のスケールで資源配分を考える手法として一五分都市は新しい都市計画となるとしている。アブデルファタら[48]も、COVID-19によるロックダウンの期間中には徒歩や自転車によって屋外移動がなされたとし、ミラノ市を対象に一五分都市の実現を検証しつつ、徒歩や自転車とマイクロモビリティがどのように活用しうるか検討している。このように未曾有のパンデミックによって都市のあり方が世界中で活発に議論されるようになっている。日本では一五分都市といった明確なコンセプトは示されていないものの国土交通省による「新型コロナ危機を契機としたまちづくりの方向性」と題した議論で、関連した検討がなされている[49]。

## 持続可能な都市

バオベイドら[50]は、ウォーカブルに関わる研究や実践、議論を健康、居住性、持続可能性の三つの視点から整理し、レビューを行っているが、持続可能性についてはさらに、環境、社会、経済の三つに分けて議論している。ここではその三つについて取り上げる。

まず環境の持続可能性という視点では大気汚染が挙げられる。都市の大気汚染が人に及ぼす影響を通勤のタイプごとに比較すると、公共交通機関や徒歩、自転車に比べて自動車が最も暴露レベルが高いという事実は一般的に知られてきた[51]。しかし、ウォーカブル指標を用いた研究では、歩きやすさが一%上昇するとその他の指標に加え、窒素酸化物のグラム数と揮発性有機化合物のグラム数が有意に減少するといったように、歩きやすさは大気汚染の程度に影響を受けていることが明らかにされてきた[27]。ただし、実際には歩きやすさと大気汚染については、逆の関係も数多く指摘されていて、マーシャルら[52]は都市の中心部ではウォーカブル指標が高いものの、窒素酸化物の濃度も高いこと、特に低所得者層が多い地域ではその関係が顕著であることを明らかにしている。ジェームズら[53]は、アメリカ全土を対象としたコホート研究で、ウォーカブル指標とPM2.5から導き出される大気汚染の程度を推定したところ、歩

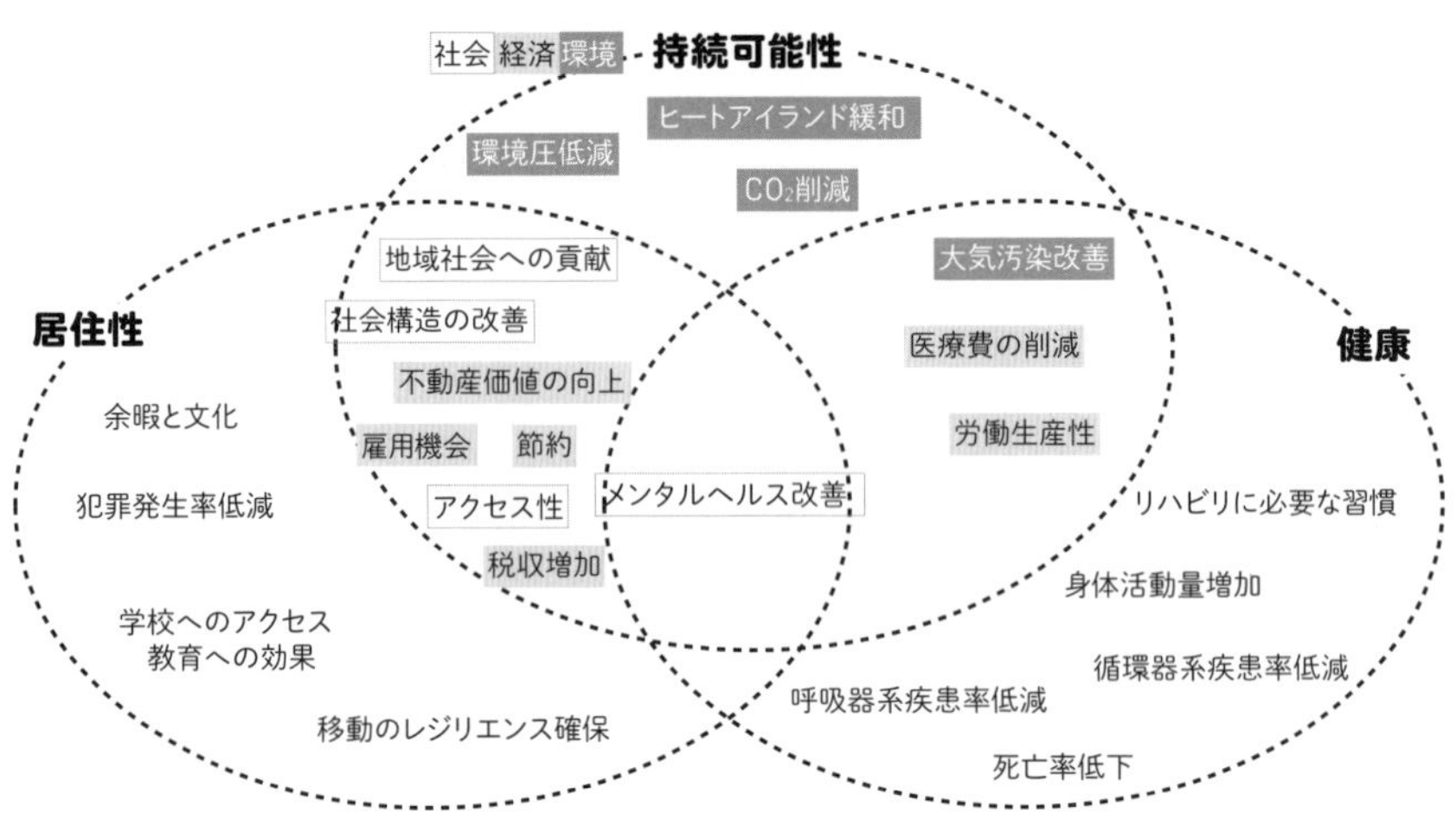


**図1**｜ウォーカビリティを評価するフレームワーク（バオベイド[50]をもとに作成）



きやすさは大気汚染レベルと正の相関があると明らかにした。バオベイドら[50]が指摘するように、歩きやすい都市中心部は汚染物質濃度が高く、歩くには適していない郊外では汚染物質の濃度が低いのは容易に想像しうる。しかし、都市における歩行者や自転車利用者は大気汚染にさらされており、その程度は学歴や所得とも関係しているため、社会経済的な公平性の視点から検討を要するとしている[50]。また、スペインのバルセロナ市は、都市の大気汚染を緩和するために特定の街区に車両の進入を規制し、自家用車のスペースを縮小するなどの取り組みを行ったスーパーブロックを導入しているが［32ページ参照］、大気汚染緩和効果を実証した研究によると、街路レベルでは窒素酸化物の減少が確認されたものの都市全体の交通需要が減少しない限り、都市全体の大気汚染物質排出量には影響を及ぼさないことが報告されている[54]。なお、人間の健康に影響を及ぼす都市の環境という視点では、大気汚染以外にも様々な要因が存在するが、暑熱環境については日本を含め低緯度に位置する都市にとっては深刻な課題で、ヒートアイランドや気候変動により対応の重要性は高まっている。微気象や熱的快適性と歩行可能性の関係についてはある程度の研究蓄積があるもののまだ十分とは言えない[55]。最近の研究では日射を遮るものとして街路樹の必要性が指摘されている[56]。

二一世紀に入り、地球規模の気候変動が人間活動により引き起こされていることが次々に明らかにされる中で、急速に注目を集めるようになっているのが、温暖化効果ガスあるいは$CO_2$の排出量削減である。例えば、二〇一九年度の日本の統計では運輸部門が一八・六％の$CO_2$を排出しており、そのうち自動車は八六・一％に相当するので、日本全体の一六％を排出している。特に都市においては自家用車による移動を減らし、徒歩や自転車、公共交通に転換することにより$CO_2$排出を減らそうというのは、当然の対策と言える。しかし、都市における交通モードの転換が具体的にどの程度の$CO_2$の削減につながるのか実証的な研究は必ずしも十分ではなかった。ネヴェスら[42]はウェールズのカーディフにおいて行った実証的な研究により、車での移動の半分は三マイル以下で、徒歩や自転車は自動車での移動の四一％を代替できるとした。そのような代替により自動車移動による温室効果ガスを$CO_2$換算で約五％削減できると推定した。実際に自動車から徒歩や自転車に転換させる政策を検証したものとしてはキールら[57]の研究がある。ニュージーランドの二つの都市において自転車と歩行のためのインフラ整備とアクティブな移動を推奨するプログラムを実施しており、その結果三年間で乗用車一台あたりの平均移動距離が一・六％減少し、そのことにより$CO_2$の排出は一％削減に相当すると推定された[57]。このような自動車から徒歩や自転車への転換による$CO_2$の削減効果を具体的に明らかにした研究は限られているが、COVID-19により人の移動が激減したことが$CO_2$排出量の削減に大きく寄与したことが明らかになったこと、そしてはじめに述べたように気候変動に対する危機意識の急速な高まりにより、交通モードの転換による$CO_2$排出量の削減は都市にとって避けて通れない課題となっている。先にバルセロナ市におけるスーパーブロックの導入は大気汚染の削減に大きな効果を上げていないという指摘を紹介したが、一方で都市全体にスーパーブロックを導入することにより$CO_2$排出量の四〇％を削減できると試算されている[58]。

次は社会的な持続可能性である。ライデン[59]は、歩きやすさとソーシャルキャピタルの関係について調査し、歩きやすい地域に住んでいる住民は、隣人を知っている、政治的に参加している、他人を信頼しているといった程度が有意に高く、ソーシャルキャピタルが高いことを明らかにした。これまで挙げてきた歩きやすさに関わる研究のほとんどは健常者を主に対象としたものであるが、障がい者を対象とした移動しやすさの評価は限定的である[60]。そもそも自動車中心の都市から歩ける都市にという転換は、自動車を持てるか持てないかにかかわらず、つまり所得の格差にかかわらず誰でも必要な都市機能にアクセスできなければならないという社会的な公平性を担保する考えにも基づいている。社会的な持続可能性については、様々な議論があり、特に都市における定義は明確に定まっていない[61]。ユウとリーは、社会的持続可能性を、社会を維持する能力と定義し、それを支えるソーシャルキャピタルは、歩きやすさを含む近隣環境が影響を与えることを明らかにした。社会的持続可能性、あるいはソーシャルキャピタルと歩行可能性についての研究は必ずしも多くはないが、先に述べたように一五分都市も社会的な持続可能性を重視したコンセプトであるとされている[23]。

最後に経済的な持続可能性である。歩きやすいということは、自動車への依存を減らすことにより燃料費が軽減され、自動車の維持費も抑えることができ、高価な駐車スペースも減らすことができる。さらに土地の資産価値の向上、身体活動が向上することによる医療費の削減など、様々な経済的な利益をもたらす[50]。例えば、アムステルダムの人口密集地を対象とした電気自動車の充電器の配置を検討した研究によれば[62]、徒歩で二分半(二〇〇m)以内に充電スタンドを配置する場合に比べ、もう二分半歩く、つまり合計五分(四〇〇m)歩くことにすれば、新規に充電器を設置するコストがゼロになるか、少なくとも四〇%削減できることを明らかにした。当然のことであるが、歩行者用のインフラは車道に比べて明らかに安価である[63]。歩きやすさに関わる指標がアメリカの不動産市場にどのように反映しているか調べた研究によれば[64]、歩行者用のインフラと土地利用の混在の程度は、賃貸集合住宅の資産価値に大きく貢献していた。歩きやすさがもたらす不動産価値の向上については日本でも注目されるようになってきている[65]。歩きやすさは観光においても重要で、観光客が殺到することで有名なヴェネツィアを対象とした研究では[66]、歩きやすさを向上させることで観光客の流れを管理し、住民と観光客の間の軋轢を軽減させる効果があることが明らかになった。このように歩きやすさは個人のレベルでも、都市のレベルでも経済的な持続可能性に大きく貢献する。

## 日本における展開

ここまで歩行がもたらす健康への効果にはじまり、地球環境問題とCOVID-19のパンデミックを踏まえた最近の持続可能な都市構築に向けた取り組みや議論を紹介してきたが、日本では「居心地が良く歩きたくなる」まちなかづくり——ウォーカブルなまちなかの形成[67]が国土交通省により展開しつつある[206ページ参照]。この施策の背景にあるのは、急速な人口減少と超高齢化である。この課題に対応するためにコンパクトシティと都市再生が取り組まれてきた。日本の歩きやすいまちづくりはその一つの手段である。そして、「居心地が良く歩きたくなる」というフレーズが重要である。そこにこめられているのは、歩けるだけでなく、歩きたいという欲求を生み出すということであり、さらに歩くだけでなく一定時間滞在することを想定している。この国土交通省の取り組みには、島原が提唱する官能都市という考え方が反映されている[68]。島原は著書の中で、アメリカでは一九九〇年代からル・コルビュジエ型の効率優先の都市計画が転換されてきたにもかかわらず、日本では国土交通省をはじめとした行政の補助メニューに従って、効率優先のまちづくりが全国で展開され、どこでも同じような都市が整備されていると批判した。その上で、官能都市（センシャス・シティ）という新しい都市のあり方を提示した。その官能都市の尺度として、歩ける、自然を感じる、まちを感じる、食文化が豊か、機会がある、ロマンスがある、匿名性があるという項目を挙げ、日本全国の自治体をアンケートにより評価した。この項目を見てもわかるように社会的な持続可能性も含まれている。また歩きたいという欲求を生み出すということは、アルフォンツォら[69]が提唱する歩行欲求モデルの最上位にあたる楽しさに相当するだろう。歩きやすさにとどまらない魅力的な都市を目指

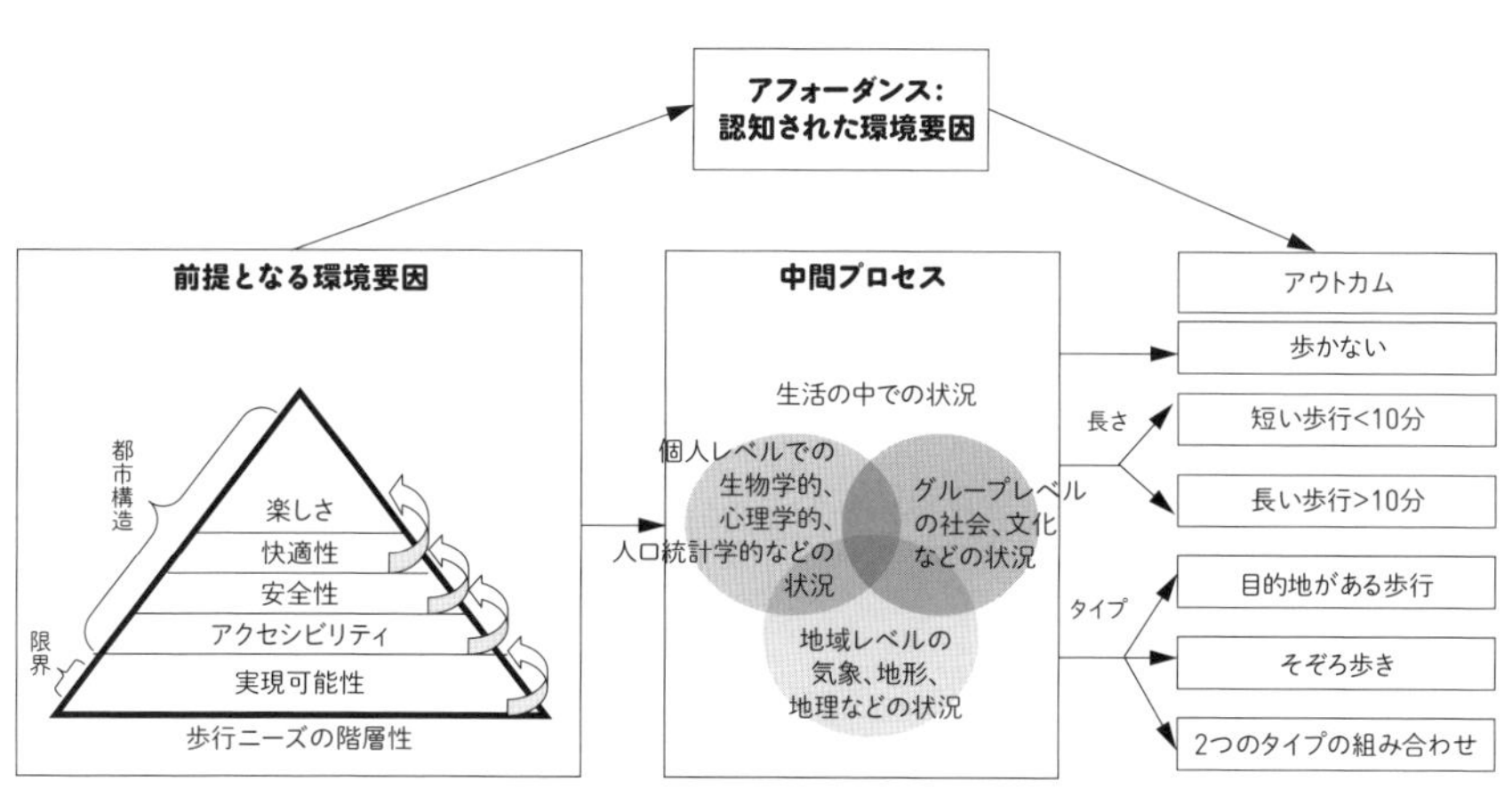


**図2**｜社会生態学的枠組みにおける歩行ニーズの階層性[69]

す施策である。一方で、ここまで国外の事例を見てきたように一五分都市のような都市施設へのアクセス性や経済、環境の面からの持続可能性、デジタル化との組み合わせなどは扱われていない。それは国土交通省の他の施策で対応するという位置づけであると推察される。

第2章

# 世界の<br>ウォーカブルな<br>まちづくり

# ヨーロッパのウォーカブルなまち

柴山多佳児

## ヨーロッパの都市

ヨーロッパの諸都市ではウォーカビリティ向上のための都市空間のトランスフォーメーションが進む。しかし、ヨーロッパのまちのウォーカビリティ向上がどんなところで、どのように行われるのかを知るためには、都市のつくりを理解しておくことが重要である。ヨーロッパの都市のつくりには一定のパターンがある。

また、ウォーカビリティ向上のための施策の多くは、にぎわいの創出のような一つの街路の改良は主眼とせず、自動車を中心とする交通行動からの行動変容の促進、都市空間の質の向上、健康的な生活の実現など、交通政策に関連する様々な目的を兼ねて広く面的に行われるのが現在の欧州では一般的である。その背景には「持続可能な都市モビリティ計画」と呼ばれる目的志向型の計画づくりがある。本節では四か所のヨーロッパの都市の事例を紹介するが、その前に、これらの点についてそれぞれ簡単にまとめる。

### ヨーロッパの都市のつくり

大小を問わず、ヨーロッパの古くからの都市には、城壁に囲まれた中世からの市街地を起源とする中心部があり、一般に旧市街と呼ばれる。中心には教会とそれを取り囲む広場があり、大きな都市では教会は大聖堂となる。近代国家成立以前の城壁の内側は、都市の市民権を持った住民が住まい、ところどころに設けられた城門では、都市への出入りを管理したり、物品に関税がかけられたりしていた。城壁の内側では、各城門から中心の教会に向かうメインストリートがあり、その間に路地のネットワークがある。

城壁の外側には、中世末期から近世にかけて、産業革命以前に広がったエリアがしばしば見られる。当時としては新しい市街地なので、「新市街」といまでも呼ばれることもある。多くは一七～一八世紀にかけて形成された市街地であるから旧市街と簡単に見分けがつかないことが多いが、旧市街よりやや広い道幅が特徴である。重要な都市になると、旧市街を取り囲む城壁があり、その外側にさらに新市街を取り囲むように城壁や堡塁が築かれ、二重のつくりになっていることもある。また都市の拡張に伴って城壁を何度もつくり替えた都市もある。いずれの場合も、大陸であるヨーロッパの都市はつねに外敵の侵入の脅威にさらされていて、都市を守る対策が必要であったのが主な理由である。

まちによっては城壁内外のエリアをまとめて「旧市街」と呼んだり、「歴史的市街地」などと呼んだりもするのでややこしいが、いずれにしてもこれらは産業革命以前の市街地である。この旧市街と新市街が形成された時代の主な交通手段は徒歩であり、荷物の運搬や長距離移動には馬車も用いられた。空襲などで破壊されて跡形もとどめていない都市もまれにあるが、旧市街・新市街は当時に近い姿をとどめている都市が多い。これらのエリアは時代的に徒歩を前提にしていたから、いまでも総じてウォーカブルな空間である。

一九世紀になると、イギリスから始まった産業革命が大陸ヨーロッパにも次第に伝播してくる。この時代には各地で鉄道が敷設されたが、ターミナル駅は当時の市街地の端に置かれた。鉄道駅には広大な土地が必要だが、すでに市街地化していた土地の接収は欧州では基本的に行われなかったからである。

鉄道の開通により遠くの地域との交通が容易になるのと並行して、近代国家の形成も進んだ。外敵が都市を攻めてくる脅威が減った一方で、都市化が進み人口が急増し、市街地をさらに広げる必要が出てきた。市街地の拡張には城壁は邪魔となり、多くの都市では一九世紀後半になると取り壊され、公園や環状道路となった。また、後述するパリのように、市街地を大改造して大規模な街路が貫くようになった都市もある。城壁がいまも残る都市は観光地として名を馳せるところも多い。

産業革命の時代以降に新たに開発された市街は、それまでの旧市街や新市街とは異なり、格子状に近い区割りとなった［図1］。こうした新たな市街地は鉄道駅を越えた先に開発され、住居のみならず、工場なども立地した。一九世紀の中頃になると、後に路面電車へと発展する馬車軌道が都市交通機関として登場し、大きく広がった都市内の移動を支える足となった。この時代の市街地の街路はさらに広くなり、大通りでは中央を馬車軌道や路面電車が、その両側の車道を馬車が走り、さらに外側には歩道が設けられた。裏通りでも、馬車二台が容易にすれ違う程度の幅が確保された。

ヨーロッパで自動車の普及が始まるのは一九二〇年代頃からである。街路の中で自動車が走る場所は基本的に馬車を踏襲した。第二次世界大戦の後、モータリゼーションが進むと、広場や路上に駐車される自動車が急増した。ヨーロッパでは一般的に、日本の車庫証明のような自動車の保管場所を示すものがなくても車を購入することができ、特に規制のなかった路上駐車は住民の一種の既得権益となり、現在にまで続く。都市がさらに拡大すると自動車を前提とした郊外が開発されたりもするが、このあたりは北米や日本の都市と同じである。

ヨーロッパの都市は、細かな差異や時間差こそあれど、おおむねこのような経過をたどって発展してきた。したがって、中世から近世までの旧市街・新市街と、産業革命の時代の格子状の市街地や大通り、そして戦後に開発された市街地では、都市構造も街路の規模感も、さらには建物も大きく異なる［図2］。

本節で取り上げるパリ、ウィーン、バルセロナ、ポンテベドラは、いずれも基本的にこのような発展の経過をたどってきた。どの時代の市街地でウォーカビリティ向上が取り組まれているのか、こうした歴史的背景を踏まえて読み進めていただきたい。

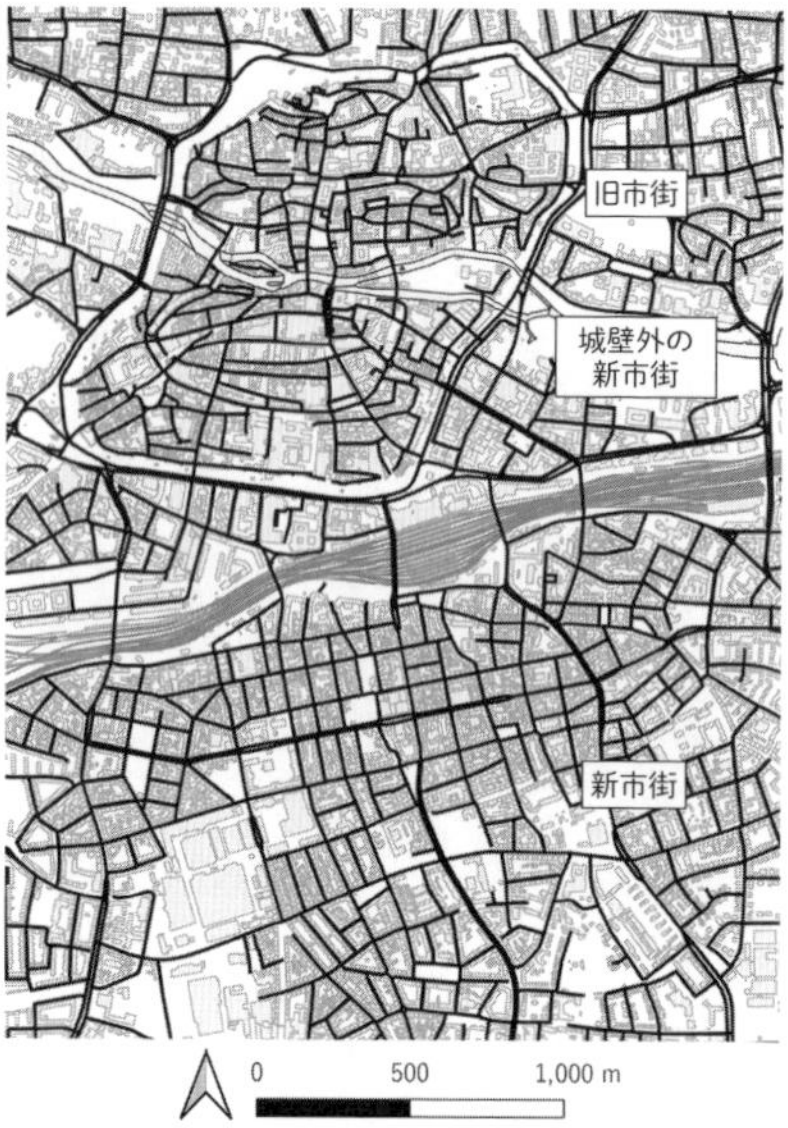

**図1**｜ドイツ中部のニュルンベルクの旧市街（北側の環状道路に囲まれた部分）、城壁外に形成された新市街（旧市街と図の中央を東西に横切る線路の間）、そして新市街（線路の南）の異なる街区の例

**図2**｜手前に広がる旧市街と奥に広がる近代の市街地の例（フランス、ブザンソン）。写真範囲外の右奥には駅や産業革命期に広がった市街地がある（2013年撮影）

## 持続可能な都市モビリティのための計画「ＳＵＭＰ」

ヨーロッパのウォーカビリティ向上施策を理解する上でもう一つ重要な要素がある。「持続可能な都市モビリティのための計画」と呼ばれる統合的な計画・合意文書であり、英語のSustainable Urban Mobility Plan の頭文字からＳＵＭＰ（サンプ）と呼ばれる。目的志向型で、将来ビジョンを先に合意し、そこから逆算するように目的と目標値・目標年次を定める。具体的には、「二〇四一年までに徒歩・自転車と公共交通の交通手段分担率を合計八〇％に、自動車を二〇％にする」（ロンドンの例）といった目標である。その目的と目標値の達成に資するよう様々な施策を組み合わせるのがＳＵＭＰの特徴である。

このような計画づくりは一九八〇年代から西ヨーロッパ諸国を中心に各国で行われていたが、二〇一三年にＥＵがＳＵＭＰガイドラインの初版をまとめ、二〇一九年にはその後の展開も加味した第二版が公表された。ガイドラインは二〇を超える言語で提供されており、日本語へも翻訳されている。

ＥＵのガイドラインが公表されるよりも前に、ＳＵＭＰに相当する計画・合意文書は各所で作成されていた。先駆者の一つであるフランスでは一九八二年に制定された国内交通基本法（ＬＯＴＩ：Loi d'orientation des transports intérieurs）で、自動車交通、公共交通、徒歩交通などすべてのモードを包含した都市交通計画（ＰＤＵ：Plans de Déplacements Urbains）についての規定がなされた。その後の試行錯誤も経て、一九九六年に制定された大気とエネルギーの合理的な利用に関わる法律（ＬＡＵＲＥ：Loi l'air et l'utilisation rationnelle de l'énergie）では、人口一〇万人以上の都市圏にＰＤＵ策定が義務づけられ、さらに自動車交通の削減や、公共交通・自転車交通・歩行者交通の整備と強化など、目的とすべき事項が明示された。ＬＯＴＩを継承・発展させた二〇一〇年の交通法典（Code des transports）を経て、それをさらに発展させた二〇一九年のモビリティ基本法（ＬＯＭ：Loi d'orientation des mobilités）では、モビリティ計画（PdM: Plan de Mobilité）という名称に改められた。

ドイツやオーストリアなどドイツ語圏諸国では、義務化こそされていないものの、交通発展計画（Verkehrsentwicklungsplan）、交通マスタープラン（Verkehrsmaterplan）、モビリティ基本計画（Mobiliätskonzept）など都市ごとに異なる名称で、やはり一〇年程度のサイクルで同様の計画が策定されてきた。北欧諸国など、その他の地域も同様である。いずれの場合も、一般に自動車交通の削減と、公共交通・自転車交通・歩行者交通を重視するが、この点はフランスと同様である。

これらが下地となり、二〇一〇年代に入ってヨーロッパ全体、さらには世界共通の概念としてまとめられたのがＳＵＭＰ

である。またこれを契機に、これまで目的志向型の計画を必ずしも作成してこなかった、南欧や東欧の国々も、SUMPの策定を行うようになった。さらに二〇二四年にはEU規則が改正され、EU全体で汎ヨーロッパ交通ネットワーク（TEN-T：Trans-European Network – Transport）の結節点となる人口一〇万人以上の約四三〇都市では、二〇二七年からSUMP策定が義務化されることが決まっている。

徒歩・自転車・公共交通の利用を促す施策は、持続可能性の観点から望ましい方向に引き寄せる意味で「プル型」、自動車利用の減少を促す施策は望ましくない方向から押し出す意味で「プッシュ型」と呼ばれる。SUMPはプッシュ・アンド・プルの組み合わせで目的を実現していくことを指向する。

ヨーロッパにおけるウォーカビリティ向上の施策は、特に徒歩交通に資する環境の整備として、また駅や停留所までのアクセスに必ずといっていいほど徒歩交通を用いることになる公共交通の利用環境整備として位置づけられるものである。また、徒歩交通と自転車交通はエネルギー源が人間の体力であり身体活動を伴うことから「アクティブ交通」と総称されるが、自転車交通の環境整備と合わせて位置づけられることも多い。

交通における行動変容を促すという政策目的の中では、徒歩・自転車・公共交通の利用の増加という、プル型に位置づけられる。またその施策の実施に際して自動車交通や駐車に充当されていた都市空間を再編して減じることとなるが、これによって自動車利用の減少を促すプッシュ型の施策も同時に行うことが、ヨーロッパにおけるウォーカビリティ向上の施策の特徴である。

以下では、パリ、バルセロナ、ウィーン、ポンテベドラの四都市を例に、プッシュ・アンド・プルの施策実施の一環としてどのようにウォーカビリティ向上が行われてきたかを、我々の研究を軸にまとめる。パリ、バルセロナ、ウィーンは二〇二二年八月、ポンテベドラは二〇二四年二月に調査した。

**図3**｜本節で取り上げる都市の場所

## パリ

パリはフランスの首都であり、セーヌ川の両岸に市街地が広がる人口約二三〇万人の都市である。周辺を取り囲むイル・ド・フランス地域にまたがる都市圏全体の人口は一二〇〇万人を超える。パリ市の市域はブールバール・ペリフェリック(Boulevard Périphérique)と呼ばれる一九七〇年代に完成した環状高速道路の内側とおおむね重なるが、これはパリの最も外側かつ最後の城壁の跡地である。

パリはもともと狭隘な街路と密集するアパートが並ぶ都市であった。一七八九年のフランス革命からの混乱を経て一九世紀初頭のナポレオンの時代になると、セーヌ川にかかる新たな橋や、市庁舎やルーブル宮の脇を通るリヴォリ通りのような、現在のパリの骨格となる最初の街路群が整備された。

産業革命が波及し鉄道の建設が進んだ一九世紀半ばの第二帝政期になると、ナポレオン三世の構想を基礎としつつ、セーヌ県知事であるジョルジュ・オースマンの主導で行われた大規模な都市改造が進んだ。凱旋門が建つエトワール広場から外側に向けて、シャンゼリゼ通りなどの一二本の道が放射状に延びる現在の形ができあがったのはこの時代である。また当時すでにパリ市内にできあがっていた鉄道駅である、サンラザール駅や北駅・東駅やモンパルナス駅から中心部へと向かう、オペラ通り、ストラスブール通り、セバストーポル通り、レンヌ通りのような現在のパリを代表する大通り(ブールバール)が整備されたのもこの時代である。駅と駅とをつなぐ大通りも整備された。

パリ市内の街路のウォーカビリティ向上は、特に二〇〇一年に就任したベルトラン・ドラノエ市長の時代に本格的に始まり、その後任であり、本稿執筆時点で現職のアンヌ・イダルゴ市長に引き継がれた。本節では、二〇〇〇年代以降のウォーカビリティ向上で特徴的な箇所を紹介する。

### バスティーユ広場

バスティーユ広場は一七八九年のフランス革命の発端であるバスティーユ襲撃事件が発生した牢獄のあった場所であり、中心には一八三〇年の七月革命を記念する塔が建つ。また広場に面してオペラ・バスティーユが建つが、ここは一九六九年に廃止された鉄道駅の跡地である。長らく、この塔を取り囲むように巨大なラウンドアバウト(環状交差点)となっていた。パリ市はこのラウンドアバウトをU字型に整理するとともに、塔と南側の地下鉄駅の間を広場空間として整備しウォーカビ

図4｜自動車が通行していた時代の2008年3月のバスティーユ広場

図5｜歩行者空間となった2022年8月のバスティーユ広場

図6｜バスティーユ広場東側の広場空間と車道。車道は左から双方向の自転車専用道、南向きのバス専用レーン、2車線の車道、北向きのバス専用レーン、タクシーの客待ち専用レーンとなっている（2022年8月撮影）



リティ向上を図った。図4と図5は地下鉄駅側のほぼ同じ位置から記念塔を撮影したものであるが、二〇〇八年時点［図4］では写真撮影位置と塔の間はラウンドアバウトの車道部分であり、横断できる場所がなく、歩行者が塔に近づくこともままならない。これに対して二〇二二年［図5］には、同じ場所が歩行者用の広場空間となっている様子がわかる。

## リヴォリ通り

リヴォリ通りは先述のとおりナポレオン時代に整備された通りで、バスティーユ広場から始まるサン・アントニ通りからそのまま続いて、セーヌ川に右岸側（北側）で並行して北西方向に進む。途中、市庁舎の北側や、以前の中央市場で現在は地下の鉄道結節点であるレ・アル（Le Halles）地区の南側、さらにルーブル宮のすぐ北側を通り、コンコルド広場へと続く。パリ中心部を貫く目抜き通りであり、市庁舎付近はデパートや店舗が多い。ルーブル宮の付近では土産物屋が並び、観光客も多い。

リヴォリ通りは、近年になって街路空間の配分を大幅に変更し、一般の自動車の乗り入れを禁止するとともに、街路の大半を自転車の通行空間へと変更した。以前からすでに自転車通行帯はあったが、一般の自動車の通行を制限するとともに、自転車と、バス・タクシーや特別に許可を得た自動車のみが通行可能な空間へと再編されている［図7、図8］。

これと連動するかたちで、市庁舎の地下に以前あった有料駐車場も、二〇二二年頃に自転車駐輪場へと変更されている［図9］。

通り全体が、パリ市の幹線自転車道ネットワークであるVélopolitainネットワークのうち、東西を貫く一号線の経路に指定されている。自転車利用者のための道案内も設置されており、地下鉄のように標準的な所要時間で表示されているのが興味深い［図10］。名称自体もフランス語の自転車Véloと地下鉄Métropolitainをかけ合わせた造語で、地下鉄のように市内を横断する使い方を促していることがうかがえる。

リヴォリ通りは単独で改変がなされたのではなく、周辺の街路も合わせて自動車の通行を抑制・制限して歩行者通行空間を広げる改変が行われている。図11は市庁舎のすぐ北側にあるテンプル通りであるが、以前は自動車の通行が可能であった区間も一部は写真のように歩行者エリア化されている。小さな花壇が整備されているが、厚みの非常に薄いものを舗装面上に設置するなどの工夫が見られる。

**図7**｜シャトレ付近のリヴォリ通り。南東方向を望む。向かって左端がバス・タクシーと許可車専用レーンである（2023年2月撮影）

**図8**｜市庁舎からやや南東側のリヴォリ通りの断面。北西方向を望む。向かって右側の1車線のみがバス・タクシーと許可車専用レーン、あとは自転車専用である（2022年8月撮影）

**図9**｜以前の地下駐車場を改造した自転車駐輪場入口（2022年8月撮影）

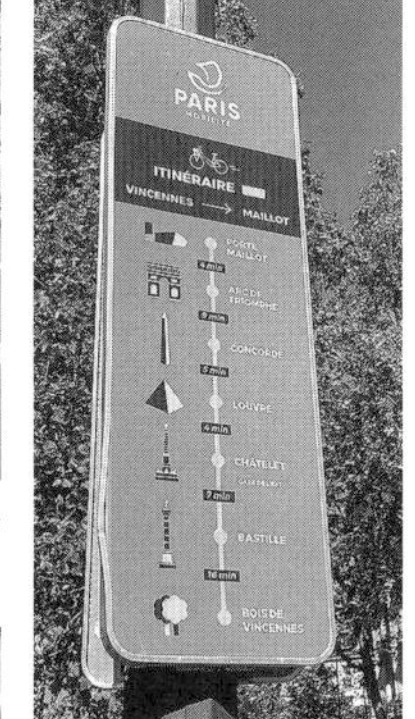


**図 10**｜Vélopolitainの所要時間案内板（2022年8月撮影）

**図11**｜テンプル通りの新たに歩行者専用となった区間の舗装面上に設置された花壇（2022年8月撮影）

## バルセロナ

バルセロナは、スペイン第二の都市であり、北東部に位置するカタルーニャ州の州都である。地中海に面した港湾都市であり、ローマ時代からの旧市街はゴシック地区(Barri Gòtic)と呼ばれる細街路が入り組む街区となっている。旧市街から港湾を挟んで地中海側にはバルセロネタ(La Barceloneta)と呼ばれる細街路が規則的に並ぶ地区があるが、これは一八世紀に要塞の建設に伴って住民移転を行った際の街区である。旧市街の外側には、産業革命さなかの一九世紀後半から整備された碁盤の目状の新市街が広がる。この新市街は都市計画家イルデフォンソ・セルダの「大拡張計画」により整備されたもので、一一三・四m四方の正方形の街区を単位として、これを延々と繰り返している。また、街区の隅を切り欠いて、交差点を八角形にしていることも特徴である。観光名所となっているサグラダ・ファミリアなどアントニ・ガウディの建築群も同時代のものであり、多くがこのエリアにある。バルセロナは一九三六年からのスペイン内戦とその後のフランコ政権の時代には停滞したが、一九九二年のバルセロナ・オリンピックを契機に大規模な都市整備が進んだ。

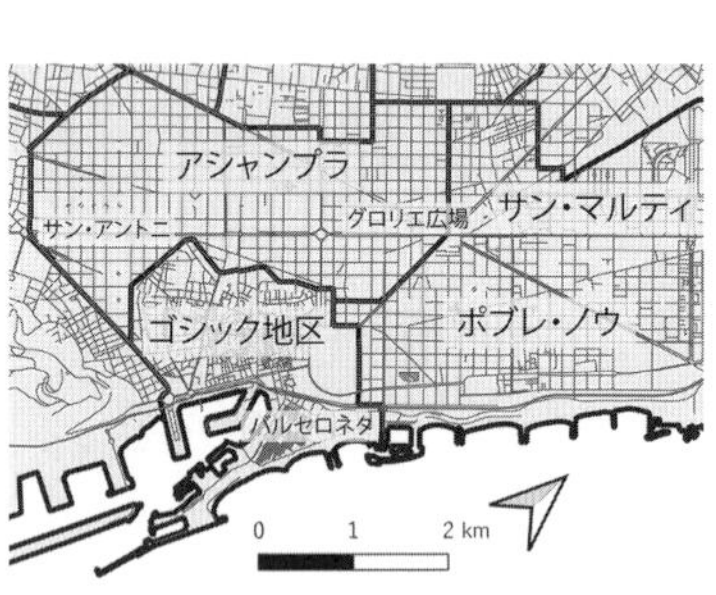


図12｜バルセロナの地区の名称と位置

セルダの大拡張計画により整備された地区にはそれぞれ名称があり、アシャンプラ(Eixample)、ポブレ・ノウ(Poble Nou)、サン・マルティ(Sant Martí)の各地区は特に厳格な格子状のパターンとなっている[図12]。これらの地区は「スーパーブロック」のコンセプトを確立して社会実装した街区として知られる。以降ではスーパーブロックのコンセプトを紹介し、その後にバルセロナでの社会実装の様子を紹介する。

### スーパーブロック

スーパーブロック(Superblock)は、バルセロナを発祥とする碁盤の目状の街区の交通静穏化とウォーカビリティの向上、さらに街路の多様な利用を促すことを狙った街区整備の概念である。都市計画用語としての英語のSuperblockは、もともとは二〇世紀に開発された幹線道路に囲まれた大きな街区を、それ以前の市街と対比して指すものであった。

バルセロナは、碁盤の目状の新市街地の街路ネットワークを再編する際に、基本的に三街区×三街区を一単位とし、これを公用語であるカタルーニャ語でSuperilla（スーパーリリャ）と呼ぶ。これを英語に直訳したものがSuperblockであり、交通・都市計画の分野で現在「スーパーブロック」という場合には、この碁盤の目状の市街の再編を指すことが大半である。また、後述するウィーンのように、各地でローカライズした名称が生み出されている。

スーパーブロックの基本型は以下のとおりである［図13］。

・三街区×三街区を一単位とし、街区を囲む道路を幹線道路とする（図13の外周）。バスなど公共交通は原則としてこの幹線道路を通す。これにより通過交通を外周部の街路に集約する。

・街区内では、一方通行の組み合わせを実現するために、交差点に対角線フィルタ（Diagonal Filter）と呼ばれる工作物を設置する（図13で○が四つ連なる対角線）。これにより、自動車は直進できず、特定の右左折の組み合わせのみ可能となるようにする。

・街区内は一方通行とし、さらに一方通行と対角線フィルタを組み合わせることによって、一度街区に入った自動車は街区の同じ側からのみ退出できるよう調整する。図13の例では、Dから入った自動車はEからしか出られない。BからC、FからG、HからAも同様である。これにより街区内に通過交通が入らないように調整する。

・自転車は対角線フィルタの通過を可能とする。また一方通行

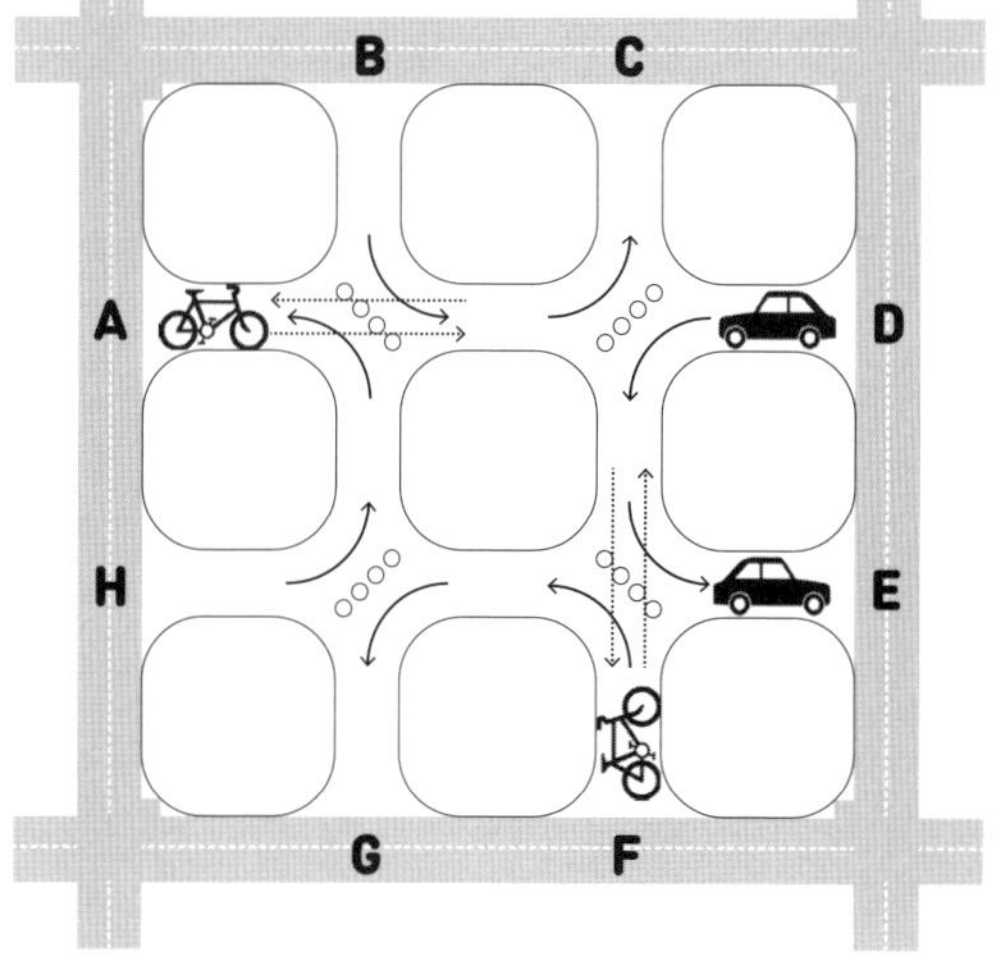


図13｜スーパーブロックの基本コンセプト

でも自転車は逆走も可能にする。歩行者は自在に通行できる。結果的に徒歩と自転車交通は街区内を自在に通行できる。**図13**の例では、自転車は対角線フィルタを通り抜けてAからDに直進して抜けたり、交差点で曲がってAからBやFなどへと抜けることができる。

この四点の組み合わせにより、交通の静穏化を図りながら、ウォーカビリティとバイカビリティの向上を目指すのがスーパーブロックの基本である。以下では、バルセロナにおけるスーパーブロックの社会実装の様子を紹介する。

## スーパーブロックの社会実装——道路構造を変更した例

スーパーブロックは最初からバルセロナ全域で実装されたわけではなく、はじめは小さな街区からスタートした。ポブレ・ノウ地区はセルダの大拡張計画により整備された地区の一つで、バルセロネタ地区から地中海沿いに北側に進んだエリアである。かつては町工場などが並ぶ下町であったという。この地区はバルセロナで最初のスーパーブロックが実装された地区の一つである。

ポブレ・ノウ地区のスーパーブロックの交差点の一つが、**図14**に示しアルモガバルス（Almogavers）通りとサモーラ（Zamora）通りの交差点である。スーパーブロックの内側に位置する交差点で、接続する道路はすべて交通静穏化の対象である。二〇一九年の写真を見ると一般的な交差点となっており、二〇二二年夏の訪問時までに道路構造が変更されていることがわかる。

この交差点では、接続するすべての道路が一方通行である。自動車は写真手前側（交差点北東側）からは右折して北西側に進むことしかできず、直進や左折はできない。同様に写真の左側（交差点南東側）から来る自動車は、左折して写真奥の南西側に進むしか選択肢がない。歩行者や自転車は直進も逆走も可能である。この交差点は視覚的には八角形ではないが、これは写真右側の建物が地下の鉄道線路を避けるように公開空地を持っているためで、構造そのものは八角形の基本形を踏襲している。交差点中心部には植栽が整備されているほか、歩行者や自転車が直進しやすいよう通路も設けられている。また右左折専用となる自動車の通行帯は路面標示ではなく、舗装材を変えることで示されている。さらに歩道と車道の段差を廃して歩行者の歩行の負担を軽減しつつも、境界部を点字ブロックとして視覚障がい者などに配慮した構成となっている。

## 仮設工作物による実装

スーパーブロックの社会実装は、最初から建設工事による道路構造の改変を行うのではなく、いったん仮設工作物でタクティカルアーバニズム的に長期間の社会実装を行い、住民のフィードバックを得つつ理解を深めてもらうプロセスを経ることが一般的である。**図15**に示すのが、アシャンプラ地区の南東部に位置するサン・アントニ地区にあるスーパーブロック内部の交差点である（パルラメント（Parlament）通りとコンタ・ボレル（Comte Borrell）通りの交差点）。二〇一九年三月の写真を見ると一般的な交差点の状態で、同年七月には仮設工作物によるスーパーブロックとなっていることから、この期間に社会実験が始まったことがわかる。

この交差点では街区が切り欠かれて八角形の空間になっている。この広場のような空間構造を利用して、八角形の縁寄りに車道を設けて、中央部を滞在のための空間としている。**図15**は交差点ほぼ中央から西側を向いて撮影したものであるが、写真右奥（北西側）から右手前方向（北東側）と、写真左側（南東側）から左奥方向（南西側）への自動車通行経路のみが設定され、交差点中央部は広場となっている様子がわかる。**図16**のように自動車の通行路はかなり明示的である。

中央部の滞在空間は路面をペイントすることで車道と視覚的に区別しつつ、大型の鉢を用いた植栽やテーブルとベンチを配置することで広場的な空間に仕立て上げている［**図17**］。訪問時は夏の猛暑の金曜日の昼前であったが、日なたこそ人は少な

**図14**｜スーパーブロック内部のアルモガバルス通りとサモーラの交差点（2022年8月撮影）

**図15**｜サン・アントニ地区スーパーブロックの内部の交差点（2022年8月撮影）

**図16**｜サン・アントニ地区スーパーブロックの広場空間からパルラメント通りを望む（2022年8月撮影）

**図17**｜サン・アントニ地区スーパーブロックの広場空間の様子（2022年8月撮影）

いものの、周辺の建物や街路樹によりつくられる日陰ではベンチでくつろぐ市民の様子なども見られる。

## スーパーブロックから「グリーン・アクシス」へ

スーパーブロックは、格子状の街区を延々と展開するセルダの計画に上書きしていくように展開していくが、あくまで街区単位の展開であり限界も見られる。スーパーブロックの考え方を踏襲しつつも、格子状の市街地全体に展開するコンセプトとして「グリーン・アクシス」(緑の軸)と「モビリティ・アクシス」(モビリティの軸)と呼ばれる軸線を設け、より広い範囲に展開する取り組みが進められている。隣接するスーパーブロック同士をつなぎつつ、内部は自動車通行をさらに制限して、広域化する取り組みといってもよい。

## グリーン・アクシス

グリーン・アクシスは、駐車場への出入りなどの避けて通ることのできない沿道の施設へのアクセスのための通行や緊急車両、集配送やゴミ回収のような車両を必要とするサービスを除いて、原則として自動車による通行を不可とし、歩行者と自転車のみの空間として再編するものである。自動車の最高速度は時速一〇kmに制限される。

中央に幅五mの車両走行空間を配置し、その両側には七・五m程度の幅の歩行者通行帯や街路樹、植栽などが配置される。三〜五ブロック間隔で設定され、徒歩交通や、市内を横断・縦断する自転車が主に用いる軸となる。車両走行空間と両側の歩行者通行帯の間は段差をなくして一体化する。また従来のスーパーブロックよりもベンチや遊具、街路樹や植栽などを大幅に増やすとしている。

スーパーブロックの街区内側の道路はその街区内部の移動を主に想定した設計としていたが、これをブロックをまたいでつなぎつつ、市内の各所間を自転車でつなぐ軸とすることを一つの狙いとしている。またスーパーブロック内部の街路では、自転車レーンを自動車用の車道から分離していたが、自動車の速度を時速一〇kmまで抑制することでこれらを一体化し、さらに歩行者の利用も可能とすることで、後述するシェアード・スペースと似たような効果を生み出すことも狙っている。バルセロナ市の資料[7]には「車両はお客さん」(Vehicles as guests)という表現をみるが、まさに歩行者を主役として、自動車は脇役であるという考え方を表した言い方といえる。

## グリーン・アクシスの社会実装

前述のポブレ・ノウ地区ではすでにグリーン・アクシス[図18]

として街路構造を変更した箇所がある。上述したスーパーブロックの設計を踏襲しつつ、歩行者専用のエリアと車両通行可能なエリアを舗装材を変えることで示している。写真のアーカイブによれば二〇一七年頃に工事が行われており、以前は右からバス専用レーン、三車線の自動車用レーン、そして一車線分の駐車帯があった道路が、写真のような歩行者中心の空間へと改変されている。

また建設工事を伴う道路空間の再編までには至っていないが、スーパーブロックの場合と同様に仮設工作物による事前の展開を行っている地域もある。アシャンプラ地区のコンセル・ダ・セン（Consell de Cent）通りと周辺の街路がその一つで、将来的に「グリーン・アクシス」となる予定の街路である*。

この通りや、これに直交する周辺の別の通りでは、COVID-19パンデミック下でタクティカルアーバニズム的に市が設置した仮設工作物によって自動車用の車線を減らし、事前に街路内での歩行空間を広げた事例がある。このタクティカルアーバニズム的施策は、パンデミック下で市民の外出の制限がかかる中、ソーシャルディスタンスを確保しつつも、市民の住居外での「居場所」を確保するのが主な狙いであったとのことである。従前には三車線分あった自動車通行スペースを一車線に絞り、自転車レーンと、市民が滞留可能なエリアが設定されている。実際に市民が仮設ベンチに腰掛けたり、ペットの散歩に利用している姿が見られた[図19]。

**図18**｜ポブレ・ノウ地区のグリーン・アクシスであるアルモガバルス通り（2022年8月撮影）

**図19**｜仮設工作物による車線減少、自転車レーン設定と歩行空間拡張の例（2022年8月撮影）

## モビリティ・アクシス

グリーン・アクシスに対して、モビリティ・アクシスは自動車やバスなどの車両通行を念頭に置いた道路空間である。バルセロナの新市街の街路は基本的に両側の歩道の間に三〜四車線分のスペースが確保されているが、全車線が同じ方向の一方

*なお調査時点では二〇二二年末までの街路空間変更が予定されているとのことであり、その後に撮影されたと思われる衛星写真を見るとグリーン・アクシスとして改変されている様子がわかる

通行路となっている。うち一車線分は従来は路上駐車帯として使われていたケースも多い。

モビリティ・アクシスも一方通行を基本とし、一車線をバス専用レーンに、二車線を乗用車用のレーンに、一車線分を自転車専用レーンとして配分する断面を基本とする。両端の歩道部分は三m程度の幅がある。これによって、公共交通機関、自動車、自転車の主要通行経路となるよう企図されている。モビリティ・アクシスはこれまで展開してきたスーパーブロックを生かしつつ、二～三ブロック間隔で配置される。ちょうど、スーパーブロックの外周の街路におおむね対応する。

## その他のウォーカビリティ向上施策

スーパーブロックは新市街の格子状の市街地の交通静穏化を主に狙った施策であり、その発展形であるグリーン・アクシスも基本的には同じ場所を対象としている。しかし、バルセロナのウォーカビリティ向上はスーパーブロックだけではない。本節では、格子状の新市街地と同時期につくられた大通りの交通静穏化の例として、グロリエ広場とメリディアナ通りを紹介する。また旧市街のウォーカビリティ向上の施策についても紹介する。

## グロリエ広場とメリディアナ通り

グロリエ広場は、格子状の市街地が延々と続くセルダの大拡張計画の市街地の中で、南西から北東方向の大通りとなるグランビアと、市街地を斜めにX字型に貫く二つの大通りが交わる場所にある［図12参照］。ポブレ・ノウ地区の北西側に位置する巨大な広場である。かつては高架橋の巨大なラウンドアバウトがあったが、撤去された。南西から北東方向の幹線道路であるグランビアから広場を通過する自動車交通を処理するために、広場地下を貫通するトンネルを新たに設置して通過交通を移し、広場平面の大部分を歩行者空間や自転車インフラとする大掛かりな工事が行われた。

X字状の大通りの一つであり、グロリエ広場から北に延びるメリディアナ通りは、もともと片側四車線ほどある交通量の多い通りであった。グロリエ広場付近では、車線数を減らして、中央に自転車専用レーンを設置し、さらに車道とは街路樹や植栽で明確に仕切る改良がなされている［図20］。調査時点では郊外寄りは**図21**のような旧断面のままであった。

## 旧市街のウォーカビリティ向上

ゴシック地区はバルセロナの旧市街にあたり、もともと細街路が多いが、北西から南東方向に延びるラ・ランブラス通りが目抜き通りとなり、その北東側のポルタ・デ・アンゲル通りがそれに準じる第二の目抜き通りになっている。特に後者はカタルーニャ広場から大聖堂を経て市庁舎が面するサン・ジャウマ広場に向かう重要な動線を構築している。

もともと石畳などで美観を保つよう整備されている地区であるが、自動車の通行をさらに抑制するべく、大型の植栽による仮設工作物で自動車流入を大幅に抑制している[図22]。写真をよく見るとわかるように、自動車通行を不可能にはしておらず、ホテルなどに出入りする車や清掃車などが低速で通行しているのを実際に見かけた。仮設工作物による車道の調整によってあくまで自動車の流入を調整しているところに特色がある。

市庁舎に面したサン・ジャウマ広場は、本来は北東~南西方向の街路が貫通する広場であるが、前後の街路も含めて自動車の流入を調整して歩行者が使うことのできる空間を拡大している。南東側の街路から広場までは自動車の進入が可能となってはいるが、広場を通り抜けることはできず折り返して同じ道に戻ることが必須となるよう調整している。調査時はカラーコーンで仕切られているのみであり、仮設工作物すらないきわめて簡易的なつくりである[図23]。シェアードスペース的な街路設計の例であり、通過交通を排除することによって捻出した空間で、広場空間のウォーカビリティを高めている一例といえる。

**図20**｜車線減少・自転車道設置後のメリディアナ通り（2022年8月撮影）

**図21**｜従来の断面を維持するメリディアナ通りの郊外側（2022年8月撮影）

**図22**｜ポルタ・デ・アンゲル通り入口付近の仮設工作物。植木の間を抜けて自動車が通る空間は確保されている（2022年8月撮影）

**図23**｜サン・ジャウマ広場でのカラーコーンで自動車の走行路を誘導する様子（2022年8月撮影）

## ウィーン

ウィーンはオーストリアの首都であり、人口およそ二〇〇万人の都市である。北西から南東に向かって流れるドナウ川の南西側に古くからの市街地が位置しており、旧市街は一九世紀に城壁跡に整備されたリンク通り（Ringstraße）と呼ばれる環状道路の内側にあたる。一九七〇年代からウォーカビリティ向上が図られ、大聖堂にあたるシュテファン寺院から延びる旧市街の目抜き通り群は一九七〇年代半ばには歩行者天国化された。

旧市街の周辺には一七〜一九世紀にかけて発展した市街地が広がり、そこを取り囲むようにギュルテルと呼ばれる第二環状道路があるが、これは一八世紀初頭に構築された第二の城壁であるリニエンヴァル（Linienwall）の跡に設けられたものである。一九世紀半ばに鉄道の開業に伴って設けられた主要な鉄道駅はギュルテルのすぐ外側に位置しており、その外側には一九世紀末以降の産業革命の時代に開発された市街地が広がる。

また、ウィーンは、第一次大戦後のオーストリア・ハンガリー帝国の崩壊、さらに第二次世界大戦を経て、冷戦時代は西側の東端という特異な位置となった。第一次大戦中に二〇〇万人を超えた人口は、一九四五年には約一六〇万人に、冷戦終結を迎えた一九九〇年前後には約一五〇万人にまで減少した。その後、旧ユーゴスラビア紛争に起因する南東欧からの人口流入（一九九〇年代前半）、オーストリア自身のＥＵ加盟（一九九五年）、周辺国であるチェコ、スロバキア、ハンガリーのＥＵ加盟（二〇〇四年）などを背景に、急速な社会増加が進んだ。オーストリア出身者の人口はほぼ一貫して一二〇万人前後で安定する一方で、他国出身者が急増し、二〇二三年には総人口が二〇〇万人を超え、外国籍人口は四割を超える。

近年の人口急増は急速な都市開発へのニーズを生み出したが、ウィーンは持続可能性の向上を念頭に、市街地面積を拡げずに市街地密度を高めることで、スプロール化させない戦略を基本に据えた。一九九三年、二〇〇三年、二〇一三年にＳＵＭＰやその前身となるマスタープランがつくられたが、二〇〇〇年代以降に取り組まれている、主にリンクの外側に位置する街路や街区のウォーカビリティ向上と、それと対をなす自動車の役割の相対的減少も、この文脈に位置づけられる。また急激な外国籍人口の増加は、言葉に頼らない直感的な手法を使う市民参画や、参画にかかわる諸場面での多言語対応へのニーズを生み出している。

本節では、リンクとギュルテルの内側に位置するマリアヒルファー通りと、ギュルテルより外側に位置するファヴォリーテン地区に位置するスーパーブロックを紹介する。

## マリアヒルファー通り

マリアヒルファー通りはリンクのすぐ外側、現在のミュージアムクオーター地区の脇から始まり、ウィーン西駅のところでギュルテルと交わる。ここまでを、通称「内側」と呼び、さらに「外側」として、工業技術博物館の付近まで延びている。「内側」「外側」ともそれぞれ二km弱の延長である。

特に「内側」は約三五〇の店舗があるオーストリアで最も売上額が多い商店街で、単にマリアヒルファー通りというとこの内側を指す。観光客が多い旧市街の目抜き通りとは対照的に、地元住民が買い物に出かける通りとしての性格が強い。国際チェーンから地元資本のものまで、衣料品店やデパート、家具店からカフェやレストランまで、様々な店が並ぶ。この内側の区間は二〇一四年から一五年にかけて大きく改造され、歩行者専用道路とシェアードスペースを組み合わせた空間として再編された。

マリアヒルファー通り沿道は一五世紀頃から周辺に建物が建つようになった記録があるが、一五二九年のオスマン帝国による第一次ウィーン包囲で破壊された。一七世紀になると人家や手工業の工場が増え始め、一六八三年の第二次ウィーン包囲で再び破壊されたのち再建された。現在の「内側」がほぼ完成するのは一七七〇年である。また「内側」の終点には一七〇四年に第二の城壁であるリニエンヴァルが構築され、当時のウィーンの内外を隔てる場所となった。このように、マリアヒルファー通りの「内側」は、中世以後から産業革命以前にかけて、二つの城壁の間に形成された当時の新市街地である。

マリアヒルファー通りが現在のような商店街へと成長したのは、「内側」の西端にウィーン西駅が一八五九年に設けられ、路面電車が敷設された後である。一九九三年には路面電車は廃止されて地下鉄が直下を通るようになった。二〇〇〇年代初頭には、中央には二車線の車道が設けられ、その両側に駐車帯が、さらに外側に歩道が設けられているのが標準的な断面であった。

二〇一〇年代に入り、マリアヒルファー通りを歩行者天国化する構想が持ち上がる。様々な調査ののち、二〇一三年から交通規制を敷く形で中心部の一部区間を歩行者天国に、残る区間をシェアードスペースとする交通静穏化の社会実験が行われた[図24]。期間中は賛成・反対論が四〇〇〇を超えるメディア記事として掲載されるなど、相当に活発な議論となった。

二〇一四年二月～三月には、マリアヒルファー通りの南北に

図24｜社会実験中のマリアヒルファー通り（2013年8月撮影）

図25｜シェアードスペース化後のマリアヒルファー通り（2024年8月撮影）

面する区で住民への意向調査が行われた。五三％が交通静穏化を継続すべきとの意向を示したことで、本格的な工事が行われ、二〇一五年七月に現在の姿に再編された[図25]。市民参加なども含めた総費用は約二五〇〇万ユーロ（当時のレートで約三〇億円）である。工事が完成したのちに同じ住民を対象に行われた調査では七一％がよかったと回答しており、約一八％の住民は現物を見て初めてそのよさを納得した点が興味深い。

通りの旧市街側と西駅寄りはシェアードスペースとされ、自動車の走行も可能である。シェアードスペースは二〇一四年に日本の道路交通法にあたるオーストリアの道路交通規則（StVO）で規定されたもので、すべての道路利用者が対等に優先権を持ち、車両の最高速度は時速二〇㎞に規制され、駐車帯の設置も原則として許可されないというものである。中央の区間は歩行者専用だが、自転車は通行可能である。

## スーパーブロック・ファヴォリーテン

バルセロナの項で紹介したスーパーブロックは、ヨーロッパの様々な都市に広まり、実装が試みられている。ウィーンでは、マリアヒルファー通りのような先導的なプロジェクト以外にも、様々なレベルでウォーカビリティ向上に向けた社会実装が行われている。スーパーブロックもその一つであり、調査時点ではファヴォリーテン地区で社会実験が行われていた。

スーパーブロックは現地ではスーパーグレッツル（Supergrätzl）と呼ばれるが、グレッツルとはウィーン独特の街区のまとまりを指す言葉で、日本語ではさしずめ「界隈」といったところである。正式な行政区域ではなく経験則的な単位であるが、市が一部地域で設置するエリアマネジメントの単位となるなど、行政でも時折用いられる。

スーパーグレッツルは、TuneOurBlock（チューン・アワー・ブロック）という産学官連携の研究・技術開発国際プロジェクトの一環で、ウィーンでの社会実験は、市、ウィーン工科大学のほか、街路設計を担う建築・都市設計事務所と、国の研究機関などから構成されるコンソーシアムが実施している。最初は二〇二一年六月から九月までの間の社会実験として実施され、その後も継続中である。

スーパーブロック・ファヴォリーテンは、ウィーン市の中心部から見て南に位置する第一〇区（ファヴォリーテン区）に位置する。この地区は一九世紀末から二〇世紀初頭にかけて開発された地域であり、中心部から見ると鉄道線路を越えた先である。対象となる街区全体には約三五〇〇人が住み、移民も多い。ウィーン市による配布用の案内資料も、公用語のドイツ語のほか、トルコ語やセルビア語・クロアチア語、英語も併記されている。さらに市民参加にあたって移民との対話を非常に重視するため、トルコ語を堪能に話すスタッフをプロジェクトチームに加えているとのことであった。

スーパーブロックは三×三ブロックを基本とするが［図13参照］、当該の街区は五×三の変則的な形である［図26］。街区入口には路面に大きな円形の表示を施し、他とは交通ルールが異なるエリアであることを視覚的に示している［図27］。このエリアはもともと時速三〇㎞の速度制限がある一方通行の道路からなる街区であったが、社会実験にあたって一部の街路の通行方向を変更し、さらに学校前の一ブロックは歩行者専用とした。

社会実験の街区全体はタクティカルアーバニズム的な手法による仮設工作物と路面標示から構成されている。小学校前

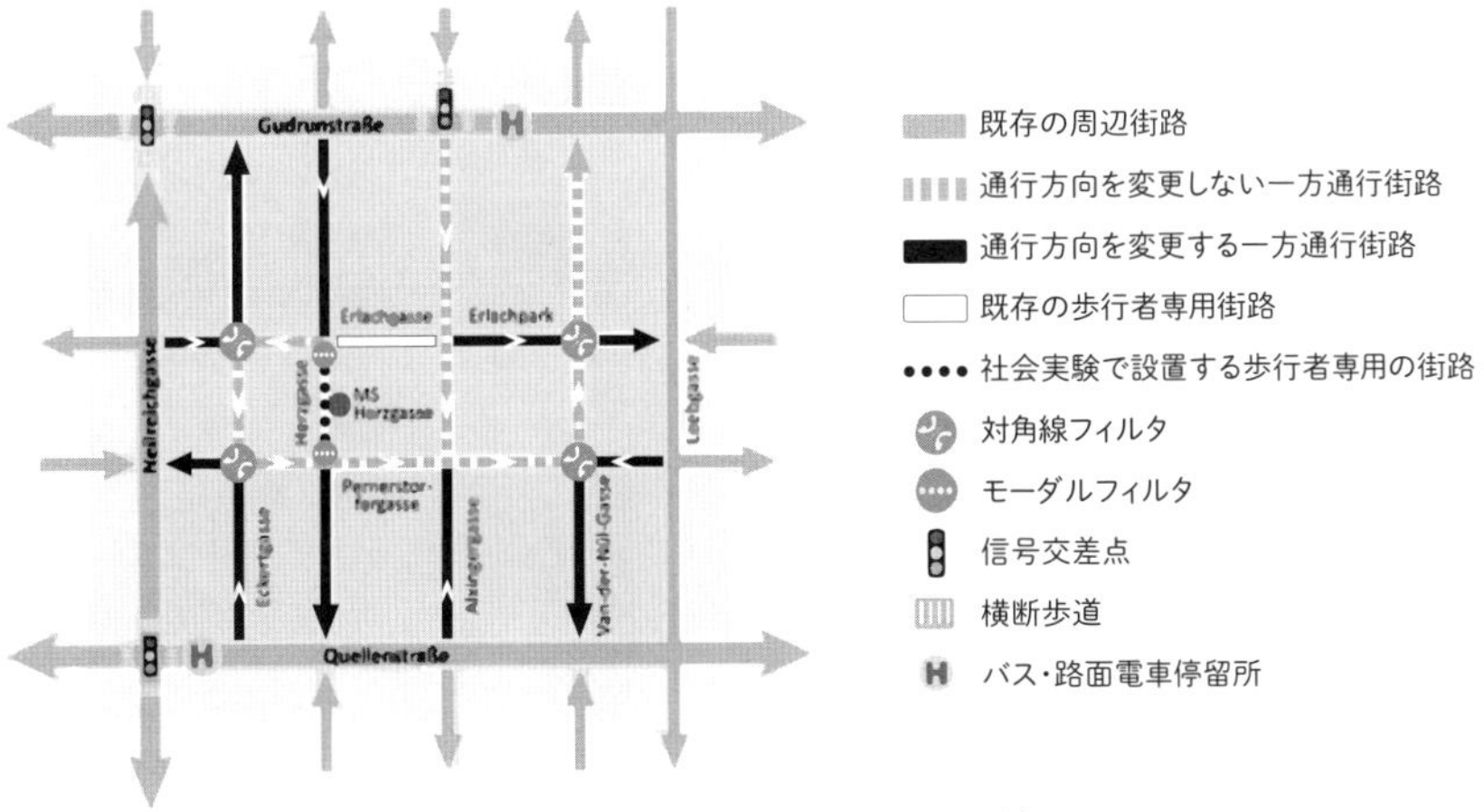

**図26**｜スーパーブロック・ファヴォリーテンの全体像（ウィーン市資料をもとに作成）

図27｜街区入口には路面標示が明示的に実施されている（2022年8月撮影）

図28｜学校前に設置された案内板（2022年8月撮影）

図29｜路面にペイントされた街区の縮図と市民参加のための木製のおもちゃ類（2022年8月撮影）

図30｜対角線フィルタの例。のちに手前と奥の枠内に各一本ボラードが追加され、誤進入が減ったという（2022年8月撮影）

の歩行者専用となった道には案内板が設置されており、社会実験や街区の全体像がわかるようになっている［図28］。この場所は、市民参加のイベントの際には路面をそのまま使えるよう、街区の地図を路面にペイントしており、そこに街路を表すマットを敷いたり、街路樹を模した積み木のようなオブジェクトを並べ、住民が言葉での表現に頼らず実際に手を動かしながらアイデアを出し合う形の市民参加が可能となるよう工夫されている［図29］。こうした市民参加用のツールはプロジェクトチームによる手づくりである。

街区内の交差点には、図30に示す簡易な対角線フィルタが設置されており、バルセロナと同様に自動車は右左折のみ可能とし（写真左奥から左手前の右折と、写真右手前から右奥の右折のみ可能）、自転車や歩行者は直進できる進路を企図している。

社会実験当初は中央に一本のボラードが設置されたほか、路面のペイントにより疑似的に歩道をせり出して対角線フィルタを実装した。しかし、戸惑いつつもボラードを避けるように走り直進して逆走する車が多発した。社会実験の後半ではボラードを追加することで抑制している。また、逆走の一因としてカーナビや地図アプリに新たな交通ルールが反映されるまでの時間差があり、社会実験を通してデジタル地図データの更新に課題があることも明らかになった。

## ポンテベドラ

ポンテベドラはスペイン北西部のガリシア州の都市で、リアス・バイシャス地方に位置する。約六〇km北に位置する州都のサンティアゴ・デ・コンポステーラと、約三〇km南に位置する州最大の都市ビーゴの間に位置する人口約八万三〇〇〇人の都市である。中心部はポンテベドラ湾の最奥部からレレス川を二kmほど上ったところに位置している。ガリシア州には四つの県があるが、その一つであるポンテベドラ県の県庁所在地でもある。ガリシア州では主な産業がビーゴなど他の都市に立地していることもあり、ポンテベドラは政治と文化の中心としての性格が強い。また、コロンブスの最初の大西洋横断航海で使われたサンタ・マリア号が建造された地とされ、またサンティアゴの巡礼路のポルトガル・ルートの途上に位置する。

ポンテベドラは小都市であるが、旧市街とその外側の新市街地のウォーカビリティ向上を推し進めるとともに通過交通を大幅に削減することで、ヨーロッパを代表する歩行者に優しいまちとして知られる。単に歩きやすくなったのみならず、交通事故死ゼロという交通安全の大幅な向上も実現した。スペイン内戦の頃からフランコ政権の頃までは停滞していたまちであるが、歩きやすさの追求で住みやすさが高まることでマドリードなど他地域からの移住者も惹きつけ、人口も増加基調に転じた。

ヨーロッパの他の都市と同様に、ポンテベドラでは旧市街の外側、主に東側から南側にかけて、一八～一九世紀にかけて発展したおおむね格子状の市街が広がる。旧市街だけではなく、この一八～一九世紀の市街地も歩行者優先とする街路設計に少しずつ転換するとともに、これら約六km²の中心市街地に人口の四分の三にあたる約六万人が住むコンパクトなまちをつくり出していることがポンテベドラの最大の特徴である。一km²におよそ一万人が暮らす人口密度は、日本の都市でいえば東京都三鷹市や国分寺市、大阪府豊中市や守口市の密度に相当する。大阪市の人口密度が一km²あたり約一万二〇〇〇人である。これらと比較すると、地方都市であるポンテベドラ中心部の人口密度がいかに高いかがわかる。ポンテベドラは、ウォーカビリティ向上を通じて、日常生活に必要な店舗やサービスなどが徒歩圏内でおおむねまかなえる、高密度の市街地を実現したところにオリジナリティがある。

## 新市街のウォーカビリティ

ポンテベドラの旧市街は、中世のまちなみを起源とする幅員五m程度の細い街路を中心に構成されており、もともと自動車交通を前提としていない時代の市街地である[図31]。基本的に自動車の乗り入れを禁止しつつも、荷捌きなど業務用の自動車は時間帯を区切って許可されている。また、車椅子利用者の自動車など許可された車両、そして自転車の乗り入れは許可されている。最高速度は時速一〇kmに規制されており、あくまで歩行者を優先するようになっている。この規制の仕方はバルセロナのグリーン・アクシスと同じである。

これに対して新市街は一八世紀以降に開発されたエリアであり、馬車や自動車を前提とした市街地が広がっている。街路は広く幅員は一〇mを超えるであろうところも多い。この新市街の街路も、二〇〇〇年代に入ってから、旧市街と同様の歩行者専用として街路の再構築が行われた。またバルセロナのスーパーブロックと同様、あるエリアに入ると、一方通行の組み合わせによって自動車はもとの道路に出ことしかできない設計としている箇所を多数設けた[図33]。これによって、主に通過交通に起因して多いところでは一日に一〜二万台もあった交通量を減らすことで自動車交通によるウォーカビリティ低下を抑制しながら（プッシュ型の施策）、ウォーカブルな空間をつくり出すためのスペースを同時に捻出している（プル型の施策）。

**図31**｜ポンテベドラの旧市街への入口（2024年2月撮影）

**図32**｜ポンテベドラの新市街。自動車通行空間の幅を最低限に絞った上で一方通行を意図的に組み合わせており、右側の街路からは写真奥の方向にしか進めない（2024年2月撮影）

**図34**｜V字型カーブで三角形の街区の通過交通を制御する例（2024年2月撮影）

**図35**｜ポンテベドラ新市街の目抜き通りの一つベニート・コーバル通り（2024年2月撮影）

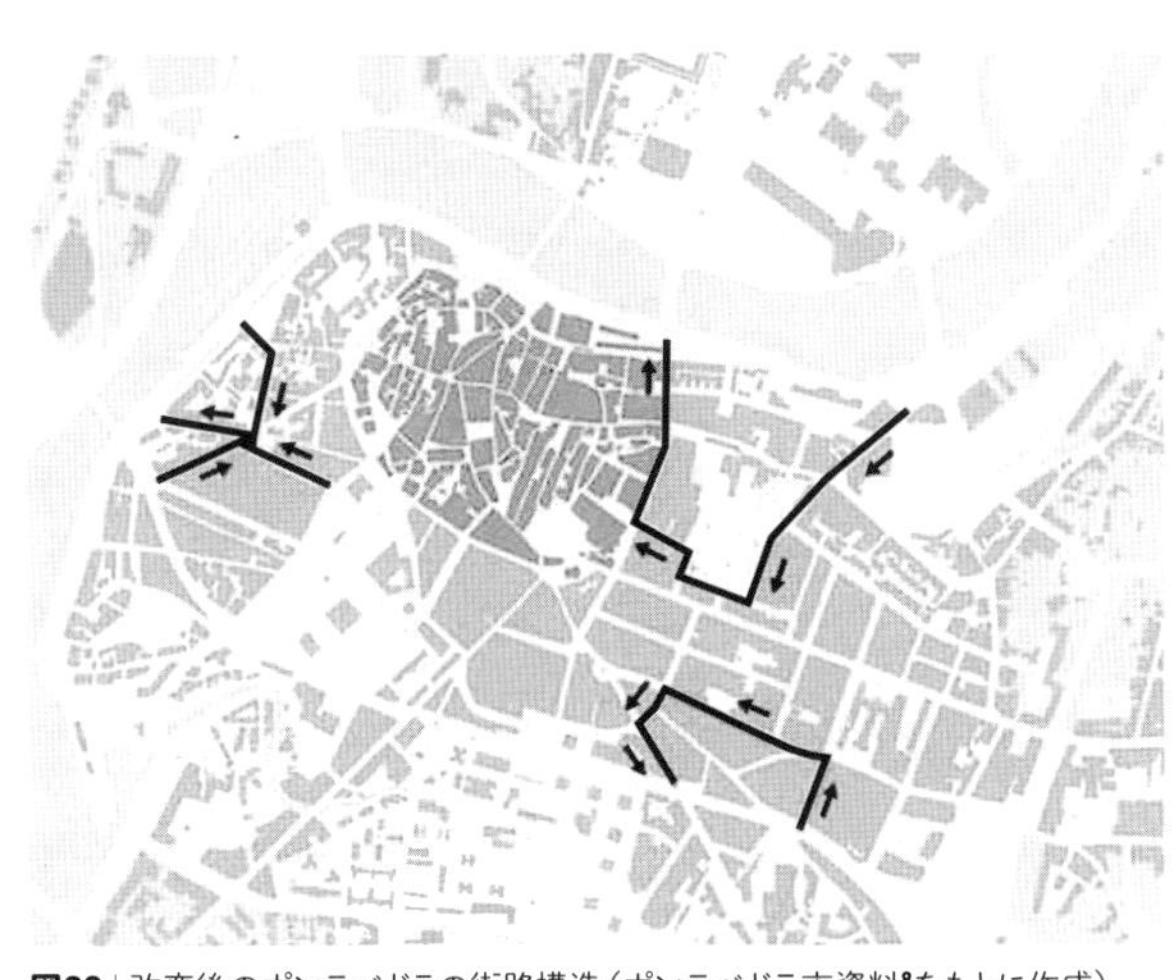

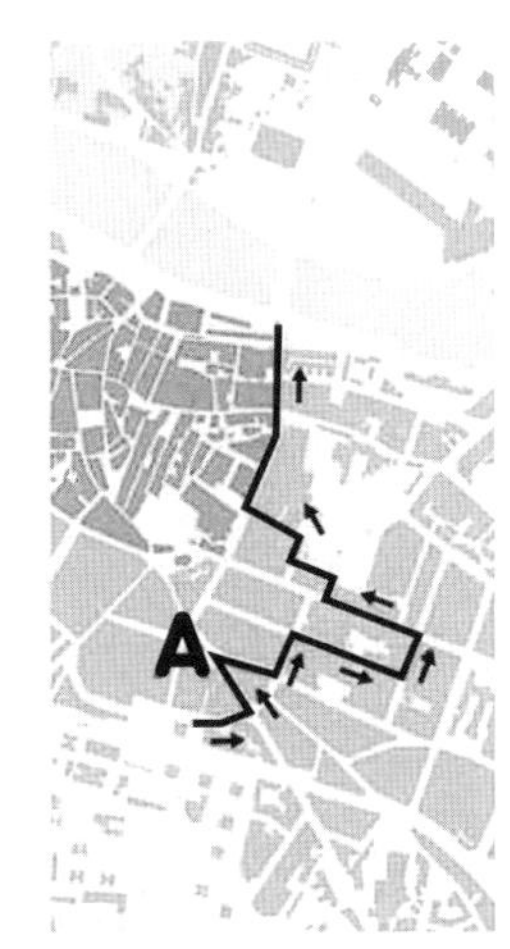


**図33**｜改変後のポンテベドラの街路構造（ポンテベドラ市資料[8]をもとに作成）



**図34**の例は、**図33**右側の経路例にあるAの交差点であるが、写真の右手からエリアに進入した自動車はV字型のカーブを経て左側の街路へと戻るように進むしか選択肢がないように設計されている。もともと交差点であった写真撮影位置は小さな広場になっており、噴水もある。こうすることで街区に用事のある自動車のみが入るよう通過交通を制御しつつ、同時に歩行者のためのウォーカブルな空間を生み出している。

**図35**は新市街を通るベニート・コーバル通り（Rúa de Benito Corbal）であるが、二〇一一年の写真を見ると二車線の一方通行の道路となっている。二〇一三年から二〇一四年の間に街路が再構築され、現在の姿になった。写真右手、速度制限標識のあたりの低層の建物は以前は屋内駐車場であったが、リノベーションされ世界チェーンの衣料品店が入居し、左側の空き店舗だったところにも別の世界チェーンの衣料品店や化粧品店が入居するなど、歩行者優先の街路となったことで、市街地に様々な商店を惹きつけている。こうした世界チェーンの店舗は、自動車でのアクセスを前提とした郊外のショッピングモールの中に構えるのがポンテベドラと同程度の人口規模の小都市では「相場」である。市街地を歩行者優先としたことで、中心部に地元の店舗と混じってこうした世界チェーンの店舗も店を構えるようになっている。

## ヨーロッパにおけるウォーカビリティ向上の特徴

近年のヨーロッパのウォーカビリティ向上の施策はいくつかの共通項がある。パリ、バルセロナ、ウィーン、ポンテベドラに共通するのは、ウォーカビリティ向上の主な対象が、もともと徒歩交通を前提にしていた中世からの旧市街ではなく、近世の終わりから産業革命の時代に車両通行を念頭につくられた街路で、これらを歩行者・自転車優先に大きくつくり替えている点である。

パリの場合は、フランス革命の後から第二帝政期にかけての都市改造によって整備された、都市の骨格をなすブールバールが主な対象である。バルセロナの最も特徴的な取り組みはスーパーブロックとそれをさらに発展させたグリーン・アクシスであるが、これも産業革命の時代のセルダの都市計画による格子状の市街地である。ウィーンのマリアヒルファー通りやファヴォリーテンも同様に産業革命の時代の通りであるし、ポンテベドラがウォーカビリティ向上で重視しているのもやはり一八世紀以降に形成された新市街地である。

これは早いところでは一九七〇年代から続く旧市街のウォーカビリティ向上が放棄されたことを意味するわけではない。バルセロナの例で見たように、旧市街は従来以上に自動車通行を抑制しつつ、これに加えてより新しい時代の市街地も含むように対象が広がっている。ウォーカビリティ向上の対象が、都市のショーケースになるような旧市街や中心部の目抜き通りから、人々の暮らしの場に位置する街路全体へと広がっていると言ってもよい。都市全体の街路や広場空間の使い方を、自動車を中心としたものから歩行者と自転車を中心としたものへとトランスフォーメーションし、ウォーカビリティを高めているのである。

市街地全体で面的にストレスなく歩くことができる環境を構築しつつ、自動車のための空間を減らすというプッシュ&プルの施策で、行動変容を促すことに主眼が置かれている点も改めて指摘しておく必要がある。本節の始めに述べた都市交通全体の持続可能性を高めるという政策目的、より具体的には、自動車利用を抑制し、徒歩交通、自転車交通、公共交通を強化し利用しやすくすることで、行動変容を通してエネルギー消費を減らしつつ生活の質を高めるという目的があってこそのウォーカビリティ向上である。ウォーカビリティ向上をこうした政策目的の中に位置づけて行うことも、ヨーロッパのもう一つの重要な特徴といえる。

また、この持続可能性を高めるという目標の下では、日常のニーズを満たすための移動距離が長くなり、自動車や公共交通機関の必要性が増してしまう都市のスプロール化を政策的に止め、短い移動距離で生活上のニーズが満たされるよう都市と交通の体系をデザインすることが重要になる。

これはおのずと都市の高密度化を目指すことにつながるが、ウィーンのように増加する人口を既存市街地の高密度化で吸収することで、あるいはポンテベドラのように地方の小都市でさえも、一㎢あたり一万人ほどの、東京都市圏の都市部平均に近い人口密度の実現を実践している。この程度の高い人口密度が実現できれば、徒歩による短い移動距離でも日常のさまざまなニーズの充足が十分に可能になることは、日本の大都市の例からも容易に理解できることである。これは移動に伴うエネルギー消費や温室効果ガス排出を抑制しつつ、社会的包摂性を高めることであり、持続可能性の向上そのものである。

このような行動変容は、現在の日本のウォーカビリティ向上の施策で行われているような、特定の通りの歩きやすさやにぎわいの程度を高めるだけでは実現できないものでもある。持続可能な社会の構築に向けて、現在の一点豪華主義的なウォーカビリティの向上ではなく、面的に広がる安全で快適な歩行空間の構築が欠かせない。道路空間の質を面的に向上することで、徒歩での移動を促しつつ自動車の利用を抑制するプッシュ＆プルの行動変容を促すことは、日本の政策が欧州の諸都市から素直に学ぶべきことであろうと思われる。日本のウォーカビリティ向上はこれまで主に都市再生の政策に位置づけられて取り組まれてきたものだが、道路の政策として、交通インフラとしての歩行空間の質向上を図ることが、持続可能性の向上に資する歩行空間の構築には必要不可欠であろう。

また、都市の高密度化は、ともすると住民間の利害の対立を招きやすいという課題がある。さらに、プッシュ＆プルの施策では、これまで自動車を利用してきた住民の反発を招いてしまう可能性も十分にある。SUMPガイドラインが示すように、計画の策定段階での目的や目標値の設定から、具体的な施策の実施段階まで、市民による参画の重要性が大きく増すことも指摘しておかねばならない。その実践として、参画のハードルを下げる工夫が行われている実例は本章で見た通りであるが、こうした「会議室での住民説明会」という既存の枠から抜け出した、イノベーティブな市民参画の手法の開発と展開も、ウォーカビリティ向上による持続可能性の向上に向けて学ぶべきポイントであると思われる。

# 2

# アメリカのウォーカブルなまち

田島夏与

アメリカの都市の歴史はヨーロッパと比較すると短いが、東海岸に位置するボストンとニューヨークはその起源を一七世紀までさかのぼることができる。一九世紀には移民の急増と産業の発展を背景に都市が急激に拡大する中で、フレデリック・ロー・オルムステッドをはじめとする著名な計画家らにより、交通・治水といった様々な都市課題の解決を目的とした現代のグリーンインフラに通じる複合的な緑地整備が行われ、都市の骨格が形づくられた。

しかし二〇世紀に入り、アメリカ経済の象徴でもある自動車が都市の主役になると、自動車以前の一九世紀に計画された緑地や緑道は急増した自動車向けの道路に転換される、あるいは寸断されるといった問題を抱えるようになる。それまで歩行者や自転車が快適に通行し、日常の一部となっていた公園緑地の質は大きく低下した。このことは、一九八〇年代以降に市民らにより「交通空間を自動車から人間に取り戻す」ための動きかけや新たな計画への動きにつながるものとなる。

二一世紀に入り、都心部での高速道路や高架鉄道の廃止、その跡地の緑道化など、歩行者に向けた土地利用・交通計画が再び具現化されてきた。本節では、この二都市における交通・緑地空間の歴史的展開に目を向けながら、都心部におけるウォーカビリティを巡る葛藤と、解決に向けた取り組みの事例を紹介する。

## ボストン

### 公園緑地システムの歴史的基礎

ボストン湾の入江の中に半島状に突き出た丘陵を中心に英国植民地時代から水面を少しずつ埋め立てて発展した都市で

あるボストンには、米国で最も歴史のある公園緑地システムがある。一六三四年にまちの中心に放牧地として開かれたボストンコモン[図1]の南西側に接するところに、独立後の一九世紀初頭になりパブリック・ガーデンが開設された。さらに、一八五〇年代に水質が悪化したマディー川の大部分が埋め立てられ、格子状の街区（バック・ベイ）が形成された。この中央部に幅員四〇mの緑地帯が設けられてコモンウェルス通り[図2]と称され、これらが全市的なパークシステム展開への糸口となった[1]。

## オルムステッドによるエメラルド・ネックレスの創設

一九世紀後半になっても、河川の水質汚濁防止と氾濫の制御はボストン都市圏にとって重要な課題だった。この頃、公園の必要性についても広く議論が行われ、土地取得と公園建設のための公園法が成立した。この法律に基づいて地方債を発行することにより、ボストン市と隣接するブルックライン市が協力して公園の整備に取り組むこととなった。最初に着手されたのは、コモンウェルス通りとマディー川が交差する地区で遊水地機能の確保、河川改修などの土木工学的改良を兼ねた新たな公園（バックベイ・フェンズ）であった[図3]。

この計画にあたったフレデリック・ロー・オルムステッドがこの後一八七八年から一八九五年までの間に骨格をつくり出したのが、コモンウェルス通りからバックベイ・フェンズ、そし

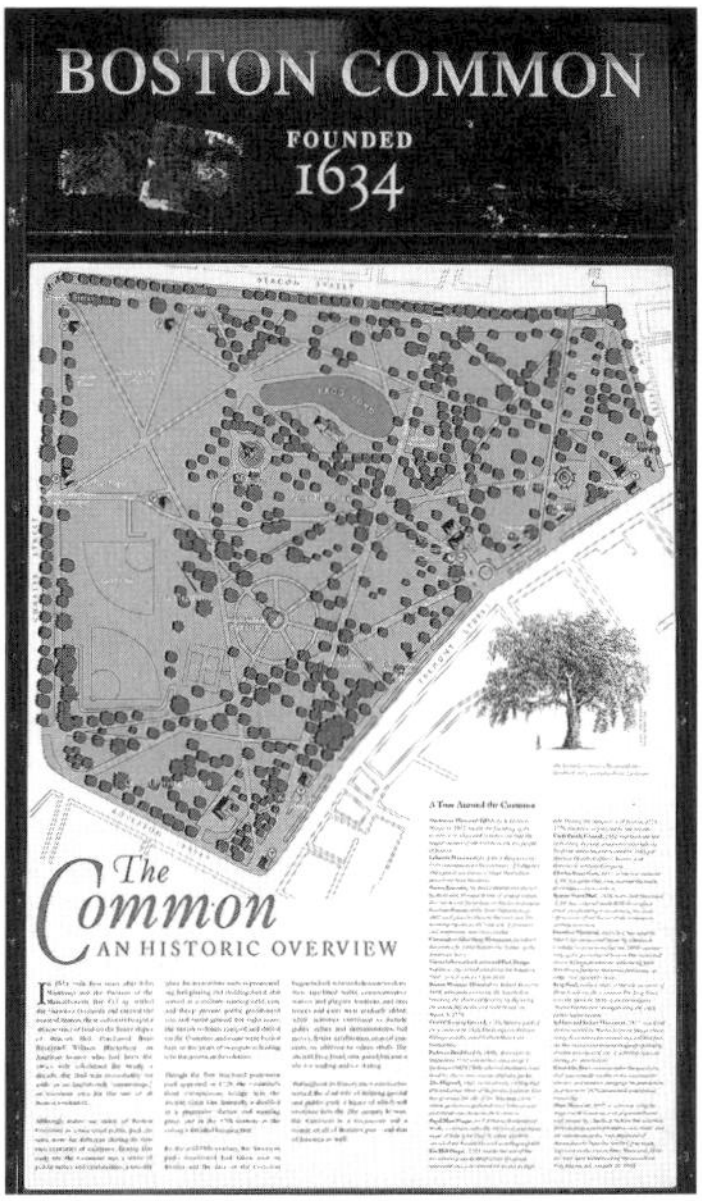

図1｜ボストンコモンの案内図

図2｜コモンウェルス通りの緑地帯

図3｜バックベイ・フェンズ

て郊外の大規模な公園緑地を公園道路によりネットワーク化したエメラルド・ネックレスであり、総面積は約八〇〇haに上る。これらの公園はパークウェイによって繋がれ、緑の連続する空間として快適なアクセスができるように整備された結果、その沿道には良好な郊外住宅の建設が促された[1、2]。

## 自動車交通とパークシステム

エメラルド・ネックレスは、オルムステッドの時代にはバックベイから市の西部のフランクリン公園までを結ぶ歩行者、騎乗者並びに馬車のための切れ目のないパークウェイとして計画され、長くその機能を果たしてきた。二〇世紀に入り馬車や騎乗者が少なくなった後は自転車による緑道の利用も増加し、広幅員の線状の緑地帯を生かして自転車と歩行者を分離するなどの良好な環境が維持され、近隣住民の散策、レクリエーションの場として愛されてきた[図4]。

しかし二〇世紀後半に自動車が爆発的に増加して馬車が見られなくなったことからパークウェイの機能には様々な問題が生じた。一九九〇年代から、自転車利用者を中心にBikeBostonほかの市民団体によってエメラルド・ネックレスの分断された箇所を市民の協力によって特定し、その解決に向けた取り組みが始められた。

図4｜オルムステッド公園と標識

図5｜車道とロータリーで分断された緑地帯

一九七〇年代以降いくつもの道路がパークウェイを横断し、またパークウェイそのものが自動車による通勤ルートとして使われるようになったことから、恒常的な渋滞が見られるようになった。これにより緑道は分断され、公園の間を徒歩や自転車で行き来することはおろか、車道の向こう側の公園の存在を見通すことすら難しい地点がいくつも見られるようになった。この調査によると、幹線道路であるボイルストン通り、ブルックライン通りやハンティントン通りとエメラルド・ネックレスが交差する地点では中央分離帯代わりに置かれた障害物で歩行者・自転車の通行が阻まれたほか、自動車交通の分岐のために信号機のないロータリーが建設され歩行者の横断が困難になる例もあり、死亡事故も起きていた［図5］。

また、マディー川の大部分を湿地の公園として整備したバックベイ・フェンズのチャールズ川に向けての合流部分（チャールズゲート）は、本来利用者にとっても水辺の緑道からエメラルド・ネックレスへの入口たるべきところであるが、この箇所を横断するように高速道路が建設されたため、マディー川は暗渠としてこの道路の下部を通ることとなり、川沿いの緑地からバックベイ・フェンズへ歩行者がアクセスすることができなくなってしまった。

このような問題を受け、二〇〇一年には自転車愛好家をはじめとするボストンの市民によってBikeBostonというネットワークが結成され、このような危険箇所を調査し、情報を集めて地図にまとめ、州政府や市民社会に働きかける取り組みが行われた［図6］。さらに、マサチューセッツ州の環境省や交通省が横断的なプロジェクトを立ち上げ、信号の設置や道路の車線を減少するなどの取り組みが行われてきたが、いまだ根本的な解決に至っていない点も多い。

### セントラル・アーテリー（I-93）とローズ・ケネディ・グリーンウェイ

一九五〇年代初頭、急増する自動車交通に対応するためにボストン中心部の既存住宅市街地を撤去して高架の州際高速道路が建設された。これがI-93である。この道路は歴史ある市の中心部を二分する巨大な構造物としてきわめて不評であり、ケヴィン・リンチ[3]が一九六〇年に出版した『都市のイメージ』の中では、市民を対象とした調査によって、この道路より東側の地理的な位置関係を人々が正しく認識できていないことが指摘された［図7］。

その後、一九七〇〜八〇年代の環境主義・民主化に後押しされる形でこの道路の地下化と地上面の跡地の緑地化が決定されたが、この頃ボストン出身のジョン・F・ケネディが大統領を務めていたことも機運の高まりに影響があったと言われている。その後、合衆国の高速道路事業として実施されることに

**図6**｜歩行者・自転車の通行困難箇所を整理した地図（BikeBoston作成）

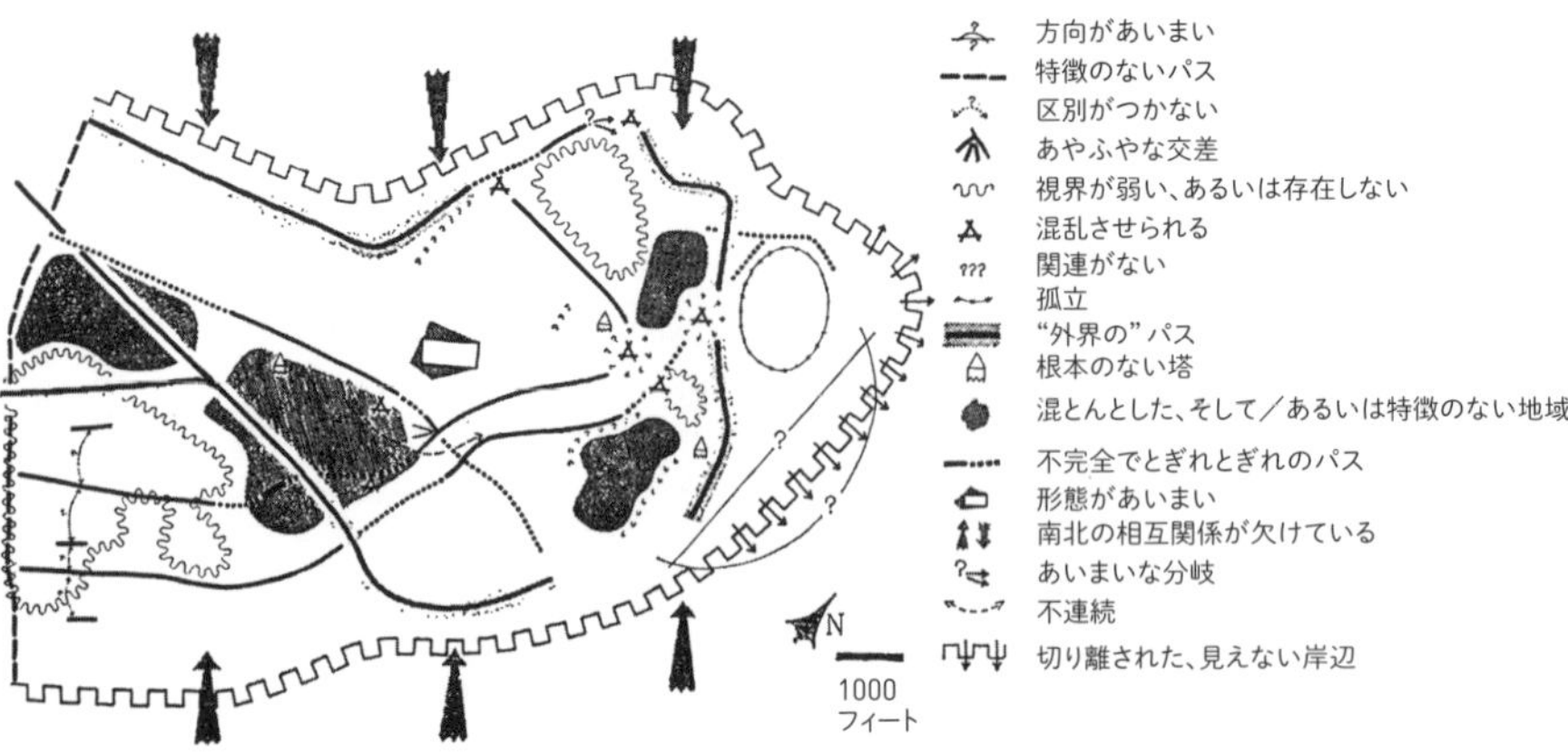


**図7**｜セントラル・アーテリーによって分断されたボストンのイメージ（リンチ、丹下・富田[3]、29ページをもとに作成）



**図8**｜ローズ・ケネディ・グリーンウェイの全景（提供：Rose Kennedy Greenway Conservancy）

なった。高架道路の地下化工事は一九九〇年代に始まり、供用中の道路の直下に新たなトンネルを開削工事で掘り進めた（このため、この事業は市民からは「巨大な穴掘り」を意味するビッグ・ディッグ（The Big Dig）と呼ばれるようになった）。二〇〇三年に地下トンネルの道路が開通したのちに高架部を撤去し、地表部が断続的な緑地として整備され、ケネディ元大統領の母であるローズの名を冠し、ローズ・ケネディ・グリーンウェイ（Rose Kennedy Greenway）と命名された。この事業による土地利用の大胆な転換により、エメラルド・ネックレスのあるボストンの南西側と大西洋に面する東側の間の構造的な障壁が取り払われることとなった［図8］。この緑地が正式に開園したのは二〇〇八年九月のことであり、ボストンの中心部全体が活性化するきっかけとなった。

特に、この沿道の地権者にとっては、眺望が一日中渋滞している高架道路から、開放的で優れた景観へと急変する好機となった［図9、10］。周辺には著名な観光地が多く隣接するため、この緑地帯を横断する形での観光客の移動も多く、商業的な価値も高い。この変化に伴い、歴史的建築物の緑道側に大きな窓をつくるリノベーションや新たな高層ビルの建築等、沿道部に住居・ホテル・店舗などの開発が積極的に行われてきた。一方で緑地と同じ平面上に一般道路や地下高速道路へのランプが配置されているために一つひとつの緑地部分が分断されていて、区画を移動するたびに車道を横断する必要がある点はウォーカビリティ向上の観点からは引き続き課題となっている。

**図9**｜「ビッグ・ディッグ」事業中（1999年）

**図10**｜緑道整備後のRings Fountain（提供：Rose Kennedy Greenway Conservancy）

## ボストン市の公園緑地計画とウォーカビリティ

ボストン市の公園レクリエーション部ＢＰＲＤ（Boston Parks and Recreation Department）ではボストン市の部局として最大の私有地を管理しており、二二九六エーカー（八八九ヘクタール）の永続的な公園緑地のうち一〇〇〇エーカーが歴史的なエメラルド・ネックレスの一部である。これらに加え、ＢＰＲＤでは土地の所有権を持たない都市緑地（urban wilds）、四つの高校の運動場その他の土地を管理し、さらに三万八〇〇〇本の街路樹の管理を担っている。これらの管理を良好に行い、市民が必要とする機能やサービスを提供するとともに、都市開発の需要や人口の増加などに対処してすべての地域において良質な生活環境を支えるためにオープンスペースへのアクセスを確保することを目標として、七年ごとに総合計画を策定している。計画策定にあたっては、土地の所有権に関わらずすべての緑地の調査を実施するとともに、市民を対象とした利用意向調査から明らかにされるニーズの分析と対応させ、今後の必要な改善点を明らかにしている。最新の計画2023-2029 OPEN SPACE AND RECREATION PLAN（略称：OSRP）は二〇二三年七月一八日に公表され、インターネット上でも公開されている[2]。

二〇二二年九月、BPRDでこの計画のプロジェクトチームを担うアルド・ギリン氏、マーガレット・オーエン氏にヒアリングを行い、特にウォーカビリティと公園緑地の観点から、同年夏の時点で先行して公表されていた公園徒歩圏域（Park Walkshed）の分析[図11]について尋ねた。

近年ボストンでは居住その他の開発需要が非常に大きく、既存の地域においても人口が急増していることからさらなるオープンスペースに圧力がかかっている。近年米国で良く参考にされているTrust for Public Land（TPL）が提唱する10-Minute Walk Campaignは、すべての都市住民が一〇分以内で公的なオープンスペースにアクセスできるようにすることを目指すものであり、この中でボストン市においては住民の一〇〇%が一〇分以内で公園や学校庭園にアクセスできることが評価されている。新たな計画の策定にあたっては、既存の公園緑地からネットワーク面積規模により異なる距離を誘致圏域としてArcGISのネットワーク分析を用いて小地域ごとにいくつの公園に対するアクセスがあるかを計算し、地域ごとの公園資源の配分を把握した。この分析からは、複数の公園が連なるエメラルド・ネックレス近傍の地域では公園への徒歩アクセスが市内で最も高い水準にあることがわかった。その一方、従前は工業用地で近年住宅開発が進んだ地域においてはニーズに対してアクセス可能な公園緑地が不足していることもわかり、今後公的に比較的大規模な公園を整備する必要性が指摘さ

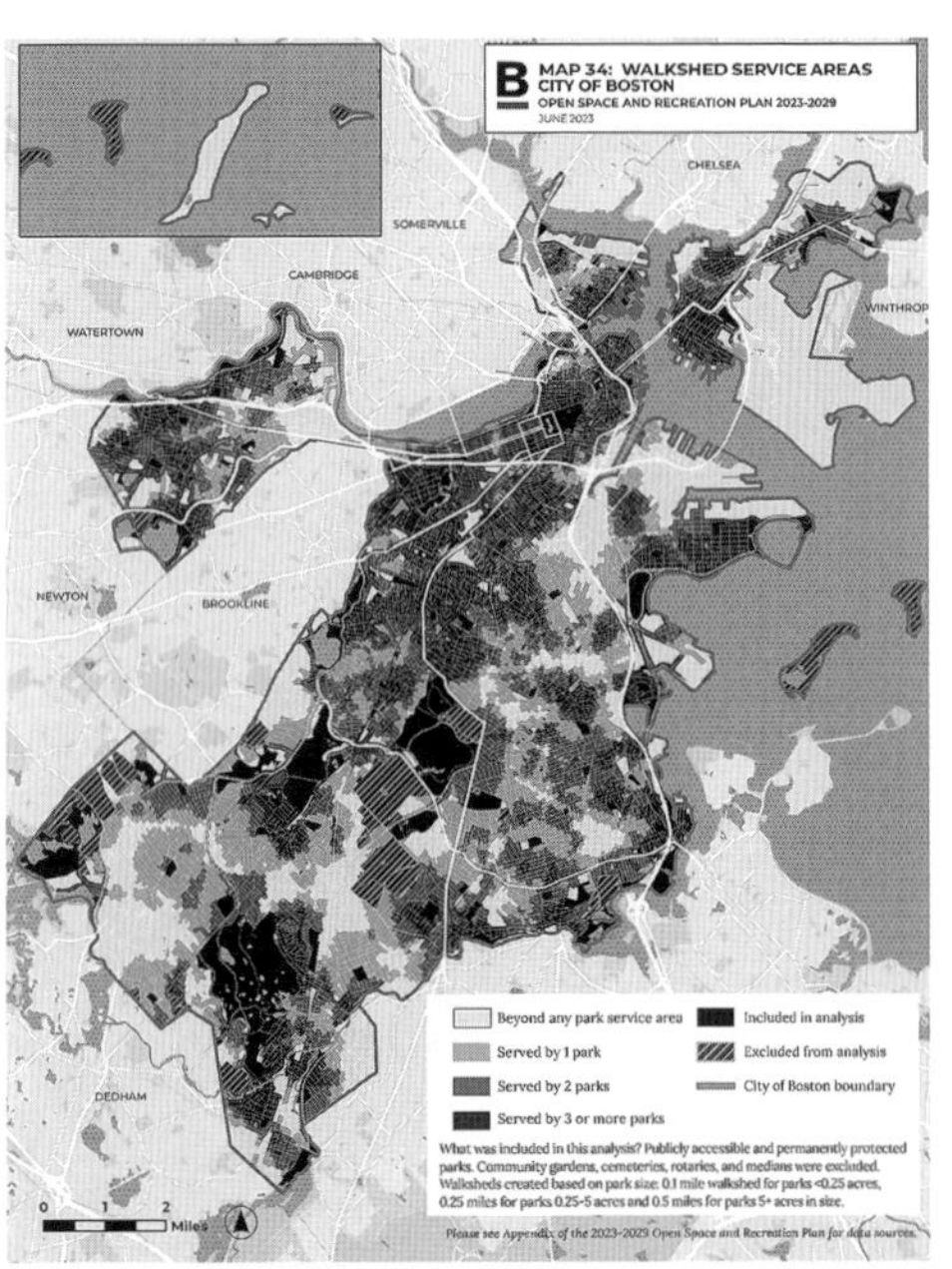


**図11**｜2023-2029 OPEN SPACE AND RECREATION PLANの公園徒歩圏域分析

れた。この分析結果は新たなOSRPの軸の一つとされている。

この分析にも見られるように、ボストンにおける歴史的な公園緑地やそれらを補完するように近年つくられた緑地のネットワークは、ボストン市民やこの地を訪れる人々が徒歩で都市を移動し、楽しむことを可能にしており、このことは自動車中心の都市が多いアメリカにおいて貴重なものとなっている。その一方で、自動車の普及以前に計画された緑地ネットワークが車道ネットワークによって寸断されて利用しにくいものとなっている箇所も多く残されており、歩行者などの利用を実際に想定しながら改善するための取り組みが続けられている。

## ニューヨーク

### セントラル・パーク

一七世紀の英国領土時代にマンハッタンの南端（現在のロウワー・マンハッタン）から始まったニューヨークは、一九世紀に急速な人口増加に対応するためにマンハッタン島全域の大規模な都市計画と整備が行われた。「すべての人々が楽しむことのできる市の誇りとなる公園を設置すべきである」というニューヨーク市長キングスランドの一八五一年の提案により公園用地取得のための最初の公園法が可決され、その後マンハッタン島のほぼ中央、現在のセントラル・パークの位置に総面積三四〇haの公園を整備することが決定された。この建設にあたっては公開競技設計が行われ、審査委員会は一八五八年四月にフレデリック・ロー・オルムステッドとカルヴァート・ヴォーの二人の技師が提案した「緑の芝原（Greensward）」案を一位と決定した。審査委員会は、当選の理由について第一に公園の基盤整備としての造成、排水等の土木工学的処理が満足できるものであるとし、特に立体交差による交通計画の導入を高く評価した[1]。

この計画の中心をなすのは牧草地的な景観、水景を生かした絵画的な景観、さらにフォーマルな景観といった性質の異なる景観を切れ目なく紡いで一つの織物のようなランドスケープをつくるという着想であった[4]。この時期のマンハッタン島の都市計画にあたって公園以外の街路はほぼ平坦になるように整地して格子状の街路が完成された一方で、セントラル・パーク内については岩や湿地の多い自然の地形を生かしたプランニングが行われ、これが園内交通の立体交差や水景・排水計画の基礎となった。

## 民主主義の思想に基づく歩車分離計画

セントラル・パークが計画され、またその大部分が建設されたのは米国が自由と人権を掲げて国を二分して戦った南北戦争（一八六一〜六五年）直前の時期であることは社会的な背景として非常に重要である。オルムステッドとヴォーによる計画の中で、歩行者による公園のアクセスは「純粋な民主主義の精神に忠実に、歩行者が最も多様で多岐にわたる景観を得ることができるよう」設計された。これはつまり、富裕な市民が公園を訪

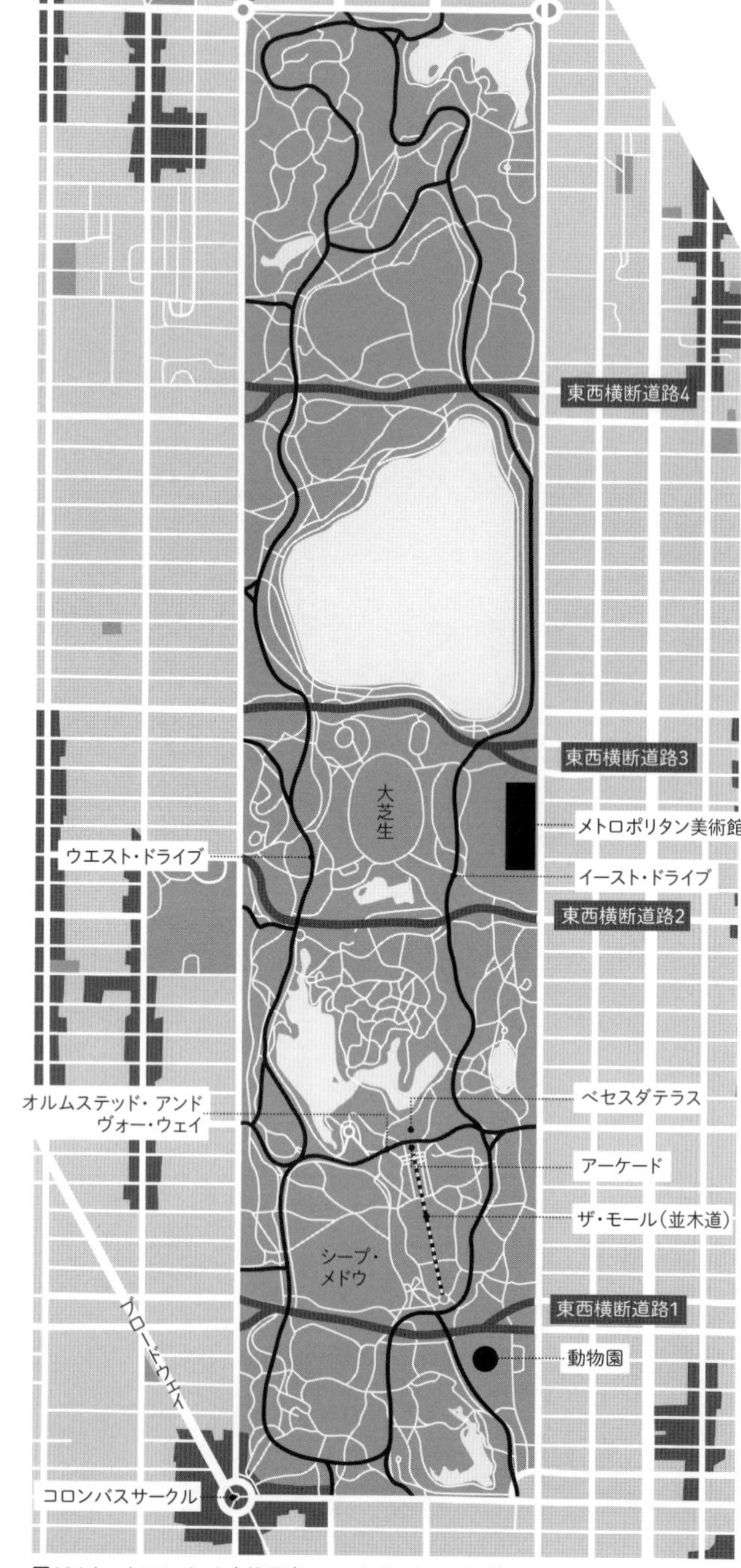


図12｜セントラルパーク全体図（ミラー[4]などをもとに作成）

れても、富の象徴である馬や馬車から降りて徒歩で公園を訪れる庶民と交わることなしには最も魅力的な景観を楽しむことができないということを意味している。この試みは経済的な社会分断を都市デザインによって解決しようとした米国で最初の実験として今日に至るまで高く評価されている[4]。

セントラル・パークの開園当初、ニューヨーク市には馬車路や騎乗路はほとんどなかったため、オルムステッドとヴォーは市の中心を占めるセントラル・パークにこれらのための周回状の園路を整備するとともに、大小様々な橋を設けることによって、公園利用者に対しても歩行者との立体交差による歩車(馬)分離を実現した。また、公園周辺の市内の街路と接続する東西方向の通過交通向けの道路(Traverse Road)は三本の切通となっており、公園の園路はその上部を橋として通過するために園地が分断されることはない[図12]。

当初の計画では約四五km(現在では六六km)の歩行者用園路はその長さ、幅員やデザインの点で多くのバリエーションがあり、中でもモールの並木道は最も象徴的な歩行者空間であり、その北端にはベセスダテラス[図13]という噴水を備えた広場があるが、その手前で歩行者向けの園路の上部を馬と馬車向けの園路(Olmsted and Vaux Way)が通過し、そのための橋梁下部が歩行者向けのアーケード[図14]となっている。

一六〇年余の間にセントラル・パークは様々な困難を経験したが、その中でも特に深刻であったのが一九七〇年代のニューヨーク市の深刻な財政難と、このために市による管理が限界を迎えたことであった。この時代にあっては草木の管理はもとより、市内の警察機能も著しく損なわれたことからセントラル・パークは荒廃し、また犯罪の温床となる危機を経験した。これに対して市民や近隣企業の寄付による公園管理団体Central Park Conservancyが立ち上げられ、その後の管理が引き継がれて再整備が進められることとなった。

自動車の普及以前に計画・整備された公園でありながら当初の計画において既に園内利用のための歩車(馬)分離、並びに通

図13｜モール突き当たりのベセスダテラス

図14｜ベセスダテラス手前の立体交差部(アーケード)

過交通との立体的な交差が計画的に行われ、その後の急速な自動車社会の到来後も公園内の通行を自転車以外には開放しなかったため、馬車・騎乗者向けの園路は実質的に自転車路に機能を替え、そのまま生かすことができた。このため、セントラル・パーク内のウォーカビリティは公園管理や治安の面を除いては脅かされることがなかった点は特筆に値する。

## 一般街路の歩行者空間化の取り組み

セントラル・パーク内では立体的に歩車分離を行ったのに対し、公園の外の街路はすべて平面交差のグリッド状のパターンであり、自動車と歩行者の交錯は長年の課題となってきた。ブロードウェイはマンハッタンを南北に通過する街路だが、一一丁目から西七九丁目までの五km余りの区間は格子状の街路に対して斜めに配置されているため、この街路を通行する車両や歩行者と交差する街路の車両との交錯が永年の課題となっていた。特に西四二丁目から四六丁目の間の区間はタイムズスクエアと呼ばれ、近隣の劇場街とともにニューヨークの象徴的な場所だが、自動車交通の増加や観光客の増加に伴い、安全上の問題が多く生じてきた。これに対して二〇〇八年以降、近隣の企業によるＢＩＤの取り組み（Times Square Alliance）によって広場空間の再整備とともに、ニューヨーク市当局と協力してこの区間のブロードウェイを自動車に対して閉鎖するなどの歩車分離の取り組みが進められている［図15］。他の区間においてもより短い区間を車両通行止めにして広場としての利用を進めるなどの試みが見られる。

## ハイライン——高架鉄道から歩行者のための空間へ

ハイラインは、二一世紀に入ってからマンハッタンの西側（ウェストサイド）、ガンスヴォート通りから西三四丁目までの約二・三kmの高架の鉄軌道跡に整備されたニューヨーク市の都市公園である［図16］。二〇世紀のニューヨーク市の物流を支えたこの線路は、廃線後約二〇年間放置されて撤去されようとして

図15｜歩行者空間として整備されたタイムズスクエア

図17｜Friends of High Lineによって34丁目に設置された現地案内板

いたが、一九九九年に二人の近隣住民が保存して公開の緑地として再整備するための運動を始め、その後周辺利権者を巻き込むことで緑地としての再整備が行われた。この緑地の計画と整備の歴史からは、川に囲まれた大都市ニューヨークの物流手段が舟運から鉄道へ、そして自動車交通へと置き換わっていく中での都市交通の葛藤が理解できる。また、平面格子状の街路の中で高架の連続した歩行空間はマンハッタンの西側に新たな魅力をつくり出し、周辺の不動産市場や都市開発の趨勢にも大きな影響を与えることとなった。

一八四〇年代のニューヨーク市では、都市人口の生活や経済を支えるために必要な物資をハドソン川の水運で運び、これをウェストサイドで陸揚げし、路面電車に載せ、この地域に集積した食品工場や倉庫へと運んでいた。この頃ニューヨーク市においては製造業が興隆し、人口や物流が急速に増加し、一八五〇年代には路面貨物列車と歩行者らの衝突事故が多発し一帯が「死の街道（Death Avenue）」と呼ばれるほどになった。

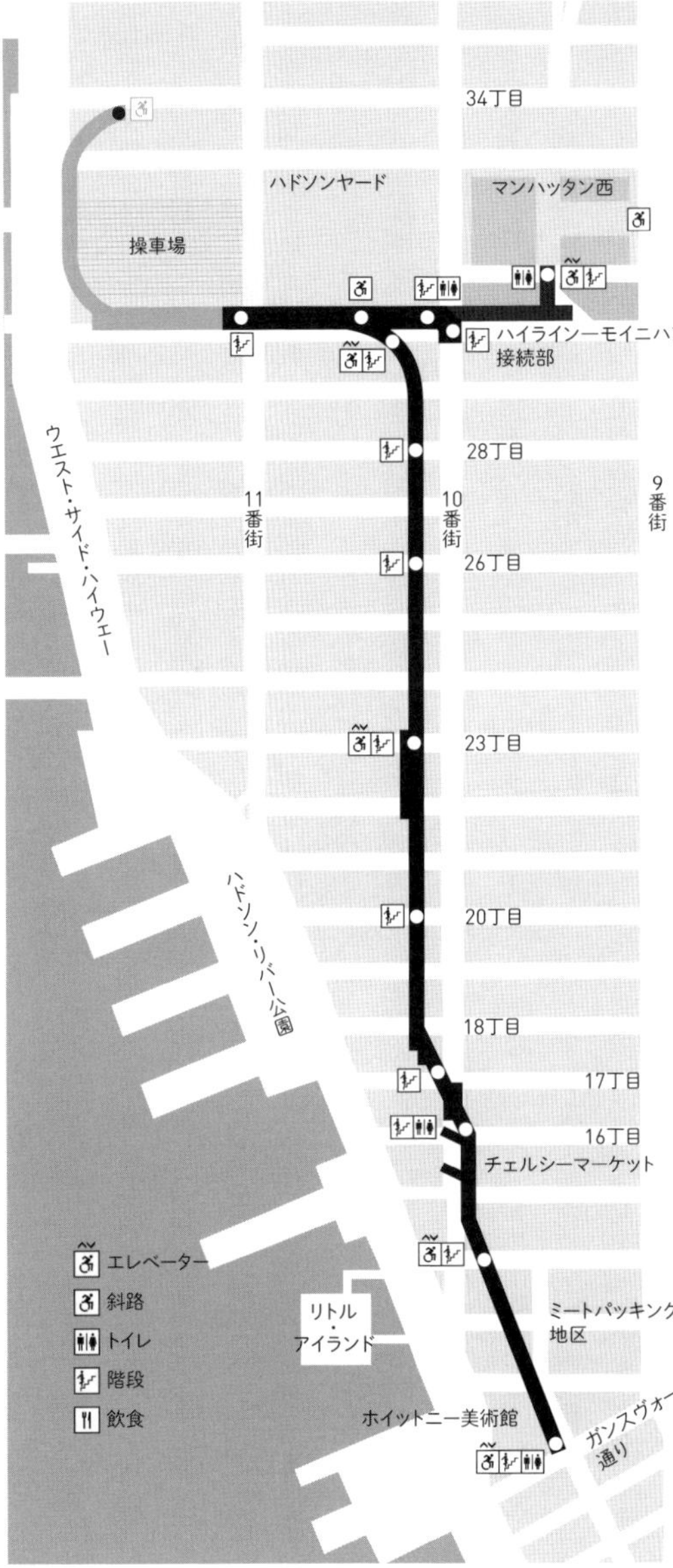

**図16**｜ハイラインの位置図（ハイラインのパンフレット[5]をもとに作成）

このような交通過多の問題を解決するため、またより効率的な物流を実現するため、一九二九年よりニューヨーク州中央鉄道の主導により一〇五の路面交差を撤去する大規模なプロジェクトが行われ、この一環として高架の貨車軌道「ハイライン」が建設された。一九三四年に高架の貨物軌道ハイラインによって西三四丁目からセントジョンズパーク駅までが結ばれると、線路沿いの工場や倉庫は二階に停車場を設け、食肉や牛乳その他の製品を運ぶようになり、「ニューヨークのライフライン」と呼ばれるほど活発に利用された。

ところが、一九六〇年代に海外からの輸入等によりニューヨークの製造業と経済は急速に衰退する。さらに自動車の急速な普及と全国を結ぶ高速道路の整備により、水運と貨物鉄道による物流は衰退し、ハイラインの運行は休止に至った。一九六〇年代のうちにハイラインの最も南の九街区分が取り壊され、さらに五街区の高架構造が一九九〇年代に撤去された。

一九九九年にハイラインの所有者であったＣＳＸトランスポーテーション（全国の貨物運行会社）が残された構造の利用方法についてのアイデアコンペを開催し、これに刺激を受けたジョシュア・デヴィド、ロバート・ハモンドという二人の近隣住民がFriends of the High Line（フレンズ・オブ・ハイライン）というＮＰＯ組織を立ち上げ、またニューヨーク市と連携することによって保存に向けての機運を高めた。二〇〇五年にＣＳＸがハイラインをニューヨーク市に寄付することを決定し、二〇〇九年に最初の区間（ガンスヴォート通りから二〇丁目）が一般公開された二〇一一年には第二区間（二〇丁目から三〇丁目）、二〇一四年に操車場区間（三〇丁目から三四丁目）、二〇一九年に歴史的な軌道区間としては最後となる分岐部（The Spur）が開園した。この間に沿線地区（特に食品産業が集積していたことからMeat-packing DistrictやHell's Kitchenなどと呼ばれていた）は住居・商業の混合地区へと遷移したが、ハイラインの軌道跡が産業地区としての歴史を伝えている[5]。

二〇二二年九月の調査時点では分岐部から東側のペンシルバニア駅までの新規区間（軌道跡地ではない）が建設中であった。これはハイラインをニューヨークの主要な鉄道駅であるペンシルバニア駅とその拡張部となるモイニハン・トレインホールへの「モイニハン接続部」と呼ばれる区間であり、垂直に交わる二つの橋梁が新たに建設されて二〇二三年六月に開通した。

ニューヨークの格子状の街路は市内のわかりやすい地理座標として体系的な交通システムを支えているものの、歩行者と自動車交通の平面交差が非常に多くウォーカビリティの観点からは大きな問題となっている。ハイラインは、高架鉄道跡を利用することでハドソン川沿いに自動車交通から解放された歩行空間をつくりだしたとともに、新たにペンシルバニア駅のあるミッドタウンへも接続することでニューヨーク市に歩行者のための「軸」をつくりだしている。

## 緑地のデザイン

ハイラインの緑道部分は貨物鉄道が走行していた軌道を利用していることから現在の建物の二〜三階部分の高さで歩行しやすい線形となっている。植栽空間の中に線路の跡に連続したプレキャストコンクリートの園路が設けられている。

廃線後放置されていた間に自然に生じた雑草や実生の樹木等を生かした植栽がなされているが、箇所によって植栽と舗装のバランスを変化させ、また様々なところにレールの遺構や鉄道をモチーフとしたデザインが配されるなど単調にならない仕掛けが施されている［図18］。

図18｜ハイラインの緑道

図19｜既存建物を通過するハイライン）

## 周辺の建物との関係

貨車が運行されていた当時に周辺の倉庫や工場等の上階に停車場がつくられて直結していたため、現在も隣接する建物の中をハイラインが通り抜けている形状の箇所がいくつもある［図19］。これらの建物の多くは結節部からハイラインにアクセスできるようになっているほか、建物内のエレベータ等を使って一般の利用者がハイラインへアクセスすることやトイレ利用への協力の取り決めがなされている。さらに、ハイラインの緑道が整備された後には隣接する民有地側にハイライン側に向けてテラスや庭園、アートの展示スペースなどが設置される例が増えた。設計を担当した事務所のウェブサイトによれば[6]、ニューヨーク市が一億一五〇〇万ドルを投資してハイラインを整備したことにより、周辺に五〇億ドルの都市開発投資が行われ、また一万二〇〇〇の雇用が生まれたと試算されている。当初は近隣住民に向けた一つの取り組みとしてハイラインの整備が行われたが、二〇一九年には八〇〇万人が訪れ、世界中の都市において時代遅れの都市インフラの公園への転換が企図されるきっかけとなっている。

# 3　日本のウォーカブルなまち

## 丸の内地区（東京都千代田区）

村上暁信

### 丸の内ストリートパーク

東京・丸の内地区の仲通りでは、二〇一九年から社会実験を行っている。期間中は自動車を通行止めにして、通りを公園のように整備し、「丸の内ストリートパーク」として公開している。毎回、周辺のビジネスパーソンだけでなく、パーク目当てに来街した人々で賑わっている。使い方も様々で、そぞろ歩きするだけでなく、ベンチに座って食事を取ったり、長時間パソコンを前にして仕事をしたりしている。丸の内ストリートパークの運営には、エリアマネジメント組織である大丸有まちづくり協議会を中心にして様々な組織や活動グループが関わり、協働して行っている。

丸の内ストリートパークの特徴の一つは、実施期間中に多様な観測、データの収集を行っていることである。データ収集については調査内容、観測手法が毎回改良されている。例えば二〇二一年春・夏には①人々の滞留状況・属性・行動等の変化について観測する「来街者の人流」計測、②丸の内の就業者に丸の内ストリートパークで働いてもらい、都心部の緑豊かな屋外空間で働くことの快適性・生産性・健康効果等を計測する「就業者の快適性」計測、③酷暑環境の改善効果を検証する「温熱環境」計測、が行われた。

### 実験的な取り組みと科学的調査

丸の内ストリートパークでは実験的な空間づくり、デジタル技術の積極的活用に取り組み、進化しながら仲通りの活用を模索し、丸の内エリアの活性化、就業者や来街者の満足度向上を目指している。そのために毎回、利用に関する各種データを取得している。二〇二一年の夏の丸の内ストリートパークでは、人流についてはパーク内の複数箇所に撮影機材を設置してエッジＡＩの技術を用いて人の移動と滞留が把握された。データはＷｉ-Ｆｉを介して集約され、リアルタイムで人の位置、移動や滞留、さらにそこから混雑状況を把握できるようにして、その結果を一般に公開した。さらに来訪者の滞在状況を把握するための補足調査として参与観察を行い、時間ごとの来訪者の滞在場所・行動（飲食、休憩、読書、単独での仕事、グループでの仕事等）が目視で判断され、記録された。

図1｜丸の内ストリートパーク

これらに加えて、丸の内ストリートパーク内での熱環境の特徴を把握するため、複数地点での固定点観測（気温・湿度・表面温度）が行われた。また歩行空間の微気候を詳細に把握するため、気温、湿度、平均放射温度（ＭＲＴ）の移動計測も実施された。これらに加えて、リアルタイムで情報を得る多点観測システムも作成された。多数のスポットで温度計測を行い、緑があるところとそうでないところ、日当たりが良いところとそうでないところ、ミストに近いところと遠いところなど、場所の特性に応じた多点の温熱環境比較が行われた。観測には自作された小型センサが用いられて、観測データはＷｉ-Ｆｉを介してリアルタイムでウェブ上にアップロードされた。さらにアップロードされたデータは一般に公開された。このような先進的な常時監視のシステムが構築され、温熱環境がモニタリングされ、さらにそれらのデータは積極的に公開された。

上記の空間の特徴把握に関わるもの以外に、空間利用による健康効果についても調査がなされた。そこでは生理的な健康効果の検証を目的にウェアラブル心電・呼吸・加速度センサを被験者に朝（執務前）から装着してもらった。九時から一八時まで屋内外を問わず好きな場所で執務してもらう形で実施された。被験者は丸の内エリアで執務するビジネスパーソンから募集され、多くの参加者が得られ、心電・呼吸・加速度のデータからストレス度が評価された。

分析においては、パーク利用の効果を評価するためには被験者がパーク内のどこにどれだけ滞在していたかを正確に把握する必要がある。そこで被験者に五〇〇円玉大のビーコン（Bluetooth beacon発信機）を携帯してもらい、あらかじめパーク内に受信機となるデバイスを複数箇所に配置し、被験者がパーク内に入るとビーコン発信機が発信するＩＤに受信機が反応し、受信値の強度からＩＤ別にビーコン発信機と受信機との距離を特定することができるようにしている。その値から、位置を正確に算出し、生理データとの比較解析が可能になっている。

また心理的な健康効果の検証を目的にウェブアンケートが実施された。ウェブアンケートは、（1）パーク内で働く直前、（2）働いた直後、（3）一日の業務終了時、（4）三日間の全実測終了時に、過ごし方とともに、仕事への意欲、集中度、ストレス度等について回答してもらい、分析が行われた。このような詳細の調査が可能になっているのは、デジタル技術を積極的に取り組む姿勢とともに、そのような実験的な試みに関心を強く持ち、後押しする地域のビジネスパーソンの存在、ビジネスパーソンが参画する様々な活動グループの存在がある。

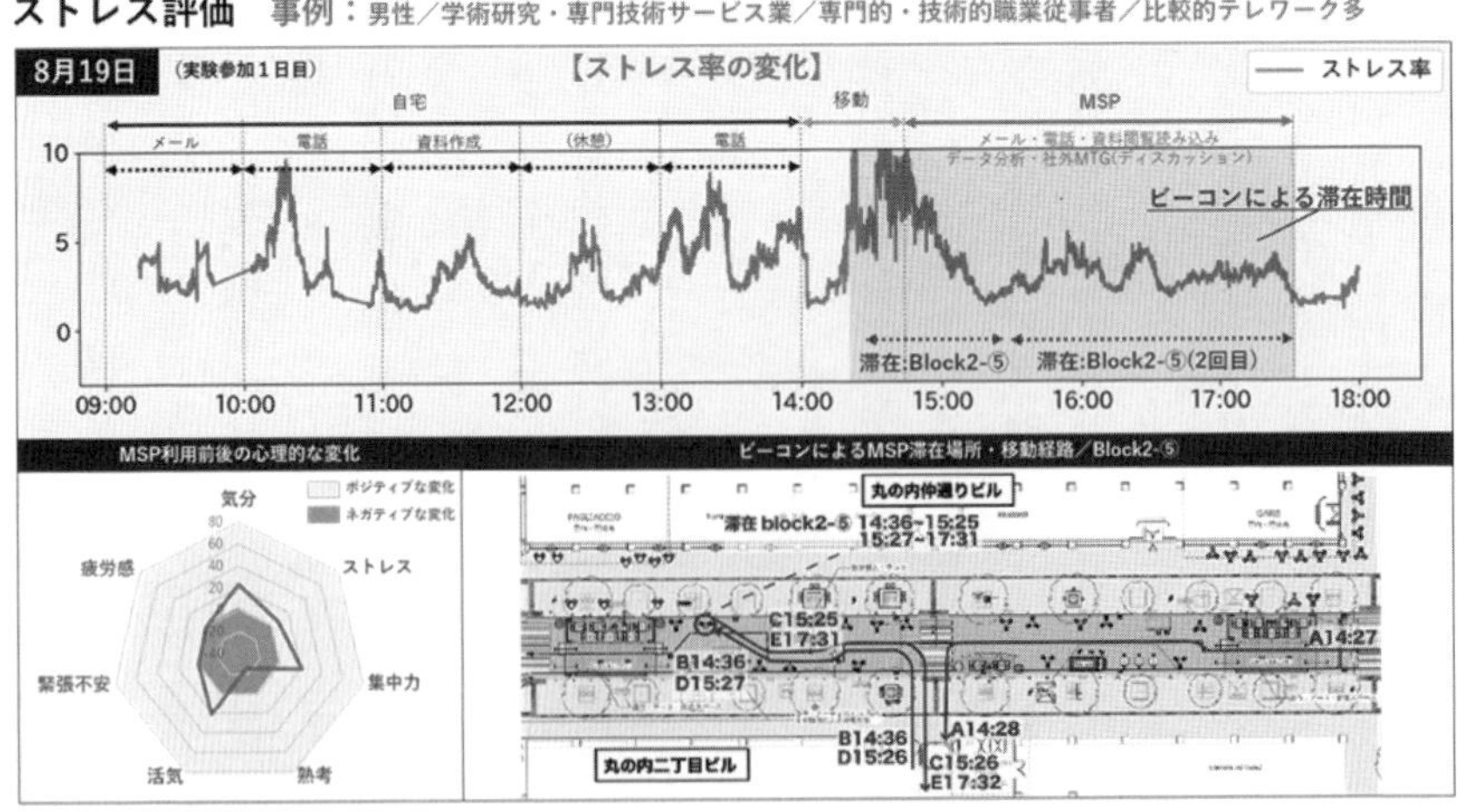


**図2**｜評価結果（ストレス評価）の例

## 空間改善の継続を可能にするプロセス

丸の内地区においては丸の内ストリートパークを展開する前から、生きものモニタリング調査などの環境調査活動が行われており、そこで得られた情報は樹木や建築物の三次元情報を持つ環境情報プラットフォーム「大丸有環境アトラス」に統合されていた。二〇一九年にはGreen Tokyo研究会が設立され、大丸有環境アトラスをベースにして人工衛星データの付加や各種データから算出される日影のデータベースの作成、夏季でも涼しい場所の調査と位置情報の集約などが行われた。

そして作成されたデータベースを利用して、目的地を設定したときに日影を主に選択して移動するルートを検索する仕組みが構築された。これを三菱地所(株)協力のもとTOKYO OASISとして配信している。TOKYO OASISは時間帯ごとの建物や街路樹の日影情報をもとに、現在地からOASIS SPOT(=快適に過ごせる場所)までの涼しい快適なルートを検索できるウェブサービスも提供している。日/英/西/中/韓の五カ国語に対応し、多様な来訪者に利用してもらえるサービスにしている。

二〇二一年夏の丸の内ストリートパーク開催期間中には、TOKYO OASISを通じて、三〇分先までの気象予測情報を提供した。降雨の有無や強さを二五〇mグリッドで予測した情報であり、毎分更新して最新の予想を提供した。市民だけでなく、店舗やレストラン経営者に利用を呼びかけたところ、二〇二一年夏は短時間の豪雨が何度も発生したこともあり、好評を得ている。

丸の内ストリートパークにデジタル技術を取り込んで実験的な空間デザイン、そこでの検証の取り組みが始まったのは、夏季の熱環境評価がきっかけであった。当初、最暑期に実施される東京オリンピックのマラソンコースが近隣に計画されていたことから、観戦者の安全面への配慮から仲通りの熱環境を改善する必要性が指摘されていた。そこで熱環境のシミュレーション技術などが活用され、仲通りの熱環境評価と、熱中症対策としての改善の方針が検討された。その時点ですでに大丸有環境アトラスがつくられており、建物や緑の三次元データは利用できる状態だったため、これらのデータを用いて熱環境シミュレーションを実施することも可能になっていた。

大丸有環境アトラスが作成されたのは、環境に関する情報を紙ベースではなくデジタル化することで利用を促進し、さらに更新を容易にすることができるからである。環境に関する情報をデジタル化することはICT利用の第一歩であるが、それ自体が極めて重要なステップであったといえる。

次のステップは、得られた情報を使って空間への関与をしていくことである。丸の内ストリートパークではシミュレーションでの検討の後に、現地での測定が行われた。実際にどのような環境が形成されているかを深く理解するためには、現場での測定が必要だと考えられたのである。そして実測後にデータを抽出し、分析することで空間の特徴が評価され、その結果を踏まえて環境を改善する方法、整備方法が検討された。その過程で、分析作業により実際の熱環境を測定し評価することはできたが、評価結果を前にして関係組織、ステークホルダーが集まると、「熱環境がどれだけ良ければいいのか？　その改善にどういう価値があるのか？」という疑問が生まれた。そこで、熱環境だけでなく同時に人の行動を把握する必要があるということがステークホルダーから提案され、二〇二〇年の調査では人流把握が調査項目に加えられた。

二〇二〇年に熱環境の特徴と人流についての調査が行われ、前年のデータと比較分析した結果、夏季には熱環境が良好（冷涼）なところほど、人が長時間滞在していることが示された。それにより熱環境を改善させることの意義、目標となる基準が確認された。しかし次に生じたのは、長く滞在すればそれでいいのか？　という疑問であった。丸の内というビジネス地区に丸の内ストリートパークを作る意義として、人が長く滞在する場所になれば十分なのか、そうでなければ意義は何なのか、ということが議論された。そこで出てきた一つが、就労者にとって働くことにプラスになる機会を提供すること、安らぎの場であったりリフレッシュの場になることであった。そこで二〇二一年の調査では参加者を募り、アンケート調査や生理データの取得を通じてパークで過ごすことの影響を評価することになったのである。

また気温分布については二〇二〇年の調査で、狭い範囲の中であっても最大で五℃近い気温差があることがわかった。仲通りでは高木樹木に覆われていることやミストを使用していることからもともと周辺地区よりも気温は低くなっているが、交差点付近では日射の影響や人工排熱の影響で気温が高くなりやすい。またコロナ感染防止で店舗や建物出入口を開放することが多く、室内側の冷気も仲通りに漏れ出している。このような場所による細かい気温の違いがあることと、温熱環境が滞留などの利用行動に影響を与えることから、パーク内に多数の気温センサを設置してリアルタイムで、場所による気温の違いを見える化することになった。そこで前記のような表示システムがつくられたのである。これにより、一日を通じて気温が低くなる場所を把握できたり、代表気象で捉えられる風速の変化が地表面付近に与える影響などを把握できたりするようになった。

**図3**｜多様な組織の関与



重要なことは、丸の内ストリートパークでのＩＣＴの活用は当初から計画が明確に描かれたものではなく、一つの取り組みをしたら次の疑問、欲求が出てきてそれに対して次の手法が導入される、という連鎖が続いているということである。丸の内ストリートパークでは現在もまだ連鎖の途中にあり、次から次へと知りたいこと、得たい情報が膨らみつつある。その展開を支えているのは、公園や空間がどういう役割を担うべきか、都市においてどういう場所になるべきかという根本的な議論である。丸の内ストリートパークで先進的な実験が毎年更新されているのは、このような議論を支えるエリアマネジメントの組織の存在とビジネスパーソンの参画があるからであると言える。

# 高松市（香川県）

紀伊雅敦・中地遥菜

## ウォーカブルシティとしての潜在力と現状

高松市は瀬戸内海に面する人口四二万人の中核市であり、多くの地方都市と同様、市民生活の大部分は自動車に依存している。一方、特筆すべき点として、高松駅周辺は、ＪＲと琴電の鉄道二路線の終端駅があり、フェリーターミナル、高速バスターミナルが整備された陸海を結ぶ複数の公共交通の交通結節点であること、瀬戸内海の景観や史跡高松城跡などの地域資源が隣接していること、また地方都市では例外的に再整備に成功した中心市街地が徒歩圏内に位置し、ほぼ平坦な地形であるなど、ウォーカブルなまちとしてのポテンシャルが非常に高いことが挙げられる［図1］。

また、高松駅北側のサンポート地区は、国鉄跡地として、都市機能と港湾機能を調和させた都市拠点と位置づけられ一九九〇年代から整備が進められており、コンベンション機能や合同庁舎等が立地しており、現在、県立体育館や大学、インバウンド向けホテルなどの立地が進められている。

しかし、現在の空間構成を見ると残念ながらそのポテンシャルを十分生かし切れていない。ＪＲ高松駅は鉄道で来訪する際のまちの玄関口であり、頭端式駅のため、ホームから駅前広場まで段差なく移動でき、駅舎のファサードはガラス張りで特徴的である［図2］。しかし、駅と海の間は建物で遮られており、瀬戸内海に面していることはわかりにくい［図3］。また、ＪＲ高松駅と琴電高松築港駅、およびフェリーターミナルは三〇〇mほど離れており、やはり建物で遮られているため、来訪者には、接続がわかりにくくなっている。また、高松駅から商業の中心である商店街までは約八〇〇mであり、徒歩で移動可能ではあるものの、歩行環境は必ずしもわかりやすく快適とは言えず、徒歩による接続性は十分ではない。例えば、**図4**は商店街に接

**図1**｜高松市中心部の施設配置（国土地理院地図をもとに作成）

続する街路であり、無電柱化され、路面もブロック張りであるものの、植栽は小さく歩行者の日よけにはならず、また交差点部の車道幅員増加のため歩道が狭められており、駅から商店街に接続する歩行経路として、あまり認識されていない。

## ウォーカビリティ向上のための取り組み

こうした潜在力を顕在化させるべく、香川県ではサンポート地区の空間再編の協議を進めている[1]。具体的には、県立体育館整備と合わせた地域活性化、瀬戸内海や高松城跡などの地域資源の活用、サンポート地区〜中央商店街の回遊性向上、ウォーカブルなまちづくりの推進を目的として、サンポート地区内の道路空間の再配分が検討されている。

具体的には高松駅とサンポート地区、およびサンポート地区内のオープンスペースが道路により分断されており、これが歩行の快適性や回遊性を阻害している。このため、道路配置を見直し、道路空間をプロムナード化することが検討されている。無論、そのためには地区内、および周辺の交通に及ぼす影響や、関係者との合意形成が求められるが、同時に、そうした空間整備がもたらす幅広い効果も評価が求められるであろう。高質な空間整備は、インバウンドの目的地選択はもちろんのこと、ワーケーションや滞在型居住といった交流人口の増大など、地域経済に大きく影響する。また、そうした来訪者の評価は居住

図2｜JR高松駅

図3｜JR高松駅正面からの駅前広場の眺め

図4｜商店街に接続する無電柱化された街路

者にとっても地域への愛着を向上するといった効果も期待される。そうした効果を事前に評価することは困難だが、ウォーカビリティ向上がもたらす幅広い効果を様々なエビデンスに基づき推測し、関係者の合意を得て実現することが求められている。

また、我々の研究室でも、サンポート地区から中央商店街までの回遊性を向上するための調査・研究を進めている[2]。この研究では、まず歩行者が「歩きたい」と思う意識構造を、バーチャルリアリティによる印象評価に基づき共分散構造分析で推計し、これに基づき高松市中心部の道路リンクのウォーカビリティを評価している。併せて、曽ら〔本書3章6節参照〕による深層学習をベースとする歩行空間の評価モデルAIHCEを用いた道路リンクの画像解析による評価と比較している。その結果、「歩きやすさ」について共分散分析とAIHCEのウォーカビリティの評価には正の相関が見られたが、「居心地の良さ」とリンゲラビリティについては両者の相関が弱いなどの知見が得られている。我々の研究における歩行空間の評価は、あくまでも被験者の主観に基づくことから、評価モデルを作成する際の各種条件によって、結果が安定しない可能性があることには留意が必要である。しかし、歩行空間の質を改善するためには、一定の根拠を有する、そのような研究から洞察を得て、どのような空間がウォーカブルなのか考察を深めることも必要であろう。

**図5**は高松市中心部の道路リンクについて前述の手法を当てはめて評価した結果である。これより、道路リンクによって「歩きやすさ」や「居心地の良さ」に差があることがわかるが、高松駅から中央商店街にかけて、評価の高いリンクが連続していないことが、回遊性の低さの原因の一つであるかもしれない。例えば、「歩きやすさ」では中央通りの評価が高いが、駅から中央通りに接続するリンクは、いずれも評価が低く、また中央通りにおいても交差点で評価が低いため、歩きやすい経路が連続していないことがわかる。ウォーカビリティを改善する際は、このように、特定のリンクの改善にとどまらず、発着地間を結ぶ経路全体での評価も必要であろう。

## ウォーカビリティ評価の拡張

都市再生において、ウォーカブルなまちなかの形成推進事業は、各都市での取り組みを促進し、歩きやすさや居心地を改善するといった成果をもたらしている。一方、移動は徒歩のみで閉じているものではなく、様々な交通手段と連携している。その際、公共交通利用は自動車利用よりも、徒歩によるアクセス・イグレスの影響が大きく、歩きたくなるまちなかを形成するには、徒歩以外の移動手段との連携を十分考慮することが必要であろう。

冒頭に記したように、多くの地方都市は、生活を自動車に依存しており、経済、健康、安全、環境など様々な課題の原因となっている。ウォーカビリティの改善は、このような自動車依存の緩和にも効果をもたらすであろう。高松市も多くの市民は自動車に依存しているが、幸いなことに都市鉄道が存続しており、バスと鉄道を連携する公共交通ネットワークの再編・高度化が進められている。来訪者にとってのウォーカビリティとともに、自動車を利用しない居住者も豊かな生活を実現するには、ウォーカビリティを交通システム全体の中で位置づけることが必要であろう。高松市は、観光地としての潜在力とともに、自動車依存度を緩和しうる公共交通基盤も有している。それらの潜在力を顕在化する上でも、ウォーカビリティ改善の役割は小さくない。

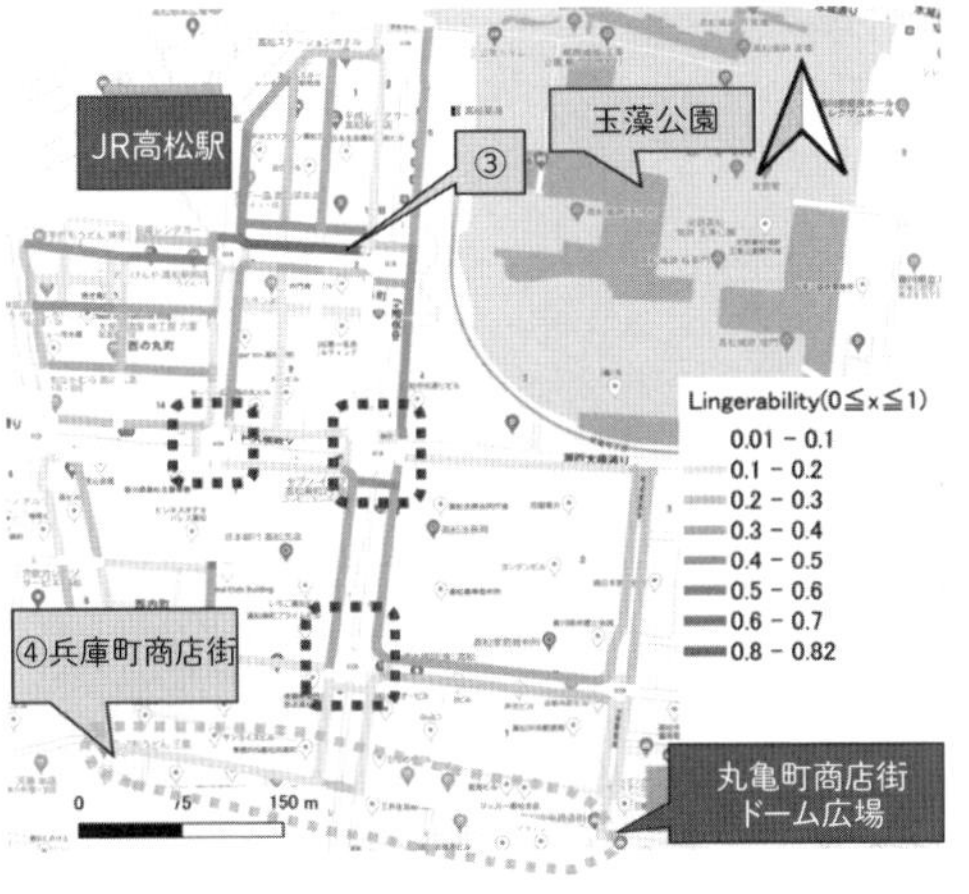


**図5**｜高松市中心部の道路リンクの歩きやすさ（上）と居心地の良さ（下）の推計結果

# 出雲市（島根県）

田島夏与

旧国鉄大社線の大社駅から出雲大社へ向かう「神門通り」は、二〇世紀の初めから参詣道として、多くの参拝客でにぎわってきた。しかし、一九七〇年代以降の自動車交通の増加と一九九〇年の大社線の廃線により、そのにぎわいが急速に失われ、大型バスを含む自動車の通行と歩行者を安全に課題を抱えることとなった。このことを契機に、シェアード・スペース（歩車共存道）化についての取り組みが進められた［図1］。シェアード・スペースとは、縁石、柵、段差などの歩行者と自動車を分離する構造をやめ、あえて両者を同じ空間に共存させることで、双方の安全意識を高め、注意を促すという考え方に基づく道路空間である。

## 神門通りの歴史的経緯

「神門通り」は、一九一二（明治四五）年に開業した国鉄大社駅から出雲大社の勢溜（せいだまり）までを最短距離で結ぶ「直線道路」として、第一九代島根県知事高岡直吉知事の提唱により整備され、宇迦（うが）橋とともに一九一四（大正三）年に完成した［図2］。一九一五（大正四）年には、事業家小林徳一郎により、宇迦橋北詰の大鳥居と松並木が寄進され、現在の神門通りの景観が形成された。計画された道路の幅は六間（約一〇・八m）と、国道でさえ四間（約七・二m）に満たない場合が多かった当時としては相当広いものであった。県議会では無駄ではないかと反対の声も上がる中、当時の島根県知事高岡直吉は「大社は島根県の大社ではなく、日本国の大社である。里道のような道で甘んじている訳にはいかない」と答弁し、参詣道整備に向けた知事としての並々ならぬ決意を見せたと言われている。

戦後から一九六〇年代にかけての神門通りは、沿道に旅館や土産屋が立ち並び、たくさんの参拝客でにぎわったが、一九七

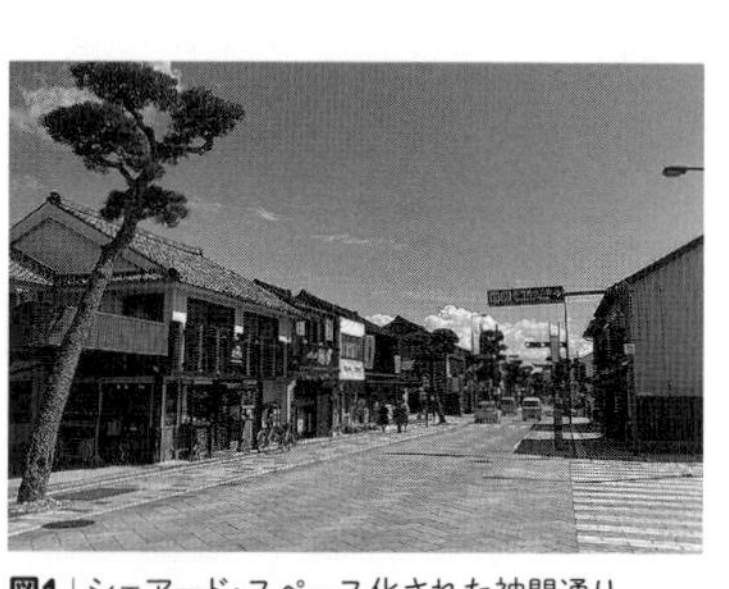

図1｜シェアード・スペース化された神門通り

図2｜宇迦橋から見た大鳥居

〇年代に入ると急激な自動車交通の増加の影響により、国鉄大社線の乗降客数は減少の一途をたどり、観光客の多くが観光バスや自家用車で訪れるようになった。これにより神門通りの活気は急激に失われ、一九九〇年にJR大社線が廃止されると、神門通りを歩く観光客はほとんどいなくなり閑散とした通りとなった。

JR大社線の廃止から約二〇年、二〇〇九年に「神門通り広場」が整備されたことで神門通りにいくらかの人通りが戻り、二〇一三年に迎える出雲大社御本殿の大遷宮に合わせ、神門通りを出雲大社の門前にふさわしい風格と賑わいのある通りへと再生しようという機運が、地元や行政の間で高まった。

## 再生計画の課題

神門通りの全幅は一二mで、もともと二車線対面通行（三・五m×二車線）の外側に片側二・五mずつの歩行空間があったが、歩行空間の中心には松並木があり、観光客は松並木の外側の狭い空間を、体を小さくして歩いているような状況だった。また、神門通りは一日五〇〇〇台以上の自動車交通量があり、またバス路線として大社市街地を南北に貫く幹線道路としての役割も担っていた。このような状況から、「生活車両の利便性」と「歩行者の安全性・快適性」を共存させることが、神門通りの計画づくりに求められた。

## ワークショップ形式による計画づくり

神門通りには、当初、全幅一六mにして東側に拡幅整備する都市計画が決定されていたが、二〇〇九年に出雲市が実施した沿線住民アンケートの結果では、拡幅する案について過半数が「反対」と回答した。その理由として松並木の保存が多く挙げられた一方で、「仮に現在の道路幅で快適な通りとするとしたら」との問いに「車道を狭くして歩道を広げる」と回答したのはわずか一二％であった。「道路は拡幅しない」「車道は狭くしない」「歩道は広くしたい」、この相反する意見を集約し、何とか一つの計画とするため、行政、民間、沿道住民が参加するワークショップ方式により計画づくりが進められた。

神門通りの整備に向けたテーマを、「にぎわいの再生のため安心して楽しみながら歩ける道づくり」とし、①安心して歩ける歩行空間をつくること、②通りににぎわいを生み出すことが目標に掲げられた。現況一二mという限られた幅員で、「生活車両の利便性」と「歩行者の安全性・快適性」を共存させ、かつ貴重な松の保存を可能にするために、ハード整備とソフト施策両面から様々な「工夫」を連携させることによって車のスピードを落とし、観光客のまち歩きを誘発しながら「歩車共存道」により整備する計画がつくられた（二〇一二年二月に現道幅一一mのまま歩車共存道として整備することで都市計画変更された）。

さらに、テーマ実現のための整備方針（ハード）として、歩車共存道としての美装化に加えて、松並木を保存するための対策、電線類の地中化、ポケットパークの設置などを計画し、それぞれ具体的な整備内容が検討された。

検討にあたっては、神門通りを利用するすべての人にとって使いやすいものとするためにアイディアを出し合うワークショップ方式が採用された。二〇一〇年七月から二〇一一年三月の間に「道づくりワークショップ」が六回、二〇一一年六月から同年一二月の間に「デザインワークショップ」が三回にわたって開催された。これらのワークショップには、総合コーディネーター、交通、景観分野の専門家、デザイナーのアドバイスのもと、地元住民、関係者、行政の連携・協働による道づくりが進められ、沿道の方や大社中学校の生徒など延べ三九六名が参加し熱心な議論が行われた。

道づくりワークショップでは、周辺に空き家・空き店舗が多いことに対する懸念や建物・看板の統一感を出したい、歩道と車道の関係（歩道が狭く危険、車のスピード抑制の必要性や大型バス対応、車道部分も含めた石畳の復活、歩道と車道の間の段差をなくすことなど）、松並木の保存およびライトアップ、勢溜前交差点の安全対策、宇迦橋の歩道拡幅などの意見が出された。

さらに、これらの意見をデザイン案に落とし込んだ上で、三回の「デザインワークショップ」で全体のイメージ図や模型、舗装や照明の実物などを共有し、意見を収集して改良するプロセスがとられた。

## 歩車共存道化の社会実験

ワークショップでは歩車共存道（シェアード・スペース）について、安全に通行できる歩行空間が広がることへの期待があった一方で、交通安全の確保、自動車の走行環境、大型車のすれ違いへの影響を心配する声も多く上がったため、中央線の消去や外側線の位置変更（車道幅七mから五mに）を実地にて行い、通行上の課題を抽出し、利用者の意見を収集するための社会実験が、二〇一〇年一一月二五日から一二月五日の一一日間にわたって行われた［図3］。

この結果、自動車は、実験中（休日）に平均走行速度が時速六km低下し、特に時速三〇kmを下回る車両が大幅に増加した。また、平日、休日とも時速四五kmを上回る車両がなくなり、車道幅員の変更は自動車の速度低減に大きな効果をもたらしたことが確認された。歩行者は、社会実験前に比べて松より車道側を歩く人の割合が、二人組歩行者については横並びになって歩く割合が増えており、歩行空間が広くなったことにより、安心して通行している様子がうかがえた。

歩道を広くし車道を狭くするような道路空間整備についてのアンケートでは観光客の九割近く、住民の六割近くが賛成の意向を示したが、二割の住民からは「大型車どうしのすれ違いの際に歩いていると怖い」という意見が出されたことを踏まえ、新たに観光バスを北進一方通行とする通行規制が取り入れられた（二〇一二年三月二四日出雲市長、出雲県土整備事務所長、出雲警察署長の三者連名による西日本各府県のバス協会あて協力依頼によって観光バスを受け入れる地元企業、旅館、バス会社などの同意を得た上で、自主規制の形で実施された）。

## シェアード・スペースの具体的な計画

上記のプロセスを踏まえ、「生活車両の利便性」と「観光客の安全性・快適性」を両立させるため、シェアード・スペースの考え方が取り入れられた。

神門通りでは、現道幅員一二mの「使い方」を見直し、車道を七メートルから五mに狭めることで、片側二・五mの歩行空

社会実験前（歩行空間2.5m）
社会実験後（歩行空間3.5m）

**図3**｜シェアード・スペース化の社会実験（島根県「神門通りDESIGN NOTE」13ページをもとに作成）

**図4**｜シェアード・スペースの整備前後（島根県「神門通りDESIGN NOTE」15ページをもとに作成）

間が生まれた。さらに、歩行者との共存道路であることをドライバーに印象づけるため、中央線を消去したうえで、石畳化等の美装化によって他の幹線道路とは違う「異空間」の演出が行われている。また、シェアード・スペースの実現のため、車のスピードを落とす様々な交通施策が実施されている。

計画の条件の主なものは下記のとおりである。

・生活道路としての交通処理機能の確保(バス路線の維持)
・路肩の拡幅による歩行空間の拡充
・車両走行速度の抑制
・出雲大社の参詣道としての意匠表現

これらの条件を満たすため、具体的に下記の内容で整備計画がまとめられた。

・車両の対面通行を可能とし、車道の幅員を五mとする(勢溜交差点部は車道を六mに拡幅し、その他の交差点部は車道五mを連続させる)
・歩行空間はできるだけ広くし、片側三・五mとする。
・車道と歩行空間の境界は、白線(外側線)を設置し、段差・ボラードは設けない
・美装化に合わせ、特別な空間をドライバーに認識させるため石畳舗装を施す

シェアード・スペースの整備による効果は、観光客が歩行空間いっぱいに広がって歩き、自動車が歩行者を意識して速度を落として通行(自動車の走行速度は整備前よりも平均で時速五km程度低下)する光景が増えたということである。また、懸念された交通安全の面においても、これまで大きな事故は発生しておらず、利用者、バス会社からも目立った苦情はないということであった。

## デザイン

神門通りに整備された石畳やストリートファニチャーの具体的なデザインは、「神々のふるさと出雲の国の神門通り 祈りの道、そして出会いの道」をデザインコンセプトとして、景観デザイナーである小野寺康氏、南雲勝志氏の先導により、ワークショップの参加者の意見を取り入れながら進められた。全体をグレー一色で統一し、個々の素材の細部の意匠までこだわったトータルデザインにより、出雲大社の参詣道としての落ち着いた風格のある景観を形成している。

石畳については、下記のようなきめ細かい配慮を行うことでデザイン性とシェアード・スペースの機能を両立させるデザインとされた。

**［車道部］**　参道らしさを表現するため、大判の石材の縦遣いとする。車の走行や制動時の荷重を考慮すると長手方向に目地が通るのは好ましくなく、線形のわずかなズレが目立ちやすいことから、配列は横方向とする。石材の幅を二種類用いることで、縦方向の目地をばらけさせる。

**［歩行空間］**　石材の大きさや色幅の差により、車道と歩行空間が緩やかに区別されるよう調整することとし、車道よりもやや小ぶりの横長の石材を用いた上で輝黒石（濃グレー色）を一定割合混ぜる。

目地は横方向に通す。石材の長さは乱尺として縦方向に目地を通さないことで、自然な風情を演出する。

**［その他］**　白線は白御影とし、歩道の石材の配置パターンを白線から車道側に五〇cmにじみ出させることで、ドライバーに歩行者主体の道路であることを認識させ、自動車の走行速度の抑制を図る。

さらに、神門通りが出雲大社の正面とぶつかる勢溜の交差点およびそこに向かう坂道（勾配八％）においては、神門通りの石畳の舗装を交差点部まで突き出すことにより神門通りのデザインを強調するとともに、参道との間に「間」を取って、それぞれの独立性と連続性を表現する、信号機が記念写真に写り込まないように形状を工夫する、坂道の歩行空間に階段部を設けて急な斜面を歩かずに済むようにするなどの配慮がデザインに盛り込まれている。

全体を通じて、照明は安全性やバリアフリーへの対応に配慮しつつ、明るすぎない、情緒的な夜景をつくることを考え、五ルクスが基本とされ、「火」や「炎」などあかりそのものを表現する光源については景観ワークショップでの検討を経て、LEDを使用し神門通りにふさわしい情緒的な光の演出を目指した。ヒューマンスケールを考慮した高さで、歩車道兼用灯となっている［**図5**］。

**図5**｜神門通り中間地点（石畳舗装、照明とポケットパーク接続部）

## ポケットパーク

一畑電車出雲大社前駅周辺は鉄道、バス、歩行者の交通結節点とも言える場所であることから、通りを彩る「おもてなしの空間」としての機能を持つポケットパーク「縁結びスクエア」が整備され、二〇一二年九月にオープンした。地権者が異なる中、一体感のある整備のために出雲市がトイレのリニューアル、休憩所および芝生広場を、島根県が道路との接続部（乗降スペース、身障者用駐車スペース、バス停の乗降空間としての機能）を整備した。また、一畑電車が駅舎の外壁塗装、ステンドグラス・窓・照明などの入れ替え、屋根の葺き替え、カフェ・レストランなどの駅舎改修工事を実施し、駅構内に「デハ二五〇形車両」の展示スペースを設置した。加えて、民間事業者が駅舎内へカフェ・レストランを出店することで神門通りの中間地点に観光客のまち歩きの拠点、貴重な憩いの場が整備された。

観光・参拝の交通モードが変化する中で、多様なワークショップ、社会実験などでの検討を経て神門通りのシェアードスペース化が実現され、観光客の徒歩での往来も見られるようになった。沿道の商業施設などへの来訪が増え活性化することで、参道の魅力、ひいては参詣の経験がより豊かなものになることが期待できる。

# ウォーカブルなまちは誰のためのものか

岩貞るみこ

## 歩くことで健康に

二〇二一年に開催された東京オリンピックの少し前、母国語である日本語に加え、英語とスペイン語が堪能な友人が突然、タクシードライバーになった。来日する海外の人たちにタクシーを通じて東京を案内し、より良い滞在をしてもらおうと思ったらしい。ところが、二種免許をとり、タクシードライバーに必須の都内の通り名や地域を覚える難しい試験に何度も落ちながらもやっと正規ドライバーになったというのに、わずか三か月でドロップアウトした。原因は、腰痛である。タクシードライバーは、腰痛が職業病で、多くの人が腰痛を抱え、ぎりぎりの状態で運転を続けているのだと友人は言う。そのくらい一日中、座りっぱなしの生活は健康を害するということだ。

手軽に始められる腰痛対策として、ウォーキングが挙げられる。歩くことは健康にいい。両脚を交互に前に出し、後ろに蹴り出すだけで脊柱起立筋（背骨の両脇を支える筋肉）がゆるんで（じっとしていると固まる）腰痛予防になり、鍛えられることで姿勢もよくなる。姿勢を正して歩き、背中全体の筋肉を鍛えていくことで肩こりも和らぐ。また、背中や大腿の大きな筋肉を使うことで、消費エネルギー量が増え、体重コントロールもしやすくなる。厚生労働省では「百歳まで元気、そのカギを握るのはフレイル予防だ」としているが、家にこもりがちな高齢者がなりやすい、フレイルの対策としてもウォーキングは有効だ。

さらに、ウォーキングは、メンタル面での効果も高い。太陽の光を浴びながら、できれば音楽なども聴かずに自分の歩きだけに集中しているとなお良いらしい。脳内にセロトニンが出てきて、メンタルを安定させるのだ。今や十人に一人といわれているメンタル不調ではあるけれど、歩くだけで心身ともに整うのならぜひ、生活のなかに取り入れたいものである。

とはいえ、四季のある日本では気候という敵もいる。沖縄では気温が高いこと（日差しが痛いほどに強いこともある）が影響しているのか、ほんの一〇〇mほど離れたコンビニエンスストアに行くときにも車を使う傾向にある。そのため、沖縄の人は東京に来ると「地下鉄の乗り換えだけで、ずいぶん歩く」と言う。実際、沖縄県民は他県民に比べて一日の歩数が少ないというデータもあり、これが、肥満率が高い理由だと推測されている。逆に、冬の降雪量が多い地域では、家から出ることを躊躇するほどの積雪量と寒さである。しかも、積雪状況によっては路面凍結で歩けば転倒の危険性も高まるため、高齢者を中心に運動量の減少が心配されている。

## 属性によって異なる《歩きやすい道》

道という線がつながり、面としてのウォーカブルなまちになる。ゆえに、歩きやすい、歩きたくなる道づくりは大切だ。

道幅は十分か。二人並んで、会話をしながら歩けるか。すれちがいやすいか。電柱などの障害物はないか。段差や階段はないか。ベビーカーや車椅子でも動けるか。逆に、視覚障がい者でも、歩きやすいようになっているか。路面の凹凸はどうか。ヒールを傷つけないか。ショッピングカート、キャリアバッグのタイヤなどがつっかえたり、騒音を出したりしないか。路面の硬さが、膝や腰を痛めないか。

車との動線が重なるところの安全性はどうか。

雨がよけられるか。日差しがよけられるか。

夜は暗すぎないか。逆に派手に明るすぎないか。

歩きたい道、歩きたくなる道は、５Ｗ１Ｈによって異なってくる。いつ、どこを、だれが、なんのために、なぜ、どのように歩くのか。エネルギーあふれる若い世代と、通勤時間帯に移動するだけでなく、ノマドやリモートワークも行うようになってきたビジネスマン、幼い子どもといっしょに過ごす人、高齢者、ハンディキャップのある人など、求める道は違う。全方位に満点をとることは不可能だ。自治体は、道、そして、そこから発展していくまちをどのように位置づけるのか、コンセプトを決めて整えていく必要があるだろう。

## 集客につながるトイレ

道ができると、道の上で長時間、移動し続ける人が増える。高速道路網がつくられたとき、あわせてつくられたのは、パーキングエリア。つまり、トイレである。移動にしろ、滞在にしろ、ある一定時間その空間にいる以上、人はどうしてもトイレが必要になってくる。水や食料は事前に準備できるが、トイレはそうはいかないからだ。

一般道にもトイレを。そうしてつくられたのが、国土交通省道路局の大ヒット施策、「道の駅」である。道の駅のおかげで、一般道を移動する人も、トイレ探しに苦労することがなくなった。いまではスマートフォンアプリのおかげで、『道の駅』と検索すると道の駅が地図上に表示され、安心して移動ができるようになっている。高速道路を使って一直線に移動するだけだった車も、徐々に一般道を走り、その景色を楽しみ、食を楽しめるようになった。こうして人が集まるようになった道の駅では、野菜や加工品といった地元のものを提供するようになり、これが人気となってこれらを目当てに人が集まるという現象を生み出している。

このところ、高速道路のサービスエリアではペットブームも踏まえ、人間だけでなく犬のトイレも提供するべく、ドッグランの開設が相次いでいる。こうした動きのおかげで、サービスエリアの立ち寄り客が増え、滞在時間が長くなり売上も伸びたという声も聞く。トイレ効果は、ばかにならない。

東北自動車道 蓮田サービスエリア（上り）につくられたファミリートイレ

## 変わりゆくトイレ事情

災害時にクローズアップされることが多いが、人が生きていく上でトイレ問題は欠かせない。そして、その人の成長や健康状態により、トイレに求める条件も異なってくる。

赤ちゃんなら、おむつ替えの台。今の時代は、男性用のトイレ施設内にもあること。

小さな子どもなら、小さな座面や男の子用の便器があること。

車椅子の人なら車椅子で利用できること。

人工肛門をつけている人なら、オストメイトの設備があること。

そして最近になって、よく見かけるようになったトイレ問題がある。高齢のご夫婦での外出や、障がいを持つ家族といっしょの場合は、介助者も共にトイレの個室に入るケースがあるのだが、多くのトイレは性別で分けられているため、介助者は個室以前に、トイレエリアに入れないのだ。サービスエリアなどではこうした流れを受けて、近年、「ファミリートイレ」「だれでもトイレ」という言葉を使い、様々な立場の人に対応できるトイレを設置する動きが活発になっている。トイレ改革である。

そもそも、車椅子ユーザーの中には、行きたい場所やイベントがあっても、使えるトイレがなければ行かない（行けない）と言いきる人もいる。ウォーカブルなまち、多くの人が集まり過ごすまちづくりに、トイレの整備は欠かせない。

## まちとは、一人ひとりの生活を支えるもの

人が集まる居心地のいいまち、ウォーカブルなまちをつくるときは、楽しく笑顔あふれ、流行をとりいれ、便利で歩きやすい空間づくりに注目が集まりがちだが、その多くは健常者の声を受け、彼らにとってウケのいいまちづくりから議論されていく。ただ、バリアフリーの観点からいえば、ちょっと不便のある人でも快適に使えるものは、健常者にとっても使いやすいはずだ。

ウォーカブルなまち。歩くことはもちろんだが、滞在している間に必要なことを、不便なく快適に行うことができ、心地良く過ごせるものであってほしいと思う。

第3章

# ウォーカビリティを評価する

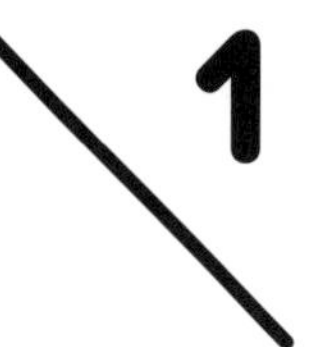

# ウォーカビリティを評価する枠組み

一ノ瀬友博

## 何のためのウォーカブルなのか

第1章で紹介したように、ウォーカブルなまちを評価するための指標は、セーレンス[1]の近隣歩行環境評価手法をはじめとして、様々なものが提案されてきた。これまで提案されているウォーカブルなまちに関わる指標は、その指標を設定する背景や理由が存在する。第2章でアメリカ、オーストリア、フランス、スペインの先進事例を示したが、それぞれの国、都市においてウォーカブルなまちを目指す社会的な背景や動機は、異なっていた。そしてそれはCOVID-19のパンデミックを経て、さらに変化しつつあり、時代とともに求められるウォーカブルなまちも変わっていくことが見えてきた。物理的に歩いてアクセスができる「歩ける」というウォーカビリティが最低限求められる要件であるという点では多くの既往研究でも一致するところである。しかし、その先のウォーカブルなまちのあるべき姿は、一義的には決まらないだろう。第3章ではウォーカブルなまちを評価する視点を挙げていくが、それらを理解するためにも、ここでウォーカブルなまちを捉える上での枠組み［図1］を整理しておきたい。

私たちが暮らすまちには様々な社会課題が存在している。まちのウォーカビリティを向上させることは、目的ではなく手段である。ウォーカビリティに限らず、都市における施策や事業の最終的な目標は、人々のウェルビーイングの向上と言えるだろう。つまり、ウォーカブルなまちづくりは、それぞれのまちの社会課題に応じて、ウォーカビリティという手段により課題解決を試み、人々のウェルビーイングを向上させるものである。まちの社会課題は、その国や地域によって様々である。社会課題を解決するためウォーカブルに関わるインプットが選択され、それに対するアウトカムが得られる。例えば、発展途上国の都市においては、交通インフラや治安が社会課題として大きな比重を占めるかもしれないが、日本の地方都市においては人口減少や高齢化、そして健康といった課題が重要性を増しているだろう。交通インフラの整備や治安の向上を目指すための施策は、若年層の人口確保や増加を目指す施策とは全く異なるだろう。最終的なゴールはウェルビーイング向上ということで共通していても、スタート地点が異なれば、インプットもアウトカムも異なる。よって、ウォーカブルなまちを評価する手法は、一様であるはずもなく、社会課題とそのまちが求めようとするアウトカムによって変えるべきであろう。一方で、地球環境問題や感染症のパンデミックは、世界共通の課題であるし、あるまちが抱える社会課題は多かれ少なかれ他のまちにも存在する。つまり、基本的なウォーカブルなまちを評価する方法は共通していて、それぞれのまちの課題に応じて、取捨選択される方法があると考えれば良いだろう。

第1章で紹介したように国土交通省では「居心地が良く歩きたくなる」まちなかづくりを進めており、まちなかの居心地の良さを測る指標を作成し、公開している。この指標では主観的な評価やそこでの人々の活動が重視されている。日本の都市のまちなかでは徒歩による基本的なアクセシビリティは既に確保されている。一方で、地方都市においては人口減少や高齢化に加え、自動車の普及により市街地中心部が空洞化している例も多い。国土交通省の取組は、このような社会課題に対応するための手段の一つであり、「歩ける」ことよりは、「歩きたくなる」ことに評価の主眼を置いている。よって、居心地の良さを、安心感・寛容性・安らぎ感・期待感の四つの要素に分け、計測している。

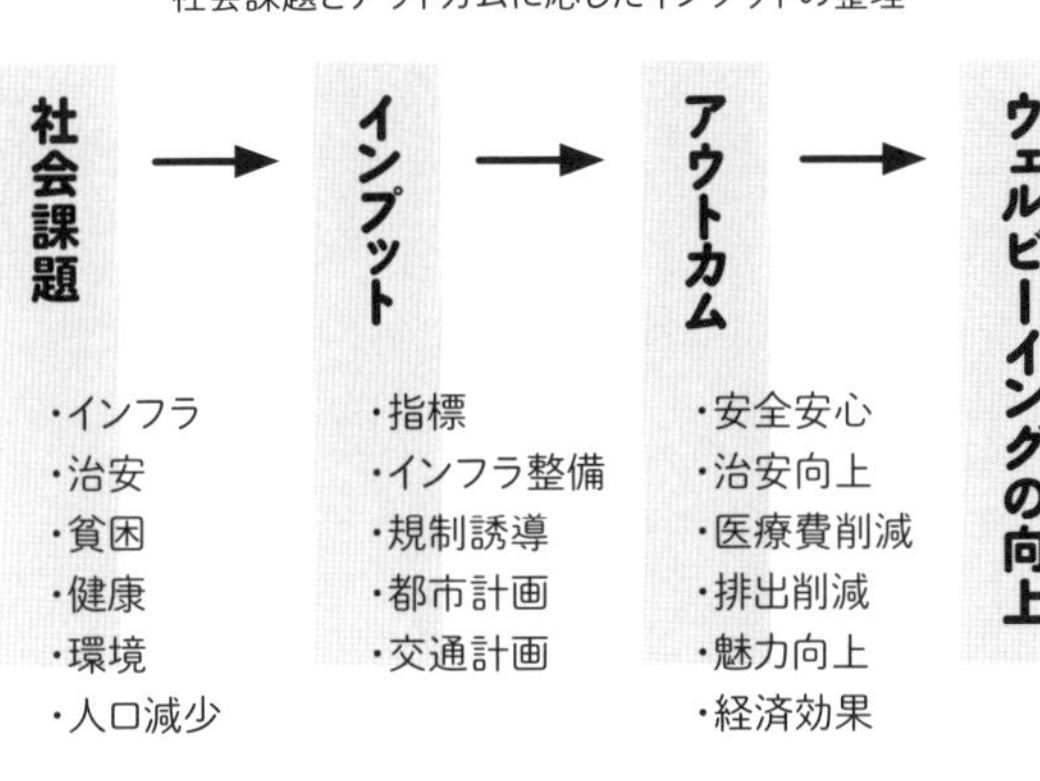


図1｜ウォーカブルなまちを捉える枠組み

## 理想的な交通社会

3ページ「はじめに」で述べたように本書は、国際交通安全学会の調査研究プロジェクトをきっかけにまとめられることになった。その国際交通安全学会は、二〇二四年九月に創立五〇周年を迎えた。国際交通安全学会は、次の一〇年に向けたIATSS Vision 2024を公表した［図2］。（ＩＡＴＳＳとは学会の英語名称International Association of Traffic and Safety Sciencesの略称）Common Visionとして、「誰一人として取り残されることのない安全で持続可能かつポジティブな交通社会を、国内外を問わず実現するために、私たちは共通の責任を負う」と掲げ、モビリティ、持続可能性、ウェルビーイングの三つの要素が相まって理想的な交通社会を実現するという構成になっている。国際交通安全学会が設立された一九七〇年代始めに日本の交通事故死者数が一万六〇〇〇人を超え、交通戦争とまで言われた時代であった。よって、当時設立された国際交通安全学会の最大のミッションは交通事故の減少であり、設立趣旨の目的の一つに「交通及びその安全に関する重点的かつ速やかな調査研究」が謳われていた。それから五〇年を経て、二〇二〇年には交通事故死者数が初めて三〇〇〇人を下回った。交通事故による被害者をゼロにすることは依然として大きな課題であるが、私たちが置かれている状況は大きく変化している。

第1章においてバオベイドら[2]によるウォーカビリティに関わる研究の整理を紹介したが、そこでは健康、居住性、持続可能性の三つの視点から議論されていた。期せずして国際交通安全学会も同じようなフレームワークで、将来にあるべき理想的な交通社会を示したことになる。重大交通事故、環境負荷、不健康という負のファクターを克服するとしており、交通安全に加えて、健康と持続可能性の視点が大きく取り上げられた。つまり、ウォーカブルなまちの実現は理想的な交通社会の実現とほぼ同義であると言えるだろう。第1章でウォーカブルなまちが求められる背景やその指標を紹介したが、ウォーカブルであることは、移動が歩くことだけに限定されるということではない。様々な交通モードを利用者が自由に選択でき、それが「歩く」という通常誰でも可能な移動手段でつながれていることである。

この第3章ではそれぞれの著者がウォーカブルなまちを評価する視点、手法を紹介する。これまで述べてきたように目的や対象が異なれば、手法や指標は異なるし、また技術的な進歩に伴い新たなアプローチも可能になってきている。ウォーカブルなまちを捉える枠組みを参照しながら読み進めていただきたい。

# IATSS VISION 2024

COMMON VISION

**誰一人として取り残されることのない安全で持続可能かつポジティブな交通社会を、国内外を問わず実現するために、私たちは共通の責任を負う**

重大交通事故、環境負荷、不健康といった負のファクターを克服し、新たな価値を共創することにより、よりポジティブな交通社会へと変革させていくためには戦略的な取り組みが必要となる。

## MOBILITY

重大交通事故がなくなることで、人々が安心して移動できる場面が増え、楽しくでかけることができ、心身の健康の向上に貢献できるだけでなく、まちの賑わいもより豊かなものになる。近年注目されているウォーカブルなまちづくりにも大きく貢献する。

## SUSTAINABILITY

環境負荷が小さくなることが、グローバルなレベルでも、地域での日常生活のレベルでも、持続可能な社会に大きく貢献する。
持続可能な社会の実現は、環境の視点だけでなく、社会の視点、経済の視点での課題解決にもつながる。

IDEAL MOBILITY SOCIETY
理想的な交通社会
COOPERATION・RESPONDING
協調・呼応
WELL-BEING
ウェルビーイング
SUSTAIN-ABILITY
持続可能性
MOBILITY
モビリティ

## WELL-BEING

不健康のファクターを克服することは、個人のウェルビーイングの向上に直接つながるだけでなく、個人がより元気になることによって、社会に対して新しい価値を創造する機会を創出する。このことはさらなる楽しい移動の場面を創り出し、よりポジティブな交通社会のさらなる発展をもたらす。

**重大交通事故、環境負荷、不健康といった負のファクターを克服し、モビリティ・サステナビリティ・ウェルビーイングを互いに呼応させ、ポジティブな循環を生みだす次の10年の学会活動を推進し、冒頭に述べたコモン・ビジョンの実現をめざす。**

令和6年9月17日
会長　武内 和彦

**図2** | IATSS Vision 2024（国際交通安全学会）

# 2　持続可能な都市のあり方

森本章倫

## 人口推移と都市計画

わが国は二〇〇八年に総人口のピーク（約一億二八〇〇万人）を迎え、その後本格的な人口減少社会に突入した。国立社会保障・人口問題研究所の推計では、二〇五〇年には総人口は約一億四七〇万人まで減少し、その後も減少を続け、二一〇〇年には総人口が半減すると予測している。

減り続ける人口に都市はどのような対応すればよいのか。もちろん少子化対策や都市インフラの長寿命化なども重要であるが、人口規模に合わせた適正な都市構造への再編も大きな課題である。特に、人口増加期に郊外開発などによって広げた市街地を、どうやって人口減少期に人口規模に合わせたサイズまで賢く縮退するか。本節では都市計画の視点から人口減少下の持続可能な都市のあり方について言及する。

まず、一九二〇年から現在までの一〇〇年間の人口推移と都市計画の歴史を**図1**に示す。これまでの都市計画は、増加する都市人口を背景に、「都市の健全な発展と秩序ある整備を図り、もって国土の均衡ある発展と公共の福祉の増進に寄与すること」を目的としてきた。都市計画における歴史的な転換点は一九六八年の都市計画法（新法）の制定である。それまでの計画制度（旧法）を大きく刷新し、都市の無秩序な肥大化を抑制するため市街化区域と市街化調整区域の区分が新設され、開発許可制度が定められるなど近代都市計画の基盤が整備された。

新たな都市計画制度のもとで、都市計画道路の整備や市街地開発事業などが実施され、急増する都市人口に対応するため市街地整備が進められた。この間（一九六〇～二〇二〇年）の人口と市街地の関係を見ると、六〇年間に人口は約一・三倍の増加であったが、都市化が急速に進み、人口集中地区（DID）の面積は約三・四倍にも増加した。

今後、少ない人口でどうやって広大な市街地を適切に維持管理していくのか。少子高齢化の進展で生産年齢人口が減り続

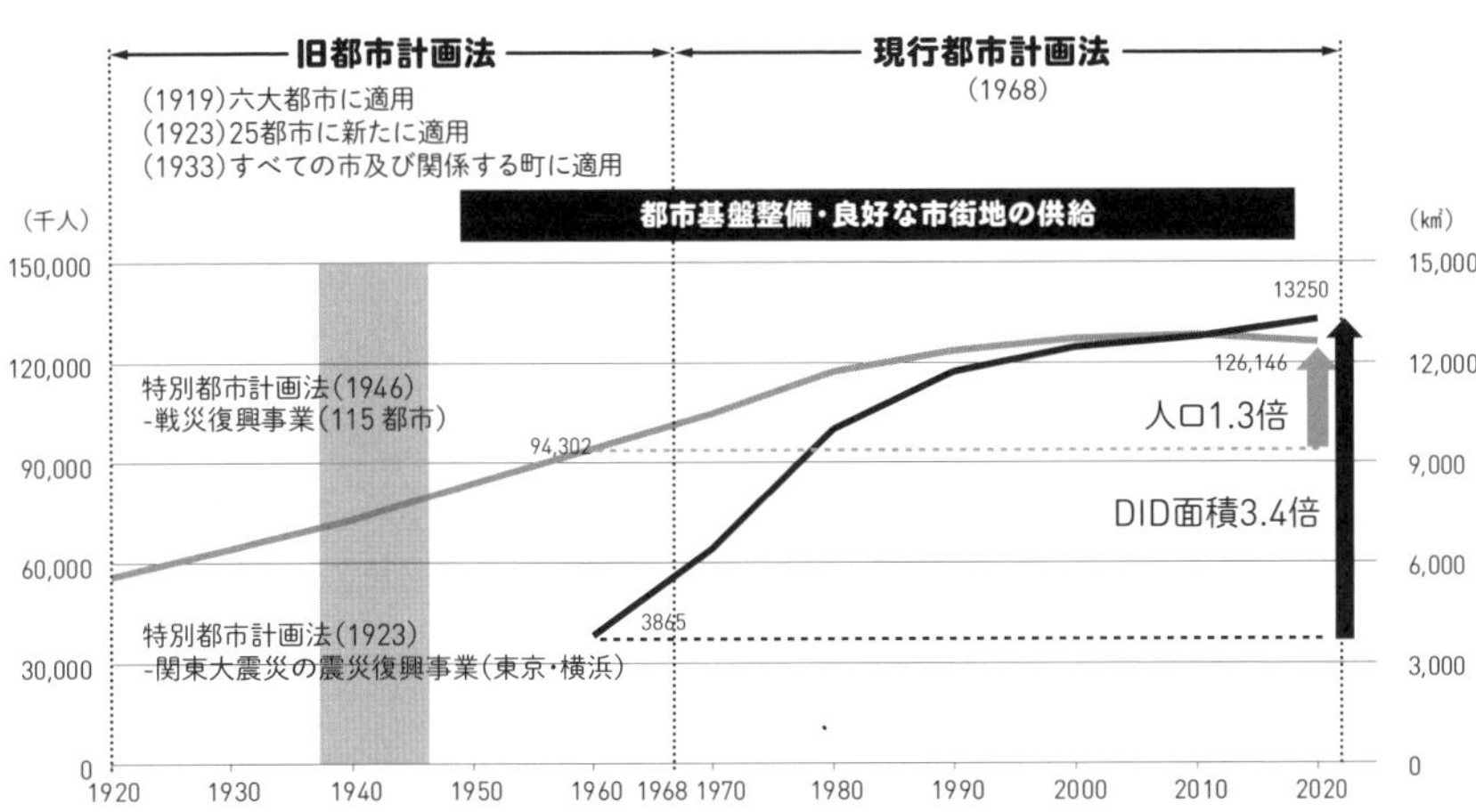


**図1**｜人口の推移と市街地の変動（1920-2020）（人口は総務省統計局『国勢調査報告』による各年10月1日現在人口（中位推計値）、DID面積は総務省統計局『国勢調査報告』による各年10月1日現在面積、国土交通省都市局HP：都市計画制度の概要をもとに作成）



け、都市財政もきわめて厳しい局面を迎えている。加えて地球温暖化の防止や、昨今の激甚化する自然災害への対応なども喫緊の課題となっている。市街地の拡散を防止し、災害のリスクがより少なく都市機能が集積した場所への人口誘導は、脱炭素やレジリエンスの観点からも必要な政策である。

このような背景からわが国では環境に優しい持続可能な都市モデルとして、コンパクトシティ政策が進められている。二〇一四年に都市再生特別措置法が改正され、コンパクトなまちづくりを促進するために立地適正化計画制度が創設された。人口減少が厳しい都市を中心に策定が進み、現時点（二〇二四年三月）で七四七団体が具体的な取り組みを実施している。

## 交通がまちの形を変える

人口規模に適した都市の形へと緩やかに変化させるためにはどうすれば良いか。先述した立地適正化計画は、まちづくりの中核的な担い手となる市町村が、将来の都市のあり方として策定するもので、市町村マスタープランの高度版ともいえる。この実現のためには税制上の優遇制度なども用意されているが、重要なのは人々が市場原理の中で進んで選定されたエリアに集まるかである。住民が郊外よりまちなかを居住地として選択したり、店主が郊外のロードサイドより都心部に店舗を出店したいと思ったりすれば、緩やかにコンパクト化が進行することになる。基本的に都市の形は市場原理の中で変化する。

現在、地方都市で低密拡散型の都市が多いのは、郊外が都心より魅力的であるからである。その立役者となったのは移動手段としての自動車の普及である。マイカーさえあれば、どこでも好きな場所に時間にしばられることなく快適に移動できる。つまり、主たる移動手段の変化が都市の構造を大きく変化させてきた。特に次世代交通の出現は都市構造の変化に大きな影響を与えた。

それでは、自動車の次に出現する次世代交通とはどのようなものか。過去からの主たる交通の変化を**図2**に示す。長らく続いた徒歩の時代が終わり、約二〇〇年前に鉄道の時代が始まる。約一〇〇年に米国で自動車の大衆化（モータリゼーション）が始まり、世界各地で自動車社会が出現した。快適でいつでも移動できる自動車は現在でも主たる交通として君臨するが、渋滞や交通事故、環境負荷の増大などの負の側面も有している。それらを解決するため約五〇年前に次世代路面電車（LRT）や快速バス（BRT）が誕生し、世界各地の都市で導入が進んでいる。二〇一〇年代に入ると情報通信システム（ICT）を活用した交通のシェアリングサービスが急速に普及した。そして、二〇二〇年代は自動運転の社会実装が進み、本格的な自動運転社会に

19世紀　20世紀　21世紀

徒歩 → 鉄道→ 自動車 ――――――→ 人中心の交通システム

**交通技術の発展**　**AI・ICT技術の発展**

| 1825<br>蒸気機関車の<br>営業運転<br>（英国） | 1920年代<br>自動車の大衆化<br>（米国） | 1970年代<br>LRT、BRTの<br>普及 | 2010年代<br>交通の<br>シェアリング | 2020年代<br>自動運転の<br>普及 |
|---|---|---|---|---|
|  |  |  |  |  |

この半世紀で多様な次世代交通が誕生　→　次世代の交通とは、「人中心の交通システム」

**人が交通をニーズに合わせて自由に選択する時代**

**図2**｜次世代交通の変化

突入した。

自動車の次に世界を席巻する次世代交通は自動運転なのだろうか。もちろん、自動運転社会が大きく進展することは間違いないが、次世代交通となるのは「人中心の交通システム」と思われる。人中心の交通システムでは、ICTやAI技術が様々な交通手段をサイバー空間上で連結し、人がニーズに合わせて交通を自由に選択する。例えば、月額一定の費用を支払うことで、既存のバスや鉄道からロボットタクシー（自動運転車両）、シェアサイクルまで時と場合に合わせて自由に追加料金なしで利用することができる。二〇一六年にヘルシンキ市からはじまったMaaS（Mobility as a Service）がその原型である。高い費用を払って自動運転車を保有するのでなく、必要なときに安い金額で利用するほうが多くの市民にとってはお得である。富裕層の一部や低密なエリアに居住していて共有が難しい人々は自動運転車を保有し、都市部に住んでいるほうの大半は「人中心の交通システム」を活用することになる。

## コンパクトシティの形成に向けた交通戦略

この新たな次世代交通が出現する社会で、どうやってコンパクトシティを形成するのか。そこには二つの交通戦略が重要となる。まず、集約エリアの交通戦略である。徒歩を中心と

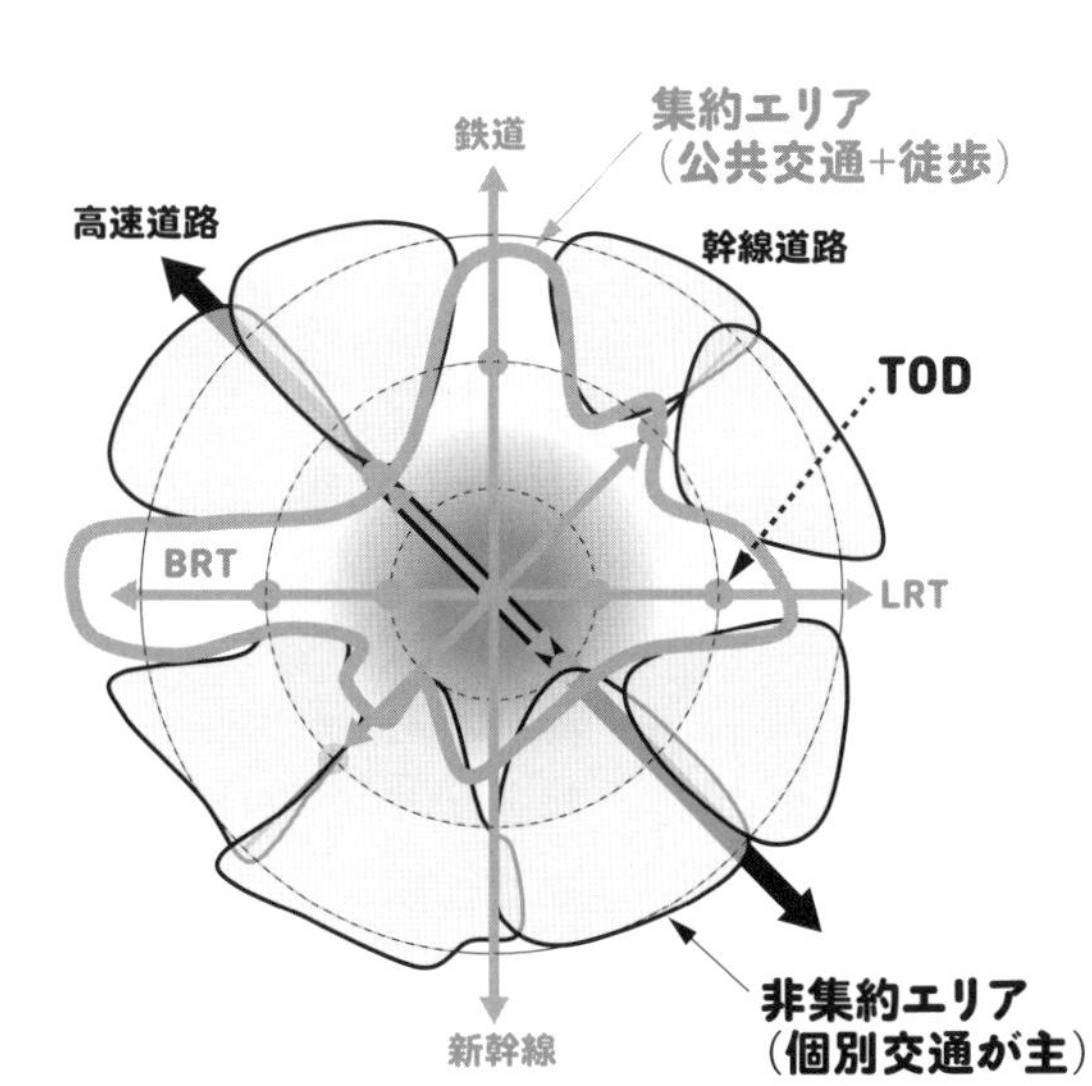


図3｜コンパクトシティにおける2つの交通戦略

して歩いて楽しい空間を形成する。まちなかには環境に優しいＬＲＴやＢＲＴ、あるいは自動運転バスが高頻度で運行しており、マイカーの流入は一定レベルで規制されている。一方で郊外の非集約エリアの交通戦略は自転車やパーソナルモビリティの利用を優先させ、それを補う交通として自動運転車が活躍する。あるいは限定地域の自動運転車（レベル４）を整備し、ＬＲＴなどの電停からのラストマイル輸送として活用する。

このような政策によって、都市には二つの交通サービスエリアが出現する。人々はライフスタイルに合わせて二つのサービスエリアを選択することになる。例えば若いときはにぎやかな集約エリアの中を歩いて生活をして、子育て時期は緑の多い郊外部に居住し、高齢になると便利な都心へと転居するといった暮らし方も想定できる。重要なのは都市の居住地に選択肢があることと、歩いて暮らせる集約エリアが多くの住民を惹きつけるほど魅力的であることである。コンパクトシティの成否は人々の居住地の選択嗜好性に依存する。緩やかでも良いので集約エリアに集まる人が増えれば、いつかコンパクトな市街地を形成することができる。

## 歩いて楽しいまちとは

歩いていて楽しい空間とはどのようなものであろうか。奇麗な芝生がある公園の中の遊歩道を歩いているときか、あるいは市街地内に水路と一緒に整備された緑道をイメージするか。または、夢の国のディズニーランドの中を子どもたちと一緒に歩いているときなのか。歩いて楽しい空間とは、人それぞれであり、同じ人でも時と場合によって異なるため統一的な定義は難しい。しかし、都市の街路に限定すると、共通しているのは自動車や自転車などとの交錯が少なく安心・安全な空間であること。歩きやすい歩行空間だけでなくそれを取り巻く街路景観や周辺環境が魅力的であること。疲れたらベンチで休め、便利な公共交通などの代替交通手段が用意されていることなどが挙げられる。

交通は一般的に派生需要と呼ばれ、それ自体が目的とはならない。目的地に行くために鉄道やバスに乗るのであって、鉄道に乗るために目的地に行くのでない。徒歩という人間本来の移動手段でも同様で、空間を移動する目的があるため、歩くという行動をとる。しかし、コロナ禍での外出自粛など制約された環境下に置かれた場合や、長い時間ある一定の場所にいると、本源的に歩きたくなる。この場合は歩くこと自体が本源需要となる。また、散歩やランニングなども本源需要である。歩くことに楽しみを感じるようにするには、移動の本源需要を喚起することである。

## 宇都宮市の交通まちづくり

移動自体が楽しくなるような仕組みとはどうやって形成することができるか。ここではその一例として栃木県宇都宮市の交通まちづくりを紹介する。

宇都宮市は人口五一万人の中核都市で、二〇〇八年の総合計画で「ネットワーク型コンパクトシティ」を将来の都市の姿に掲げてから、一貫してコンパクト化政策を実施してきた。二〇〇九年にはその将来像を実現するために都市計画マスタープラン、都市交通戦略を相次いで策定し、一〇年後の改定においても初期の概念を継承している。また、「立地適正化計画」の策定を段階的に行い、二〇一七年に都市機能誘導区域、二〇一九年に居住誘導区域を定めている。さらに、二〇二三年に日本で最初の全線新設の次世代路面電車（LRT）が開業した。開業後三か月の一日の平均利用者数は、平日が予測値と同じ約一万三千人で、休日は予測の二〜三倍と好調な滑り出しを見せた。その後も利用者は増え続け、開業一年で三年後の当初目標の利用者数（一万六〇〇〇人）に迫っている。

土地利用のコンパクト化と交通のネットワーク化は、都市政策における車の両輪である。この両者が上手に連携したときにその真の成果が発現する。宇都宮LRT開業後、まだ一年なので、コンパクトシティ政策の良否の評価を行うには早い



LRT開業（2023年8月）

**ライトライン：2023年8月運行開始**

運賃：150円〜 400円
運行時間帯：6時台〜 23時台
運行間隔：ピーク時6分、オフピーク時10分
総距離14.6km（電停19か所）

宇都宮駅東口再開発（2022年11月）

**第2次宇都宮市都市交通戦略（2019-2028）**

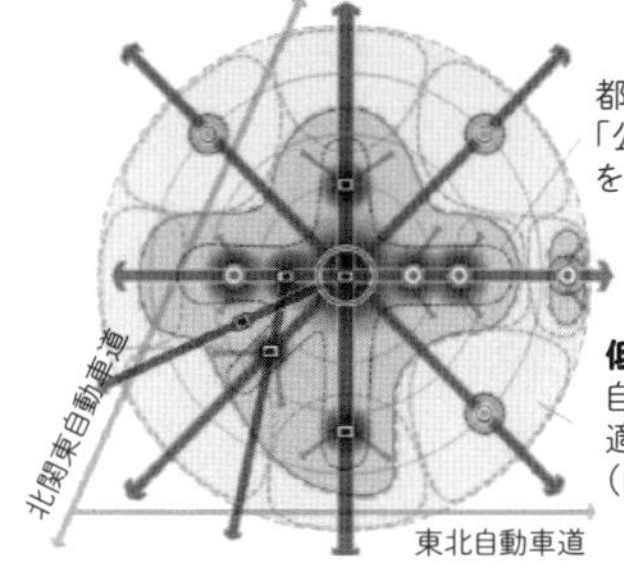


**図4** | 次世代交通LRTと交通まちづくり

が、現時点での兆候を紹介する。

ＬＲＴ整備が人口や地価に与える影響を、開業前の二〇一二年から開業後の二〇二四年三月まで調べると、大きな変化が生じていることがわかる。例えば、宇都宮市の総人口は、二〇一七年のピークから約八五〇〇人減少する一方で、ＬＲＴ沿線は二〇一二年から二〇二四年三月末までに約五〇〇〇人増加した。また、住宅地価は同期間に、都市全体で約七％の下落する中で、ＬＲＴ沿線では約一一％も上昇した。ＬＲＴ沿線開発も活発化しており、ＬＲＴの新会社が設立された二〇一五年から開業直後の二〇二三年一一月までに、宇都宮駅東口～峰停留所間の沿線で、建築確認済の六階建て以上の物件は一七棟にも上る。

自動車依存都市でも便利な公共交通を整備することによって、マイカーのみの生活から変化が生じ、魅力的な駅まち空間に人が集まり始めている。これは前述したコンパクトシティ政策が軌道に乗り始めたことを示す証左の一つともいえる。

## ウォーカブルな都市の形成に向けて

大規模災害を除けば都市構造が急激に変化することはない。人々の日々の生活の中で居住地の移転や新店舗の立地などに

**1**
**次世代公共交通を軸にしたまち**
定時性の確保
接続性の向上
バリアフリー

**2**
**沿線まちづくり**
駅まち空間の整備
まちなかの地域資源の活用
ゆとりある歩行空間整備

**3**
**都心アクセスの改善**
モビリティハブの整備
交流とにぎわい創出
自動車流入の抑制

**PDCAサイクルの実施**

さらなる検討事項の抽出

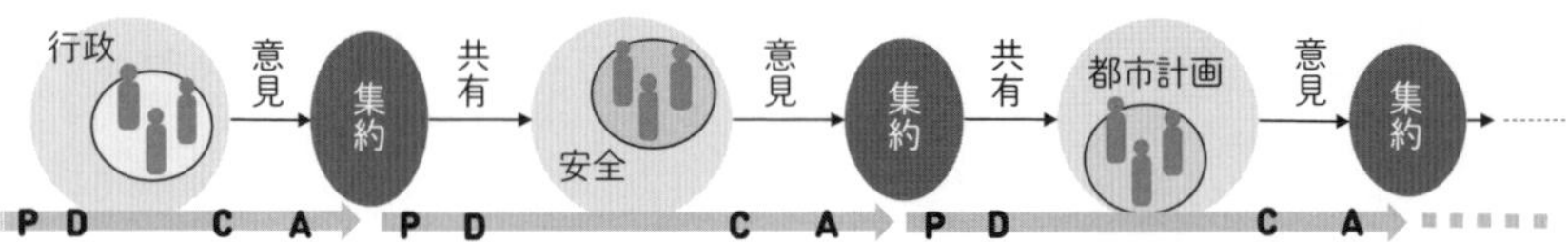


**図5**｜3DVRを用いた合意形成手法

よって、緩やかに都市の形は変わっていく。都市計画では二〇年先の未来を予見しながら一〇年先の計画を立てるのが基本である。その際に重要なのは住民や行政、専門家など関係者が協働して将来像を描き、その情報をみんなで共有していくことである。

将来像を描く際に文章や図表による説明だけでなく、具体的な未来像をできるだけわかりやすく可視化して議論することが重要である。例えば、三次元バーチャルリアリティ(3DVR)の活用も効果的な手法の一つである。サイバー空間における都市の再現なので、合意形成の過程でいくらでも簡単に書き換えることができる。**図5**はウォーカブルな都市の形成に向けた3DVRによる合意形成手法の一つである。市民と行政および専門家のコミュニケーションツールとして、多様な場面での活用が期待される。様々な政策を立案(plan)し、実社会の中で実施(Do)し、比較的に短い間隔で評価(Check)したのちに、それを修正(Action)する、PDCAサイクルが基本となる。人口減少社会のまちづくりでは、都市の変化に合わせて柔軟な対応を行うアジャイル型の都市計画が肝要である。

# 都市構造と街路空間

鳥海 梓

## ウォーカブル——歩くことができるとは

「ウォーカブルなまち」に様々な意味が込められることは既に述べられてきたとおりであるが、本節では、その大前提でありウォーカブル（walk + able）という言葉の根源的な意味である「歩くことができる」ことを評価する方法について考える。まちを「歩くことができる」とは、どういう意味だろうか。そのためには、歩くことができる道（まちの中の道路という意味を込めて以降は「街路」と呼ぶ）や空間が物理的に存在する必要があるし、交通事故に遭う危険が高く、恐ろしくて歩けないようではいけない。また、歩くという行為の大半が、どこかへ移動するために行われることを考えると、移動の目的地まで歩くことが体力的に可能で、歩こうと思える程度の距離なのかという意味もあるだろう。そうすると、誰がどこからどこへ行く移動を歩けるようにしたいのか／すべきなのかという問いにつながる。

近年、日本で推進されているウォーカブル推進施策[1、2]は、「ウォーカブルなまちなか」と謳われているとおり、基本的には、まちの中でも特に人々が集まる中心部、例えば、駅周辺の繁華街や観光名所などを対象にしている。これを、誰がどこからどこへ行く移動を歩けるようにするのかという先ほどの問いに当てはめると、まちなかにいる人が、まちなかにある様々な目的地、例えば、駅やバス停、飲食店や販売店、銀行、公共施設、公園や広場などを歩いて回れるようにしているといえるだろう。そのために、これらの目的地が集まった比較的狭いエリアを対象として、自動車の通行を禁止・抑制することで歩くための空間を広げ、歩いて移動する人が佇み、憩い、交流できるように設えることで「歩いて楽しい」、「歩きたくなる」ようにする空間をつくり出すようにしている。

では、まちなかにいる人は、どこからどうやって来るのだろう。もちろん、まちなかに住んでいる人もいるだろうが、まちなかの周辺あるいは少し離れた場所に居を構え、そこから来る人も多いだろう。その人たちは、まちなかにいる間は歩いて移動するけれど、まちなかまではどうやって来るのだろう。多くの地方都市では、中心部に行くために自家用車を使う姿が想像に難くない。また、まちなか以外に行く用事や通勤、通学、通院など、その他の様々な移動はどうだろう。「ウォーカブルなまち」を広い意味で捉えたとき、これらの人々の移動を歩けるようにすることも含まれるのではないだろうか。海外における一五分都市の考え方［第1章15ページ参照］は、都市あるいは街区といった規模で、そこに住むすべての人々が生活に必要な物やサービスを得るための移動を歩いて（あるいは、自転車や公共交通機関も使いながら自家用車を使わずに）できるようにすることを目指している。

以上を踏まえると、「ウォーカブルなまち」は、そもそもまちに人々が歩くことができる空間、さらに言えば歩きたくなる空間が存在しているかどうか、と、人々の目的地が歩いて、あるいは自家用車を使わずに行けるところにあるかどうか、という二つの意味から評価できると考えられる。前者は特定の街路に着目した比較的ミクロな視点、後者はまち全体の都市構造を俯瞰するマクロな視点での評価である。この二つの意味でのウォーカブルの度合いをそれぞれ縦軸と横軸に置いて「ウォーカブルなまち」の度合いを評価した概念図が**図1**である。「ウォーカブルなまち」の究極は、まちのすべての人々が歩いて（または自家用車を使わずに）出発地から目的地まで移動することができることだろう。そのためには、歩くことのできる空間が歩きたいと思える状態で存在していなければならず、縦軸の意味でのウォーカブルの度合いを高める必要がある。しかし、単に空間が存在しているだけでは歩く人はやって来ず、歩く人の出発地と目的地がその始まりと終わりになければならないから、横軸の意味でのウォーカブルの度合いを高めることも不可欠である。両者がともに高まってこそ、まちはウォーカブルになると言えるだろう。

現在日本で積極的に行われている「ウォーカブルなまちなか」を目指した施策は、縦軸の意味でのウォーカブルの度合いを高めようとしていると捉えられる。また、住宅地などの生活空間の中にある生活道路や通学路を対象とした交通安全対策[3,4]により、人々が日常的に歩く街路の改善を図る施策も、ここに位置づけられるだろう。

歩くことのできる空間が増えてつながっていけば、歩いて行くことができる範囲が広がる可能性もある。ヤン・ゲール[5]は、人は、同じ距離を歩いてもその景観や環境によって体感する時間が異なると述べているし、公共交通の乗降所（駅やバス停）に行くための経路を歩きやすい空間にすることで、人々が自家用車から公共交通に転換する可能性について研究している事例[6]も

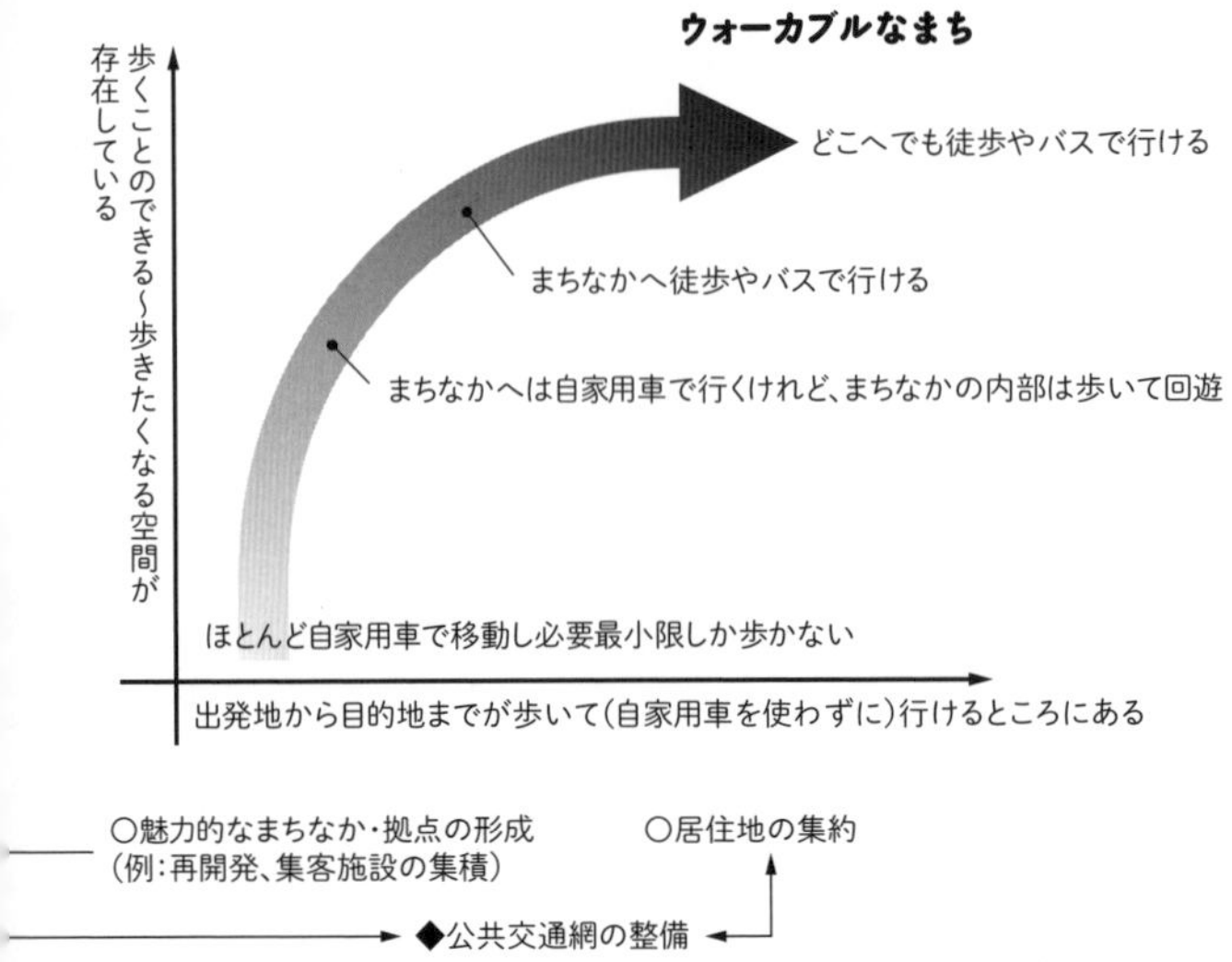

ある。縦軸の意味でのウォーカブルの度合いを高めることは、横軸の意味でのウォーカブルの度合いを高めることに繋がる可能性もある、ということである。

　そうはいっても、そもそも出発地と目的地、あるいはそれらと公共交通の乗降所との間が歩けるくらいに近接している事実が、横軸の意味でのウォーカブル達成には欠かせない。このためには、目的地をまちなかのようなある特定のエリア、都市計画や交通計画でいうところの「拠点」に集積させて整備することが必要である。まちのあちこちに点在する目的地すべてを歩いて行けるようにするのはあまりにも効率が悪いためである。同様に、人々の居住地もまちなか（拠点）や公共交通の乗降所の周辺に集約させないと、歩いて行けるようにはならない。これは、日本の「国土のグランドデザイン2050」[7]に示される「コンパクト＋ネットワーク」な国土構造の実現に他ならない。歩くことのできる空間を整備するのに比べて、拠点の形成や居住地の集約には長い時間がかかるため、**図1**の矢印のように、まずは、まちなかのような限られた区間からでも歩きたくなる空間づくりを進め、その範囲を広げていきつつ、長期的には、まちなかへ歩いて（自家用車を使わずに）行ける人が増えるように都市の構造を変化させていくという道筋をたどるのが現実的と考えられる。

　以降では、まず、出発地から目的地までが歩いて行けるところにある（横軸）という意味で「ウォーカブルなまち」を都市構造から評価する例を紹介する。次に、歩くことのできる〜歩きたくなる空間が存在している（縦軸）という意味で街路空間を評価する視点を紹介する。

**ウォーカブルなまち**

歩くことのできる～歩きたくなる空間が存在している

どこへでも徒歩やバスで行ける

まちなかへ徒歩やバスで行ける

まちなかへは自家用車で行くけれど、まちなかの内部は歩いて回遊

ほとんど自家用車で移動し必要最小限しか歩かない

出発地から目的地までが歩いて（自家用車を使わずに）行けるところにある

○魅力的なまちなか・拠点の形成
（例：再開発、集客施設の集積）

○居住地の集約

◆公共交通網の整備

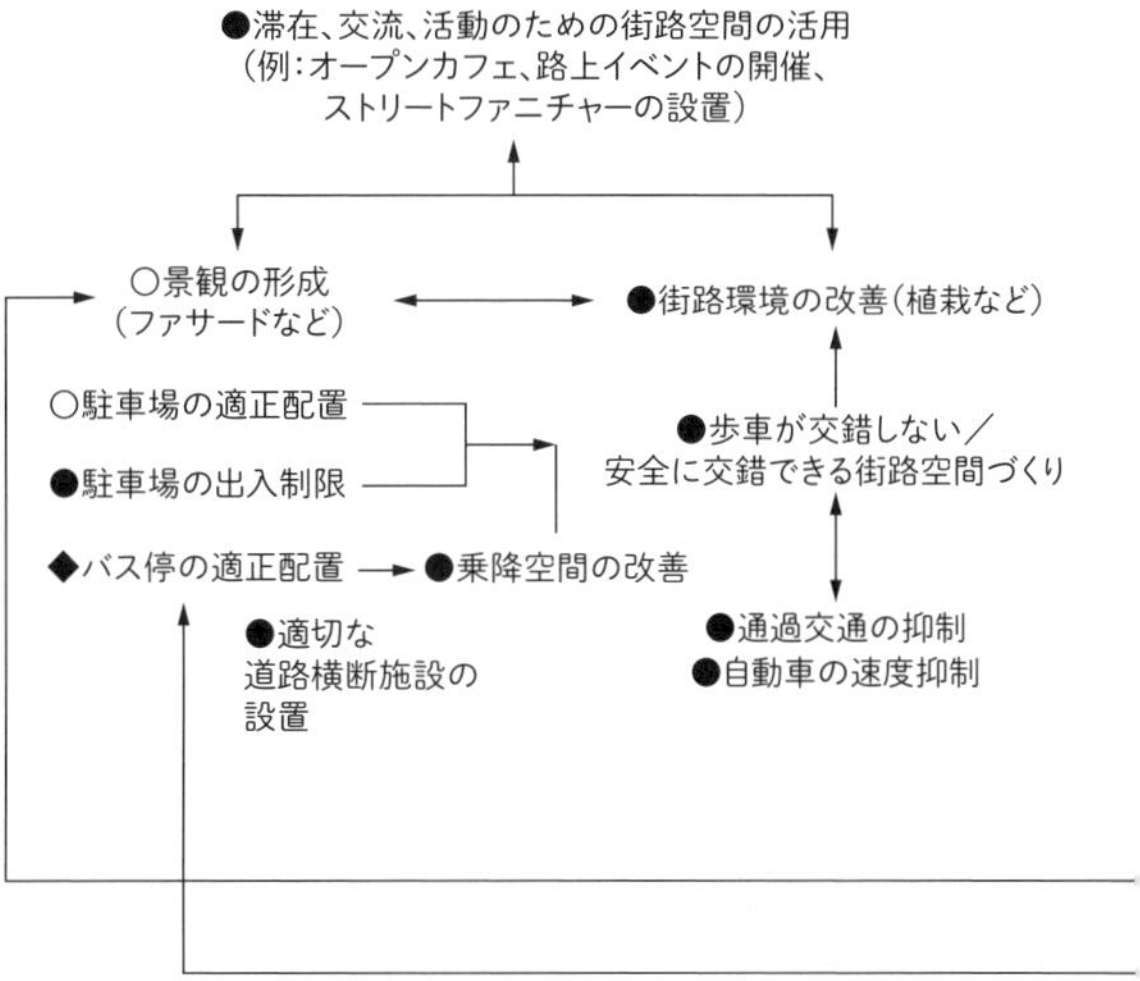

●滞在、交流、活動のための街路空間の活用
（例：オープンカフェ、路上イベントの開催、
ストリートファニチャーの設置）
○景観の形成
（ファサードなど）
●街路環境の改善（植栽など）
○駐車場の適正配置
●駐車場の出入制限
●歩車が交錯しない／
安全に交錯できる街路空間づくり
◆バス停の適正配置
●乗降空間の改善
●適切な
道路横断施設の
設置
●通過交通の抑制
●自動車の速度抑制

○都市計画（施設配置など）に係る対策
◆公共交通に係る対策
●街路に係る対策（＊街路の機能（階層）に応じて、必要な対策は異なる）

**図1**｜二軸によるウォーカビリティ

## 都市構造から見たウォーカブルなまち

すでに述べたように、人が歩ける、歩こうと思う範囲には限界がある。そのため、出発地と目的地がどれくらい離れているかを調べることで、「出発地から目的地までが歩いて行けるところにある」という意味でのウォーカブルの度合いを測ることができる。ここではその一例を紹介する。

評価にあたって、「出発地から目的地まで」とは言うものの、実際には人の移動の数だけ膨大の数の組み合わせが存在する。そのすべてを評価することは現実的ではないので、前述のとおり、目的地はまちなか（拠点）と呼ばれる、ある狭いエリアに集約している／将来的に集約されていくことを前提として、そこまで歩ける距離にあるかどうかを評価すると読み替えることとする。**図2**は、千葉県内の複数の都市を例にして「まちなか」として想定される場所を対象に、その周辺にまちなかを最寄りとする居住地がどのように分布しているかを、風配図*という円状の図を用いて示したものである[8]。

それぞれの都市のタイトルがついた風配図の中心には「まちなか」がある。ここでは、日本における拠点の定義の提案[9]を参考に、現在のまちなかウォーカブル施策の実施対象地域[10]と対応づけられそうな「生活拠点」と呼ばれる拠点を「まちなか」と呼んでいる（具体的には、鉄道駅、市役所、高等学校、一般病院、近隣商業地域・商業地域がすべて半径二・五km以内に含まれる箇所を国土数値情報[11]と呼ばれる施設位置情報により簡易的に抽出したものである）。その「まちなか」を中心に置いた風配図は、そこを最寄りのまちなかとする人々の居住地の分布を示している。方位が八つに区分されており、それぞれの方位に扇状に広がる形の色はまちなかから居住地

＊風配図は、もともと、ある地点のある期間における、各方位の風向および風速の頻度を表すために、中心点を中心に方位を分け、各方位における風速レベルごとの風の出現頻度を極座標状に描いたヒストグラムであり、図2はこれを応用して居住地の分布を描いている。

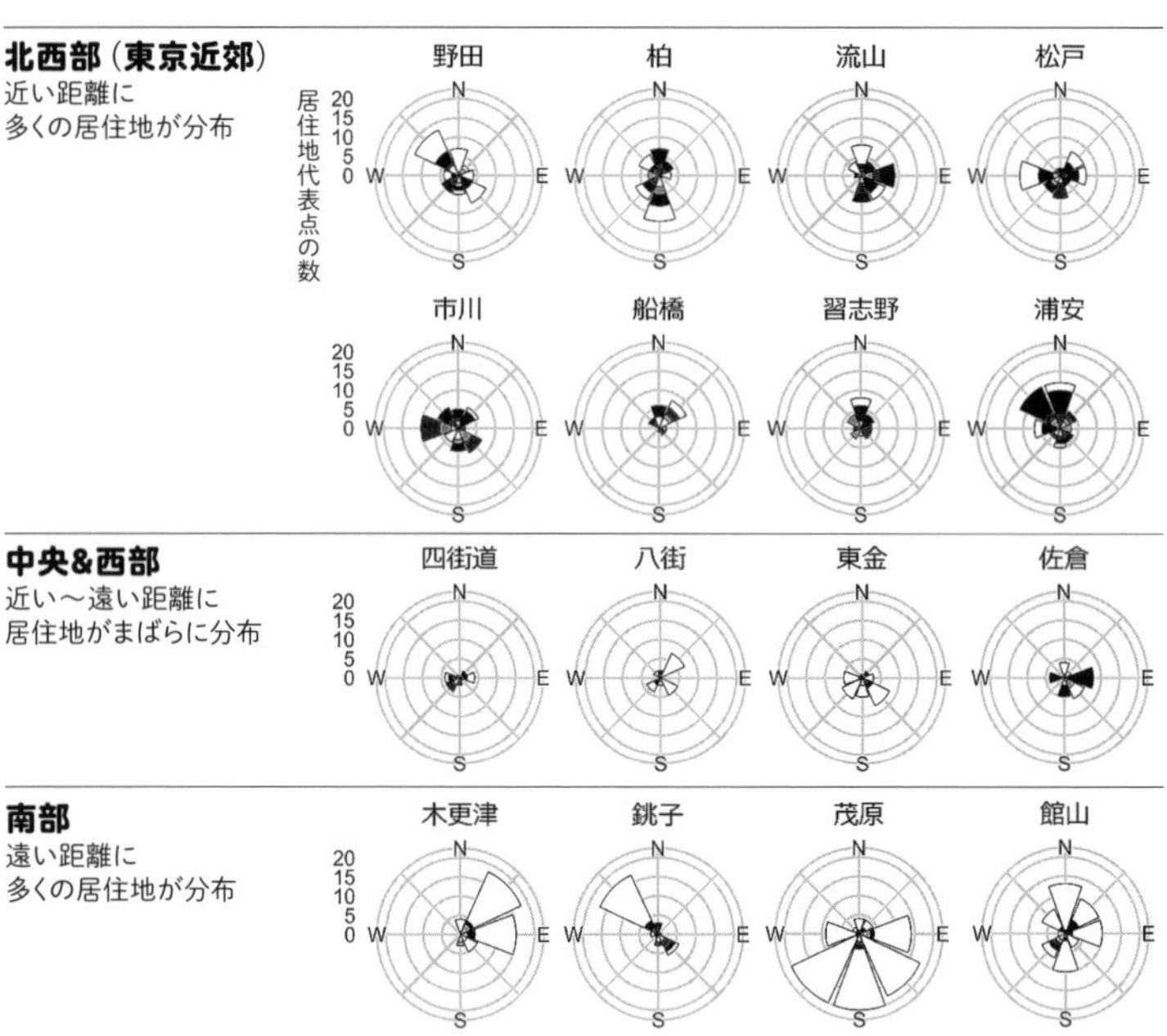


**図2**｜風配図を用いた千葉県内の生活拠点に対する居住地の分布（鳥海ら[8]をもとに作成）

までの距離を、扇の大きさは居住地の数を表している。なお、居住地といってもすべての家々を数えるのは膨大な手間がかかるため、近隣センターや集会所などの集会施設を居住地代表点として代替している。まちなかから居住地代表点までの距離は、地理情報システム[12]を用いて街路上の距離を測定している。距離区分の〇～一kmは、まちなかの内部に居住地があるようなイメージであり、一～二kmなら概ね歩いてまちなかに行けるだろう。まちなかまでの距離が遠いほど、歩いて行くのは難しくなり、徒歩に自転車を含めても、自転車が自動車より有利となる移動は五km程度以下と言われている[13]。

**図2**の風配図の形がまちによって大きく異なることからわかるとおり、人々の住む居住地からまちなかまでの距離は、まちによって大きく異なる。全体的な傾向として、千葉県内でも東京近郊に位置する北西部のまちでは、居住地からまちなかまでが他の地域に比べて全体的に短い。また、まちなかまで遠い居住地代表点が特定の方位に集中している傾向がある。これは、まちなかどうしが鉄道沿線などの方向に対して比較的近い位置に並んでいる（例えば、松戸と柏など）ために、近接するまちなかがある方位に対しては、ある程度離れると、もう、そのまちなかではなく隣のまちなかが最寄りになることで遠い居住地が存在しない一方で、そうでない方向に対しては遠い居住地で

あっても、そのまちなかが最寄りになるためである。これらのまちでは、すべての居住地がまちなかへ歩いて行けるほどではないものの、比較的近いところに集まっており、まちなかまで遠い居住地は特定の方位に集中しているため、必要な地域に公共交通を重点的に整備しながら、まち全体をウォーカブルにできる可能性が高いといえる。

一方、房総半島に位置する千葉南部のまちでは、まちなかまで遠い距離に居住地が偏っている。これは、まちなかどうしの距離が、東京近郊の地域に比べて離れていることと、居住地が広く分散していることによる。これらの地域では、まちなかまで歩いて行ける範囲にある居住地はかなり限られてしまい、自家用車に頼らざるを得ないと思われる居住地が大半である。居住地が広範に分散している状態では、公共交通ネットワークでカバーしなければならない範囲も広大になってしまうため、居住地等の集約を進めながら、集約した地域に対して公共交通を拡充するなどの対策が必要と予想される。短期的には、自動車によるまちなかへの来訪を許容せざるを得ない状態ともいえるだろう。なお、今回の例では、一般病院や市役所などのある比較的規模の大きなまちなかを対象に「歩いて行けるかどうか」を分析しているが、郊外のまちでは、もう少し規模の小さい、生活に最低限必要な機能だけを持つ拠点（例えば診療所や小さなスーパー、郵便局などが集まる場所）を対象に、まずはそこまで歩いて行けることを評価していくことも重要といえるだろう。

**図2**のように、単純に距離を測るだけでも、各都市が都市構造上ウォーカブルなまちかどうかを概観することができる。一方で、実際に「歩いて行く」場合には、距離だけでなく、信号や横断歩道での待ち時間や上り坂などでの負担が、歩きたいと思うかどうかに少なからず影響を及ぼす。また、距離の測定にあたって、歩道と車道が分離された街路では歩行者が横断できる箇所が限定されていることを考慮できておらず、これを考慮すると歩いて行くのに必要な距離はもう少し長い可能性がある。一方で、歩くときの経路には、街路だけでなく、駅や建物の中や社寺、広場などの公共に開かれた敷地が含まれる場合があるため、現実には街路上の距離よりも短く歩ける場所もあるかもしれない。さらに、歩く人によっては、例えば、車椅子の人や足の不自由な人、ベビーカーを押した人などは、段差や勾配などの影響で歩くことができない場所が生じえるため、「すべての人々が歩けるように」することを目指す場合には、これらの情報も踏まえて評価を行う必要が出てくる。

こういった、歩く人にとって真に歩くことのできる空間の情報を整備することは、ウォーカブルなまちの評価にあたって非常に重要である。国土交通省では、バリアフリーな経路案内情報などに活用するために、歩行空間の幅員や段差、勾配、歩道と車道の物理的な分離の有無などの情報を集めた「歩行空間ネットワークデータ」[14]の整備を進めている。このようなデータ整備がまち全体で進むことで、より現実的、かつ、多様な歩行者を対象にした評価ができるようになることを期待する。

## 街路空間から見たウォーカブルなまち

次は、まちなかに「歩くことのできる～歩きたくなる空間が存在しているか」という意味でのウォーカブルの度合いを評価することについて考える。前述のとおり、歩く経路は時には街路以外にもなりえるが、やはり大半は街路である。そこで以降では、街路を対象に評価を考える。

「歩くことができる空間」を単純に言葉どおり読めば、ほとんどの街路にそれは存在している。現にどんな街路でも、必要とあらば人は歩いている。しかし、それがつねに自動車とぶつからないように気にしながらだとしたら、本当に「歩くことができる」といえるだろうか。と考えると、単に「歩くことのできる空間」と、ウォーカブルなまちにイメージされる「安全に、安心して、快適に歩くことのできる空間」、さらには「歩いていて楽しい空間」、「歩きたくなる空間」にはいくつかのレベルが存在しているようである。

「歩いていて楽しい空間」、「歩きたくなる空間」は、ウォーカブルなまちの顔ともいえるもので、まちなかにこのようなメインストリートをつくり出すことは大切であるが、移動という用途とは直接関係しない、歩くことの楽しさや味わいのような観点での街路空間の評価については後述の章で詳しく紹介されるため、ここでは述べない。一方で、歩く人はメインストリートだけを歩けば良いわけではない。まちなかへ、あるいは、まちなか以外の目的地へ移動するために様々な街路を歩く必要がある。当然、そこには自動車やバス、自転車など、歩く人以外の街路利用者が存在する。となると、他の利用者が存在していても歩く人が安全で、安心、快適に歩ける街路空間にすることこそが、ウォーカブルなまちに求められるだろう。

歩く人の安全、安心や快適を阻害する最も大きな要因の一つが自動車である。だからこそ、まちなかのメインストリートでは、自動車の通行が禁止・制限されることが多い。これにより、歩く人は自動車とぶつかる危険や騒音などを気にすることなく自由に空間を使えるようになる。一方で、すべての街路でそうするのでは物資や人々の運搬に支障が生じる。まちの生活にとっては、自動車がきちんと走行でき、物資や人々を乗り降りさせるための街路もやはり必要である。そのために、歩くことのできる空間を限定する必要があったり、歩く人が自動車

| 階層 | | 自動車に対する機能 | | | 歩行者ネットワークとの関係 | |
|---|---|---|---|---|---|---|
| | | 移動 | 沿道出入 | 滞留 | 優先度 | 自動車との分離／共存 |
| 都市高速 | Au | 高速 | 沿道出入・他道路とも完全に制限 | 極めて限定的（緊急時用など） | | 分離 別線で完全に分離 |
| 街路 | Bu | ↑ | 沿道出入・他道路とも部分的に制限 | 限定的 | | 高さ方向による分離 +立体交差 歩車道の分離 |
| | Cu | | 他道路は許容するが沿道出入は部分的に制限 | 駐停車空間の設置などによる許容 | 歩車双方が配慮 | 歩車道の分離・平面交差 |
| | Du | | 歩行環境に配慮しつつ許容 | 歩行者の乗降を考慮しつつ許容 | ↓ | 歩車が空間を共有 歩行者の自動車乗降に配慮 |
| | Eu | | 歩行環境に配慮して沿道出入の一部を制限 | | | |
| | Fu | 低速 | 歩行環境を優先して沿道出入を最低限に制限 | 歩行環境を優先して駐停車を制限 | 歩行者優先 | 歩行者専用／車両を制限 共存 |

← 移動機能と沿道出入・滞留機能のトレードオフを考慮
← 自動車ネットワークと歩行者ネットワークのトレードオフ・相互作用を考慮

**図3**｜街路の自動車に対する機能と歩行者ネットワークとの関係（鳥海ら[15]をもとに作成）



と交錯する箇所が生じたりする。つまり、まちに存在する街路には、その種類によって、歩行者を完全優先し自動車はできるだけ排除すべき街路もあれば、自動車の機能確保のために歩く人の自由を少し制約しながら、それでも安全に自動車と歩く人が空間を共有できるようにすべき街路もある、ということである。

**図3**は、この考えに基づいて街路を種類分けし、歩行者と自動車の関係を整理したものである[15]。ここでは、街路の種類を「階層」と呼んでいる。階層は、自動車交通を主な対象とした日本の道路ネットワーク計画ガイドライン（案）（正式名称「機能階層型道路ネットワーク計画のためのガイドライン（案）」）[9]に基づくものであり、特に「都市部」の道路（本節でいう街路）について抜粋したものである。この階層の根源にある原理は、道路が提供すべき「自動車に対する機能」には、高速で通過するための「移動機能」と、沿道（路外）の施設や駐車場に出入するための「沿道出入機能」、および、路上に駐停車するための「滞留機能」があり、移動機能と沿道出入・滞留機能とは、相互に干渉し合うトレードオフの関係にあることである。この原理に基づき、それぞれの機能の優先度によって「階層」を区分し、階層の異なる道路を適切に接続することで、道路ネットワーク全体として必要な機能をすべて満たすことを目指している。このガイドライン（案）では、

街路の階層は$A_U$〜$F_U$の六階層に分類されている。$A_U$は、移動機能が最優先、つまり自動車が最も高い速度で走れる道路で、沿道出入や他の道路との出入が完全に制限されている。これは、首都高速道路や阪神高速道路のような都市高速道路に該当する。以降、$B_U$、$C_U$、$D_U$、$E_U$と図の下の階層にいくにつれて、移動機能の優先度が下がり、自動車が走行可能な速度は落ちていく一方で、沿道出入機能や滞留機能の優先度が上がっていき、路外駐車場への出入や路上駐停車に対する制限がなくなっていく。$F_U$はモールと呼ばれるような自動車のいない歩行者専用道路、あるいは、通行可能な自動車を限定した道路と定義されている。

この、もともと自動車用に定義された「階層」に対して、**図3**には、歩く人を考慮して「歩行者ネットワークとの関係」や「自動車ネットワークと歩行者ネットワークのトレードオフ・相互作用」が加えられている。これは、歩く人と自動車の交錯や、歩く人の自動車からの乗り降りの関係を踏まえて、各階層における歩く人の優先度や歩車分離・共存のあり方を整理したものである。ここに示されるとおり、街路の階層によって、歩く人を阻害する要因となりえる自動車は、高速走行する自動車の場合もあれば、沿道出入する自動車の場合もあり、一言で「自動車」といってもそれぞれ異なる。同じように、「歩く人」といっても、人は最初から最後まで歩き続けるとは限らず、バスや自動車に乗り降りする人が存在する以上、歩く人と自動車が共存せざるを得ない街路が存在することがわかる。これらのことは、街路構造の評価をする上で重要な視点である。

都市高速道路である$A_U$には歩く人はいない。$B_U$より下が、いわゆる一般道であり、自動車と歩く人が同じ街路を使うことになる。$B_U$はまだまだ自動車の移動機能の優先度が高く、走行速度が高い。主要な幹線街路のイメージで、ガイドライン(案)では目標旅行速度が時速五〇〜六〇㎞とされている。そのため、歩く人の安全、安心を確保するためには、自動車と分離された街路空間、つまり歩道を通行させる必要がある。必然的に、歩く人は限られた箇所でしか街路を横断できない状態になる。このような街路では、歩く人が街路を横断したいと思う場所を的確に把握して横断施設を設置することが重要である。例えば、街路の両側に商業施設の入口とバス停がある場合には、それらをつなぐ最短の歩行経路から迂回させないように横断施設を置く必要がある。街路の特性上、横断施設は立体交差構造にすることが望ましいが、横断歩道橋により階段の上り下りを強いられることは歩く人にとって身体的にも精神的にも抵抗が大きい。そのため、自動車に迂回や坂の上り下りをさせたとしても歩く人にはできるだけさせないような立体構造を工夫するのが理想的である。

街路階層が$C_U$になると、自動車が走行できる速度が少し下がり、車道の外側（路肩）には沿道から出入する自動車が加減速などをするためのスペースや、バス停や路上駐停車用のスペースが設けられたりする。この階層でも、$B_U$同様に、歩く人は基本的には車道とは分離された歩道を歩くことになる。街路を横断できる機会は横断歩道や交差点に限定されるが、$B_U$に比べるとその頻度は高くなる。ここでも、歩く人のニーズを的確に捉えて横断歩道を設置することは重要である。特に、バス停や駐停車スペースなどで自動車から乗降する人が街路を横断する可能性が高い場所には適切に横断歩道などを設置する必要がある。これらの場所には歩道と車道の間に柵を設けようにも切れ目をつくらざるを得ないため、歩く人は横断歩道がなくても横断しようとすることが多く、無秩序な横断が危険を招く可能性があるためである。横断歩道や交差点では、交通量などに応じて、信号機をつけるか否かなどの制御方式や幾何構造を十分検討し、横断にかかる待ち時間ができるだけ短くなるようにすることで歩きやすくなる。無信号横断歩道であれば、二段階横断やバルブアウト構造［図4］などによって、横断歩道に接近する自動車に減速を促したり、運転する人が横断しようとしている人を見つけやすくしたりして、横断歩行者優先を徹底させることが重要である。

また、$C_U$の街路では、沿道出入する自動車が歩道を横切る箇所が生じる。沿道出入する自動車よりも歩道を歩く人が優先であるはずだが、実態としては、駐車場から車道に出ようとする自動車が歩道上で停止し、それによって歩く人が邪魔されたり、譲らされたりする[16]ことは多い。快適に歩けるようにするためには、このような阻害が生じにくいよう、自動車が十分に減速してから歩道に進入できるような減速車線の設置［図4］や路外から車道へ出る自動車の待機スペースの設置［図4］[17]、自動車の運転者が歩く人を見つけやすいような視距の確保[18]、右折での出庫禁止などの工夫[17]が重要である。

さらに、自動車が路肩に停車する機会がある$C_U$の街路では、停車した自動車から乗り降りする人のための空間を設け、自動車を待つために立ち止まっている人などが歩く人と干渉しないようにすることで双方の快適性は上がる。

街路階層$D_U$は、$C_U$よりも自動車の速度がさらに下がり、逆に沿道出入や滞留が多くなる。それに伴って自動車から乗降する人もさらに増える。基本的には、$C_U$と同様の対策を取りながら、自動車による歩く人への影響が小さくなるように対策することが重要である。条件によっては、歩道と車道の境界をなくし、空間をあえて分離しないことで、お互いに対する注意を高

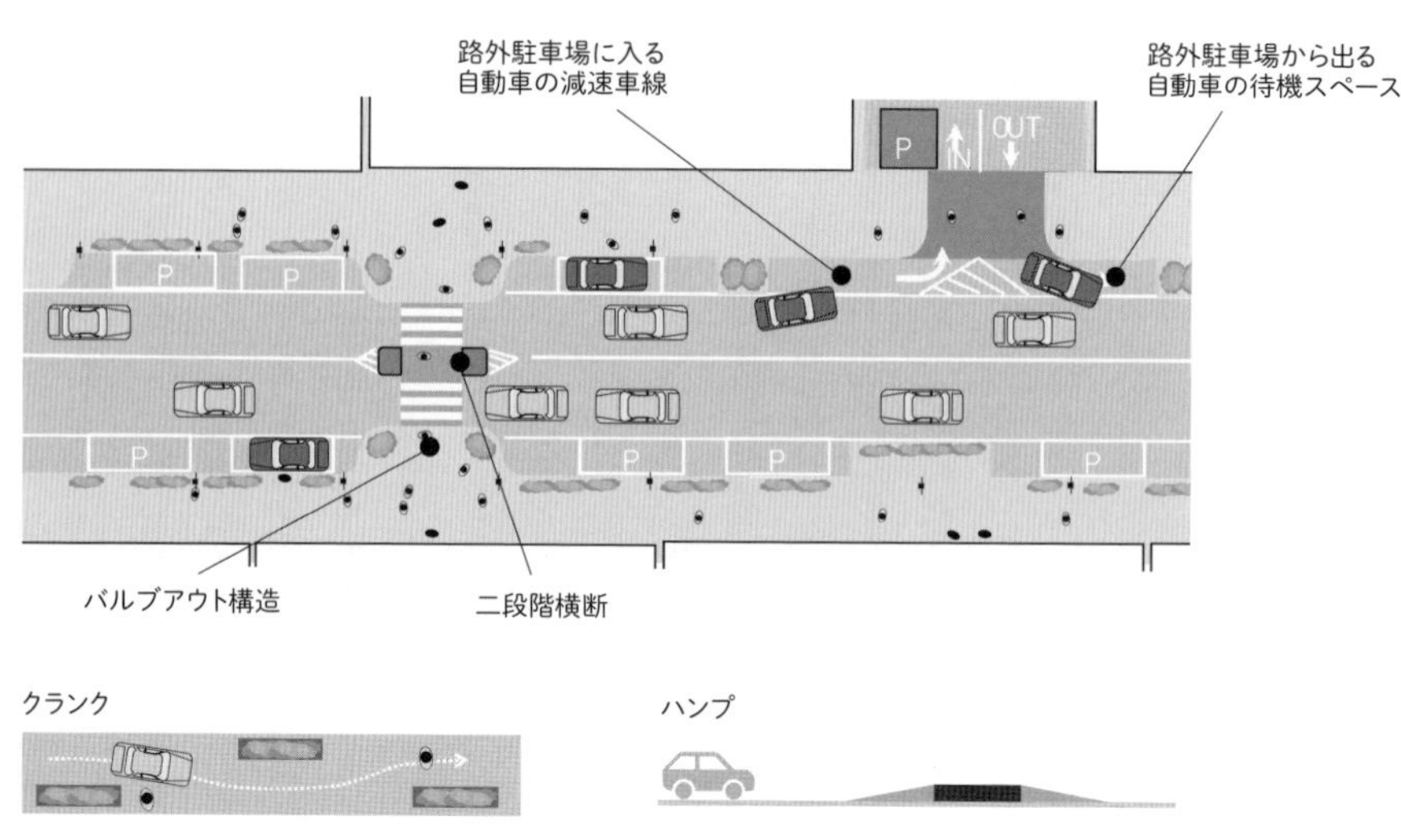


図4｜歩く人のための街路の工夫例



めながら通行するように促す「シェアード・スペース」にすることも検討できるだろう。

街路階層$E_U$は、自動車の移動機能が低く、ガイドライン（案）では自動車の目標旅行速度が時速三〇km未満とされている。まちなかのメインストリートの一部や、ゾーン三〇規制[19]の対象となるような生活道路などが該当する。このような街路は歩く人が最も優先で、街路は歩道と車道に分離されることなく、歩く人は比較的自由に歩いたり横断したりできるようにすべきである。そのためには、自動車の通行量をできるだけ減らし、かつ速度を意図どおりに低く抑えなければならず、自動車の一方通行やクルドサック（袋小路）などの通行制限や、ハンプやクランク［図4］などによる速度抑制対策が取られる[20]。$F_U$では、自動車の通行が禁止またはきわめて限定されるため、自動車による歩く空間への阻害はもうほとんど考えなくて良くなる。

まちなかに「歩くことのできる〜歩きたくなる空間が存在している」かどうかを評価するためには、街路の役割分担や本来あるべき姿を明確にした上で、それにどれくらい近いかを調べる必要がある。歩いて移動する人の街路に対する満足度を測る指標は、歩行者のサービス水準（Pedestrian Level of Service, PLoS）などと総称される。例えば、交差点や横断歩道での待ち時間、電柱などの障害物により阻害されずに通行できる有効な歩道幅を考慮した一人あたりの占有空間や歩行可能速度、街路の途中で車道を横断できる機会の多さなどが提案されてきている[21]。街路の階層に応じて、歩く人を阻害する要因を考慮できる適切な指標を選択する必要があるだろう。一方で、歩く人だけでなく、他の街路利用者のニーズが満足されているかどうかを併せて評価することも重要である。ある街路で歩く人を優先するために他の街路利用者に不便が生じる対策を講じたとしても、他の空間では不便を被った街路利用者のニーズが補完されるようになっていれば、一部の不便は受け入れられやすくなると期待される。

## ウォーカブルなまちに向かって

本節では、ウォーカブルなまちを、「出発地から目的地までが歩いて行けるところにある」という都市構造の観点と、「歩くことのできる〜歩きたくなる空間が存在している」という街路構造の観点から評価する視点を紹介してきた。日本の多くの都市の現状を鑑みると、前者の観点でのウォーカブルなまちの実現には、拠点の形成や居住地の集約を要する。そのための取り組みは長期的かつ大規模になることが避けられないものの、人口減少や高齢化が著しく進行する将来を見据えると、インフラ維持や災害対応の観点なども踏まえたまちの持続的発展のためにも、「ウォーカブルなまちづくり」を合言葉に都市構造の変革を図っていくことへの期待は大きいといえるだろう。街路構造の観点からウォーカブルかどうかを評価するにあたっては、まち全体での街路の役割分担や各街路で実現すべき姿を体系的に検討しておくことが重要である。現状では街路の役割分担が明確でないまちも多いが、このような体系的な計画検討を行うことは、まち全体のモビリティ向上にもつながると期待される。

# 街路のアクセシビリティ

伊藤佑亮・森本章倫



## 論点の階層的な整理

近年世界の多くの都市で、ウォーカビリティをキーワードに、都市を歩きやすい空間へと再構築する取り組みが進められている。その動きは政策的な提案から実務での実践まで多岐にわたる。歩きやすさの評価においても、フランクら[1]によって開発されたウォーカビリティ指標をはじめ、歩行者環境の評価に関する試みが盛んに行われている。本節は筆者らの既往研究[2、3]をもとに、歩きやすさを巡る論点を整理し、街路のアクセシビリティ評価を行ったものである。なお具体的な対象地をケーススタディとして取り上げ、整理した論点に基づき歩行環境の評価・分析を行った。これにより、評価指標を活用した一つの歩行環境の整備手法を提示した。

歩きやすさ（ウォーカビリティ）を巡るこれまでの論点を階層に分けて整理すると**図1**のように示すことができる。三角形の最上段にあるビジョンは、単に「歩きやすい」歩行者環境を実現するという政策にとどまらず、ウォーカビリティを向上させることで得られる個人や社会に対する効果を目的とした政策を含んでいる。第二層は、証拠に基づく政策立案（EBPM）の観

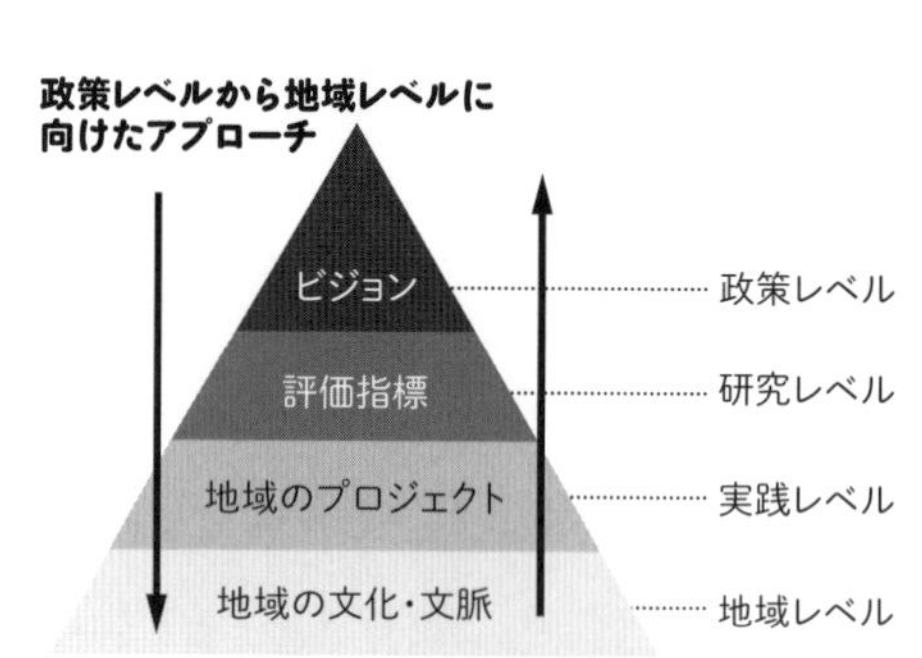


**図1**｜ウォーカビリティに関わる概念的枠組み

点から政策を客観的に評価する指標に関するレベルであり、主として研究レベルでそのロジックモデルを構築することが想定される。第三層の実践レベルでは、地域のプロジェクトを実行する中で、対象地が抱える課題を洗い出したり、プロジェクト内の整備手法を評価したりするための指標について議論している。さらに最下層では、地域の文化・文脈を考慮することが必要であると考える。これらの階層に基づき、ウォーカビリティを巡る論点を整理する。

## 政策レベルにおけるウォーカビリティの論点

政策レベルでは、ウォーカビリティを向上させた先にある都市のビジョンの違いに着目した。都市のビジョンはフォーサイス[4]を参考に次のように分類できる。

### ①活気があり社交的なまち

歩きやすい歩行者環境を整備することで、活気があり社交的なまちなかを実現することをビジョンとして掲げている。このような都市のビジョンは、商業地域や用途地域が複合的な地域で適用可能であると考えられる。

### ②自動車に頼らない持続可能な交通体系

過度なモータリゼーションの進展を省みて、自動車だけに頼らない歩行者交通を中心とした交通手段を整備することで、経済的・環境的・社会的に持続可能な交通体系を実現するというビジョンである。環境負荷を低減すると同時に、年齢、所得、障がいなどの理由で自動車を利用できない人にも機会を提供することになる。

### ③健康に暮らせるまち

自動車に依存した生活を前提としたスプロール地域において肥満率が増加したことを受けて、歩いて生活できる都市環境・都市構造へと再構築することにより、健康に暮らせるまちを実現するというビジョンである。このビジョンは、ウォーカビリティの概念が都市計画分野と公衆衛生学分野の複合的な領域で生まれたことからもわかるように、ウォーカビリティの議論の出発点でもある。

## 研究レベル・実践レベルにおける論点

歩行者環境の評価指標は、ウォーカビリティの議論が盛んになるより以前の一九六〇年代から検討が進んでいる。フルイン[5]は、歩行速度の変化と側方から流入する歩行者が流れを乱さずに横断できる確率などから、歩行者密度ごとに歩道のサービスレベル（LOS）を設定している。これは当時、モータリゼーションの進展に伴い渋滞が深刻化していた高速道路におけるLOSの議論を背景にしている。そのため、歩行時の速度・経路の選択自由度や錯綜・衝突度合いを歩行者密度ごとに示すことで快適性のレベルを表している。ただし、あくまでも歩行需要の高い通りの歩道において、円滑に歩行者交通をさばくことを目的とした指標である。

一方ヒリアーら[6]によって構築されたスペースシンタックス理論は、空間の形態・つながり方の特性を人間の認知に基づく単位で解析し、空間の使われ方のポテンシャルを明らかにする理論・手法である。ヒリアーら[7]は歩行者行動を論じるにあたり、見通しの良く中心性の高い空間に人々が集まるという考えをもとに、集客施設よりも、その背後にある空間構成に着目している。歩行者環境の評価指標は主に近接中心性指標（Integration Value）と媒介中心性指標（Choice Value）がある。これらの指標を用いることで、ある街路が経路として使われやすいのかどうか、滞留空間としてふさわしい空間なのかどうかなどを議論しやすくする基礎データとなったり、歩行者ネットワーク全体で見たときにボトルネックとなっている街路を特定したりすることができる。

Frankら[1]によって開発されたWIは、交差点密度、土地利用混合度、住宅密度の三指標を、被験者に装着した加速度計で測定した身体活動量に対して説明力の高い指標として位置づけている。これを用いて歩行者環境の整備手法を立案した事例は少ないが、歩行が促進され健康に生活できる可能性のある地域がどこであるか、人々に情報提供を行うことができる。そのため、不動産価値を示す指標の一つとして、WIを援用した指標が不動産情報サイトなどで提供されている事例が見られる。

ここまで挙げたものは都市に関係する物理的な指標を用いており、スペースシンタックス理論が人の視線に基づいた街路の分析手法であることを除けば、歩行者環境に対して歩行者がどう認知をするかは十分に考慮されていない。そのため、歩行の質といった主観的な項目まで評価の対象とするためにはさらなる検討が必要である。

次に、歩行者環境に対する歩行者の認知を定量化することで間接的に歩行者環境の評価を試みている指標を紹介する。中村ら[8]は、アルフォンツォの歩行行動の欲求段階モデルに基づくQOS（Quality of Street）指標を開発した。アルフォンツォ[9]は、歩行行動の欲求には階層性があることを指摘した上で、マズローの欲求五段階説を模倣した歩行の意思決定プロセスの階層性に関するモデルを提唱している。具体的には、歩行者の欲求は実現可能性、アクセシビリティ、安全性、快適性、楽しさの順に階層をなしており、低次の欲求が満たされていない場合は高次の欲求について基本的に考慮されないと位置づけている。この階層化された欲求段階は、近年のウォーカビリティに関する研究において歩行の質を考える際の重要な理論となっている。これをもとにQOSは、アンケート調査によって得た歩行行動の欲求段階モデルの各段階の知覚的要素項目に関する重要度と満足度をかけ合わせることで算出され、地区への来訪者の価値観を柔軟に考慮した設計に寄与できると考えられる。

## 地域レベルにおけるウォーカビリティの論点

ここまでの政策レベル・研究レベル・実践レベルにおけるウォーカビリティの論点整理から、現状は各階層の論点にズレがあり、一貫した議論が難しくなっていることがうかがえる。特に政策レベルと実践レベルの議論には乖離が見られ、プロジェクト内で歩行者環境を整備した際に、ウォーカビリティを向上させた先にある都市のビジョンを実現できるのかについては依然として不明瞭である。また、現時点ではプロジェクトの対象地が抱える課題を分析したり、政策を評価したりできる汎用的な指標は見当たらず、設定した指標に応じて検討されうる整備手法は異なる。そのため、指標を選定する前段階で、ある程度対象地の現状を把握することが重要である。階層をまたいだ一体的な議論を目指すためには、以上の二点に留意する必要がある。

以降では、**図1**に示すウォーカビリティを巡る論点の地域レベルに着目した検討事例を紹介する。この階層は、地域固有の文化やまちづくりの文脈を生かすレベルである。更新型のまちづくりを例にとると、地域の歴史や文化を踏襲しつつ新たな需要に対応した計画が必要となる。歩行者環境の整備においても同様のアプローチが求められる。この地域レベルをウォーカビリティの論点に導入し、上層から下層へ向けたアプローチと下層から上層に向けたアプローチの二つの評価手法の組み合わせを試みる。これにより、階層をまたいだ一体的な議論が可能になると考えられる。

具体的には、歴史的景観キャラクタライゼーション（HLC）を用いて街路形成年代の特定を行うことで、地域の文化や文脈に関する基礎的な知見を得る。その上で、スペースシンタックス理論のAxial分析を用いて街路のアクセシビリティの評価を行い、見通しの良く中心性の高い空間に人々が集まるというビジョンに基づき歩行者環境を評価する。さらに、両者の結果を比較することで、対象地において歩行者環境としてポテンシャルが高い街路を見出すとともに、対象地が抱える歩行者環境の

図2｜高田馬場駅周辺エリア

課題を明らかにする。

## 対象地区の現状と課題

東京都新宿区にある高田馬場駅はＪＲ東日本の山手線、西武鉄道の新宿線、東京メトロの東西線が乗り入れる拠点駅で、開業は一九一〇年と古く、一日の乗降客数は九〇万人を超える国内有数の駅である。現在、高田馬場駅周辺が抱える課題を解決するため、駅の北側や西側を含めた広域な範囲でまちづくりが検討され、二〇二一年七月には「高田馬場駅周辺エリアまちづくり方針」[10]が策定された。

主たる幹線道路は東西方向に早稲田通り、南北方向に駅前通りで、幹線道路以外で幅員六ｍ以上が整備されている道路は、過去に土地区画整理事業を実施した駅東側に偏っている。駅の西側、北側の多くの道路は幅員六ｍ未満あるいは四ｍ未満であり、特に南北を結ぶ道路の幅員が狭いことがわかる［図2］。一方で、高層建築物が立ち並ぶ幹線道路沿いを一本内側に入ると、ヒューマンスケールな店舗が集積する親しみやすい空間が形成されている。

## 街路の歴史的な分析

分析に用いるＨＬＣは、土地利用の年代特定を行い、土地利用が古い時代から不変化であるほど景観の時間的奥行き（time-depth）が深いと評価する英国発の景観アセスメント手法である。ここでは、街路形成年代の特定を通じて、対象地の街路ネットワークの分析を行う。

街路形成年代の特定にあたっては、対象地域の都市化に関わる時代背景と、入手可能な地図の制約を考慮し、近代国家行政制度確立後の一九〇九年、関東大震災直後の一九二五年、震災復興と東京周縁部の市街化が進む一九三八年、戦災復興の過程である一九五一年、高度経済成長期を経た一九八三年、バブル崩壊から現在を反映する二〇二〇年の六つの年代を分析対象とした。

高田馬場駅の半径五〇〇mの街路ネットワークの形成年代を**図3**に示す。これより、対象範囲内の現在の街路ネットワークは、自動車交通を想定していない時代を含む一〇〇年以上にわたる街路形成の積み重ねの結果であることがわかる。

**図3**｜高田馬場駅周辺の街路形成年代

**図3**の点線枠で囲った一部分の詳細を見たものが**図4**である。**図4**において特筆すべき箇所は、西側の早稲田通りの屈曲部、北東側に並走する通称「神高橋通り」と「西武線沿い通り」、南東側に並走する通称「駅前通り」と「点字図書館前通り」の三箇所である。一九〇九年時点において、早稲田通りは現在の高田馬場郵便局付近で屈曲しており、駅前通りは一部しか存在せず、現在の点字図書館前通りが南方面へと続く主要な道路であった。

また一九二五年時点において、神高橋通りは神田川右岸が存在せず神高橋は左岸の神高橋通りと西武線沿い通りをつなぐ

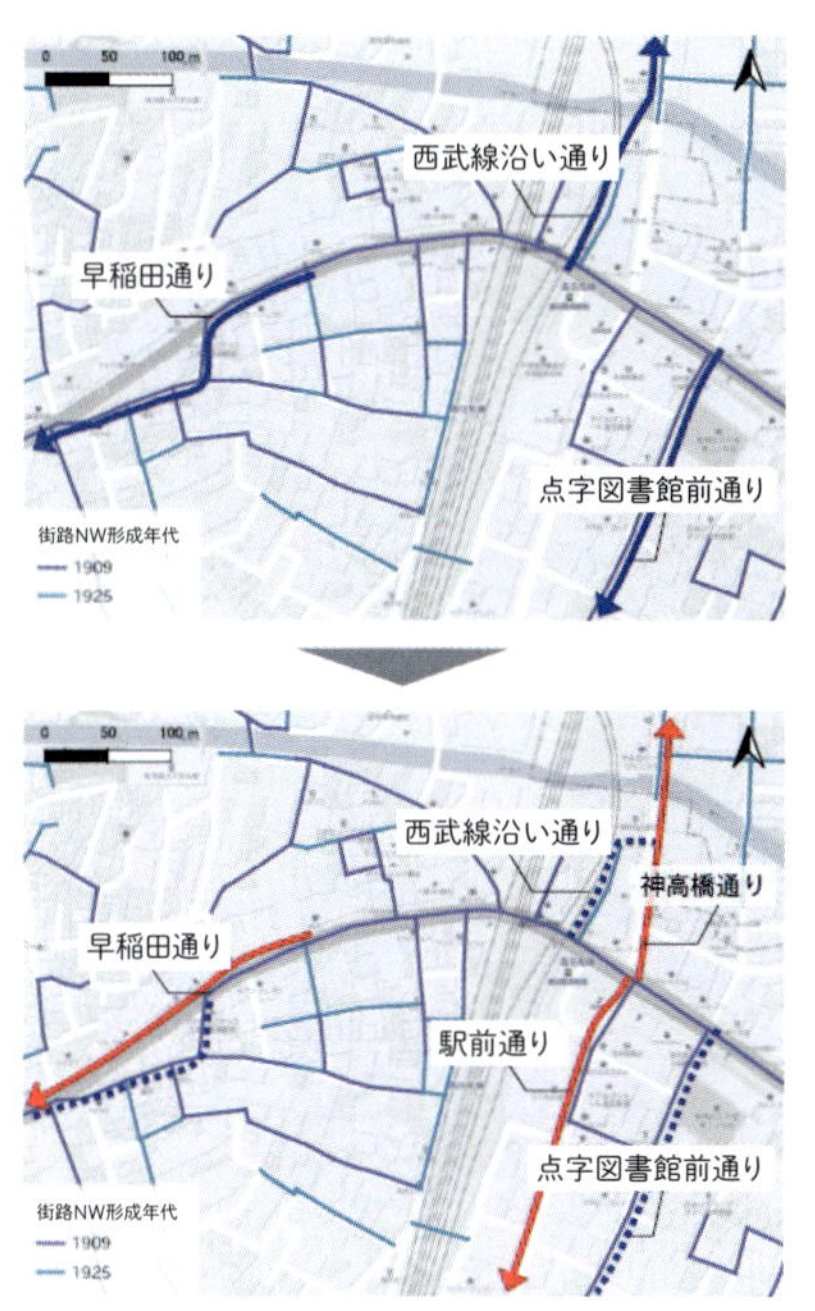


**図4**｜旧道の形成過程の詳細図の変動

ように斜めに架けられていた。その後の道路整備により早稲田通りは直線化され、駅前通り・神高橋通りが拡幅・開通したため、青色の点線で示した街路、すなわち早稲田通り屈曲部と点字図書館前通り、西武線沿い通りは、表通りから一本入った横道へと変化した旧道であることがわかる。またそれらの旧道は、表通りだった頃の道路幅から変化していないことも確認できた。

## 街路の接続性の分析

ここでは街路の接続性の良さを分析するために、スペースシンタックス理論の中でもよく用いられるAxial分析を用いる。求められる指標として見通し線(Axial Line)の接続性の良さを示す値(Int. V)があり、この値が高いほど接続性が良く空間的奥行きが浅く、低いほど接続性が悪く奥まっているといえる。Axial分析の解析範囲は、すべてのAxial Lineを総当たり的に解析対象とするグローバルレベルと、任意に設定したAxial Lineを対象とするローカルレベルがあり、特にステップ数3(Radius = 3)までを解析するローカルな解析は、歩行者行動と関連性が高いことが明らかになっている[11]。そこで、Radius = 3のローカルレベルの解析を行う。

図5はInt. Vの分布を、街路形成年代ごとに表示したもので

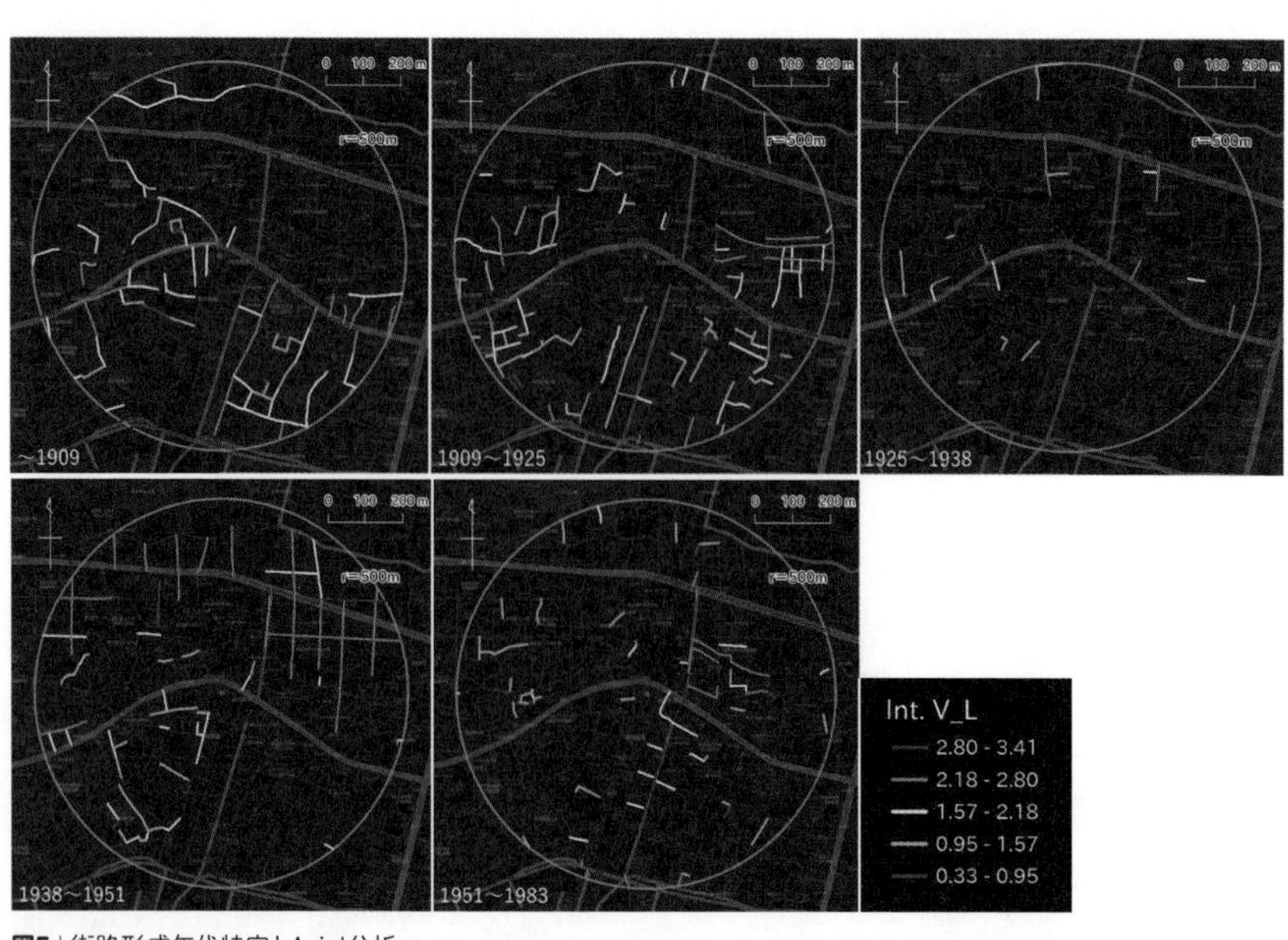


図5｜街路形成年代特定とAxial分析

ある。なお一九八三〜二〇二〇年に形成された街路は非常に少ないため、図では省略している。以下では類似した特徴をもつ街路ごとに結果を述べる。

高田馬場駅周辺における重要な幹線道路である早稲田通りや諏訪通りは、一九〇九年以前に形成された最も年代の古い街路であり、現在も街路ネットワーク全体で見てアクセシビリティが最も高いグループに属することがわかる。一方、これらの街路は高度成長期以降に車道・歩道の整備や拡幅が行われている。そのため、景観の時間的奥行きは浅く、また円滑な道路交通を目的とした街路であることに注意が必要である。

一方さかえ通りや点字図書館前通り、西武線沿い通り、戸三小通り、旧河道通りは、一九二五年以前に形成された比較的年代の古い街路であり、現在もアクセシビリティが比較的高いグループに属することがわかる。これらの通りは形成当時の道路幅から拡幅が行われていないヒューマンスケールな街路であり、かつては歩行者ネットワークの中心となっていたといえる。

また駅前通りや神高橋通りは高度成長期以降に開通した比較的新しい街路であり、アクセシビリティが最も高いグループに属することがわかる。これらは高田馬場駅周辺に南北を結ぶ街路が少ないことを受けて整備された補助幹線道路である。

かつて歩行者ネットワークの中心となっていたヒューマンスケールな街路は、現在も比較的アクセシビリティが高く、歩行者環境としてポテンシャルが高い街路であるといえる。一方で、それらの街路は各所に断片的に点在しており、歩行者ネットワークとして位置づけられていない状態である。そのため、これらの街路を再び歩行者ネットワークとして生かすために、幹線道路や民地も活用しながら各々をつなぐような整備手法が必要である。またこれらの街路の中には、自動車交通等の流入により歩行時の安全性・快適性が阻害されているものや、現在は宅地化しており表通りとはいえなくなってしまっているものもある。これらの諸課題に対しては適切な指標を設定し、さらなる分析が必要である。

# 5 人の移動

長田哲平

人の移動を評価するためには人の動きを捉える必要がある。その調査方法は、A地点からB地点への移動目的や移動手段などを詳細に調べるか、それとも単純にA地点からB地点に移動した人数を調べるのかにより異なる。

前者の移動目的や移動手段を含めて人の動きを調べるのが、パーソントリップ調査[1]（以下、PT調査）である。

PT調査は、抽出されたサンプルに対してアンケート形式で行われ、世帯や個人属性に関する情報と一日の移動を合わせて尋ねる。これにより、「どのような人が」、「いつ」、「どこからどこへ」移動したのか、そのときに「どんな目的で」、「どのような交通手段」で移動したのか調べることができる。また、人の動きに着目するため、公共交通、自動車、自転車などの交通手段の乗り継ぎ状況も捉えることができる。調査は都市圏レベルで行われ、PT調査の結果は都市における将来の交通計画を策定するのに用いられる。都市圏レベルでの調査であることからおおむね一〇年に一度実施され、東京都市圏（東京都、神奈川県、埼玉県、千葉県および茨城県南部）では、第一回目PT調査を一九六八年に行い、六回目の調査を二〇一八年に行った。また、東京都市圏ではPT調査と並び物資流動調査も行っている[2]。

都市交通特性を全国横断的かつ時系列的に把握するために、国土交通省は、全国都市交通特性調査（旧全国都市パーソントリップ調査。以下全国PT調査）を行っている[3]。一九八七年を最初に、おおむね五年に一度実施し、二〇二一年に第七回目の調査を行っている。

PT調査や全国PT調査は、都市圏レベルや都市間、都市レベルでのマクロな人の移動を評価することができるが、例えば都市内の商店街での通行量やショッピングセンターの中など、都市内のある特定場所での人の移動などミクロな人の動きはわからない。

ミクロな人の動きを定量的に調べる一番古典的な方法は、通行人数を数えるカウント調査である。この方法は、簡単に調査できるが、ある特定の日の調査結果であり、通行量が多くなると数え漏れなどが生じる場合がある。また調査地点がピンポイントになるため、結果を知りたい箇所数が増えると多くの調査員が必要となる。また調査実施日がたまたま暑い日や寒い日などで通行量が少ない場合でもそれが調査結果となってしまう。ＰＴ調査や全国ＰＴ調査はサンプル数の確保、カウント調査では箇所数が調査時間により調査員の確保と数が必要なる。そのため、情報通信技術を用いて効率的に人の動きを計測することが多くなってきている。本節では、情報通信技術を使った計測方法を紹介する。

## ビッグデータ

現代人の多くの人が移動するときに必ず持っているスマートフォンなどの情報通信端末は、いつでも使えるように通信をしており、また端末には多様なセンサーが搭載されている。これらを活用して人の移動を捉える方法がある。情報通信端末から得られるのが①基地局データ、②ＧＰＳデータ、③Ｗｉ－Ｆｉアクセスポイントデータの三つである。また、これ以外に、④交通系ＩＣカードデータ、⑤プローブデータがある。これらは総じて、ビッグデータと呼ばれる。なおビッグデータは、機器やカードに固有に割り当てられたＩＤによって個人を特定することにもつながるため、取り扱いには注意が必要であり、秘匿処理や集計処理をして一個人と特定できないようにしなければならない。

### ①基地局データ

スマートフォンや携帯電話などの情報通信端末は、端末の電源がオンになっているとデータの送受信が速やかに行えるように、まちなかに多数設置されている基地局との間で一定時間ごとに通信を行っている。この通信の履歴情報から人の移動を把握するのが基地局データである。基地局データは、通信履歴に記録された基地局の位置や時刻などから、端末の滞在エリアや移動を把握することができる。また、通信事業者が扱うため、性別や年齢といった個人属性も併せて把握することができる。そのため、個人を特定することができてしまうため、メッシュ単位での提供や様々な秘匿処理が行われている。

### ②ＧＰＳデータ

スマートフォンや携帯電話などの情報通信端末は、様々なセンサーが搭載されておりＧＰＳセンサーも搭載されている。端末は、ＧＰＳセンサーがオンになっていれば、ＧＰＳ衛星を使って位置情報を取得することができる。これにより、端末の利用者は地球上での現在位置を知ることができる。また、位置情報の取得許諾をしている端末は、一定時間ごとに位置情報を、通信事業者やアプリ提供事業者に提供しており、この位置情報を使って、端末の移動経路や移動時の速度を把握することができる。ＧＰＳデータは、携帯電話基地局データに比べ個々の端末がＧＰＳ衛星を使って位置情報を取得するため精度は高い。しかしながら、地下や建物内、地上部でも高層な建物群などでは正確な位置情報の取得ができない可能性もある。また、データ取得許諾をしていない端末やＧＰＳセンサーを切っている端末のデータはわからない。

**③Ｗｉ－Ｆｉアクセスポイントデータ**

スマートフォンや携帯電話などの情報通信端末は、通信するためにＷｉ－Ｆｉに準拠した無線ＬＡＮのアンテナを搭載している。Ｗｉ－Ｆｉが利用可能な状態になっていれば、端末はＷｉ－Ｆｉアクセスポイント（以下ＡＰ）と通信を試みる。ＡＰと端末の間で通信が確立されると、インターネットに接続したりすることができる。この時、通信履歴はログとして記録されており、接続したＡＰの位置や時刻などから端末の位置を推定することができる。そのため、無線ＬＡＮのアンテナがオフになっていたり、ＡＰとの通信が確立していない端末のデータはわからない。また、ＡＰがまばらに設置されていたりすると位置情報を詳細に把握することは難しい。

**④交通系ＩＣカードデータ**

人の移動を捉える手段として鉄道やバスの乗降時に使う交通系ＩＣカードがある。交通系ＩＣカードは乗車時、乗降時に読み取り機にタッチすることで、入場時刻や退場時刻などが記録され、同時にＩＣカード内にチャージされた金額から運賃の収受もできる。交通系ＩＣカードの履歴を使うことで、そのカードを持った人の移動を把握することができる。しかしながら、交通系ＩＣカードが必要ない徒歩や車移動などでは把握することができない。

**⑤プローブデータ**

車両は、料金収受のためのＥＴＣ、経路案内のためのカーナビ、運転中の様子を記録するドライブレコーダー、運行状況を記録するデジタコ（デジタルタコグラフ）など多種多様な機器を車載している。これらは、ＧＰＳセンサーが接続されていることが多く、車は位置情報を持っていることが多い。これらの位置情報から、車両メーカーは、個車の移動情報から混雑情報などの共有を行っている。車両は人であるドライバーとともに移動するために、ドアトゥドアでの移動の場合、車両の移動を人の移動として把握することができる。

## その他の計測手法

### ①画像・映像解析

器械的に人の移動を把握する方法として画像・映像解析がある。取得した映像をコンピュータに読み込ませると、画像の中に含まれる物体の領域を識別し出力するＹＯＬＯ（You Only Lock Once）と呼ばれるアルゴリズムがある。例えば取得した映像に、人や車が存在すると、その映像内の物体が人である確率、車である確率を示し、経路や台数を知ることができる。このアルゴリズムは、非常に高速に画像の内の人や車などの物体を検出することができるため、リアルタイムで物体検知することができる。

### ②Ｗｉ－Ｆｉパケットセンサー

前述したＷｉ－Ｆｉアクセスポイントは、ＡＰと端末の間で通信が確立された場合の通信履歴のログを用いて人の移動を調べる方法である。ＡＰと端末の間で通信が確立されて初めて人の移動が明らかになる。そのため、通信事業者が異なるなどしてＡＰとの通信が確立されない場合には、人の移動は明らかにならない。一方で、スマートフォンや携帯電話などの情報通信端末は、ＡＰとの通信が確立していない状態でＷｉ－Ｆｉをオンにしていると、通信可能なＡＰを探すための信号を発信している。この信号を使って人の移動を計測するのがＷｉ－Ｆｉパケットセンサーによる計測である。

現在多くの人は、複数台の端末を持ち歩いていることが多いため、注意が必要である。例えば、ある人が、スマートフォン、タブレット、ノートＰＣを持ち歩いており、電源やＷｉ－Ｆｉがオンになっていると三つの信号を出していることになる。Ｗｉ－Ｆｉパケットセンサーでは、三つの信号となることから、それを人の移動とした場合には三人となるため注意が必要である。また、Ｗｉ－Ｆｉには、機種固有のＭＡＣアドレスと呼ばれる情報がある。この情報は固有であることから個人を特定することができてしまう。そのため、ソフトウェアで一定時間が経過すると異なるＭＡＣアドレスを割り当てるランダムＭＡＣアドレスがある。たまたま、Ｗｉ－Ｆｉパケットセンサーが、ランダムＭＡＣアドレスが切り替わった時に信号をキャッチしてしまうと、異なる二つの機体となり、一人が二人になってしまう。

**③レーザーによる計測**

レーザーの反射波やレーザーが途切れた瞬間を機械的に計測する方法である。この方式のメリットは個人を特定せずに計測できる点にある。またセンサーに角度をつけて設置することで時間差により方向別に人の移動を計測することができる。屋外などでは太陽光、気温など外環境の状況によって差が生じるので注意が必要である。

## 受動赤外線型自動計測器を用いた常時観測の事例[4、5]

**①対象都市の宇都宮**

人口五一万二〇〇〇人の栃木県の県庁所在地の宇都宮市がある。東京から北に約一〇〇㎞に位置し、新幹線で五〇分程度とアクセス性が良い中核市である。宇都宮市は、三環状一二放射道路が整備され、二〇二三年には次世代型路面電車が全線新設で整備された。しかしながら、多くの地方都市と同様に、郊外部に大規模商業施設が立地し、中心市街地の商店街は衰退傾向にある。

中心市街地では、にぎわいの指標として通行量などを計測している。このとき、時点比較できるように決まった日時に調査する。この調査方法では、天候が安定しているときの調査結果は良いが、途中から天候が悪くなったり、天候は良くてもあまりにも低温や高温の場合には、人通りが落ち込んでしまう。しかしながら、そのときの調査結果が時点比較などに使われる。また、調査は多数の地点で行うため費用がかかることから、毎年の調査ではなく隔年での実施などとなり、悪かった調査結果であってもそれが代表値となってしまう。

そこで、宇都宮大学は、地方都市中心市街地で定期的に計測されている通行量が、調査日の一日の結果を代表値として扱っていることに疑問を抱き、常時観測がスタートした。またその後、市との共同研究事業となっている。

**②赤外線センサーの概要**

栃木県宇都宮市の通行量計測に使用している機材は、Eco-Counter社（仏）が製造・販売している受動赤外線型自動計測器（以下計測器）のPYRO-Boxである。

計測器は、観測したい交通流に直交するように、地上一・〇m程度の位置（大人の腰高位置を想定）に設置する。赤外線センサー照射部は、二つの赤外線受光部が角度を付けて設置されており、二つのセンサーの反応時間差により方向別の通行量を計測することができる。計測器には、一五分間の集計値として記録されている。計測器は、赤外線を計測していることから、歩行者のみならず自転車に乗って計測地点を通行する人や車両などの熱源をカウントする。また、交通の進行方向に対して直交方向から計測することから、人が並んで通行している場合などには、赤外線センサーに近い位置の人だけ観測され、実際は複数人からなる集団であっても並び歩いていると一人としてカウントされることがある。また、多くの往来があり人の往来が途切れることなく続くような場所での計測は不向きである。

### ③まちなかへの設置状況

宇都宮市では、宇都宮大学と市役所で一二台（大学所有の四台、市役所所有の八台）の計測器を中心市街地に設置し、継続的に人の通行量を把握している。設置地点を**図1**に示す。宇都宮大学が所有する四台を地点④、⑤、⑧、⑨に設置し、その他の地点には市が所有する八台を設置している。二〇一六年七月二二日（金）から二〇一七年六月四日（日）までは、宇都宮大学が所有する四台のみであったが、二〇一七年六月五日（月）からは宇都宮市役所が新たに六台を追加した。

四台体制であった期間（二〇一六年七月二二日（金）から二〇一七年六月四日（日））は、地点④と地点⑨の二地点を定点観測し、地点①、地点⑤、地点⑧、地点⑭、地点⑮の五地点については、残りの二台をローテーションさせながら計測した。

一〇台体制となった期間（二〇一七年六月五日（月）から二〇一九年七月二五日（木））は、地点①、地点④、地点⑤、地点⑧、地点⑩、地点⑪、地点⑨、地点⑯の八地点を定点観測している。また、地点②と地点③、地点⑥と地点⑦、地点⑫と地点⑬をペアにし路線ごと

**図1**｜中心市街地における計測器設置個所

の通行量を比較できるように、三路線を一〇日ごとにローテーションさせながら計測してきた。ローテーションは、各月の一〜一一日は地点②と地点③、一一〜二一日は地点⑥と地点⑦、二一〜三一日は地点⑫と地点⑬に設置している。

一二台体制となった二〇一九年七月二六日(金)より、地点⑭、地点⑮に加えて、地点⑰としてJR宇都宮駅東西自由通路も

↑県庁
高等学校
オリオン通り
JR宇都宮駅
釜川南
釜川
↓市役所
100 〜人 / 時　1,000 〜人 / 時　1,500 〜人 / 時

**図2**｜アニメイベント時の14時台通行量（2018年）

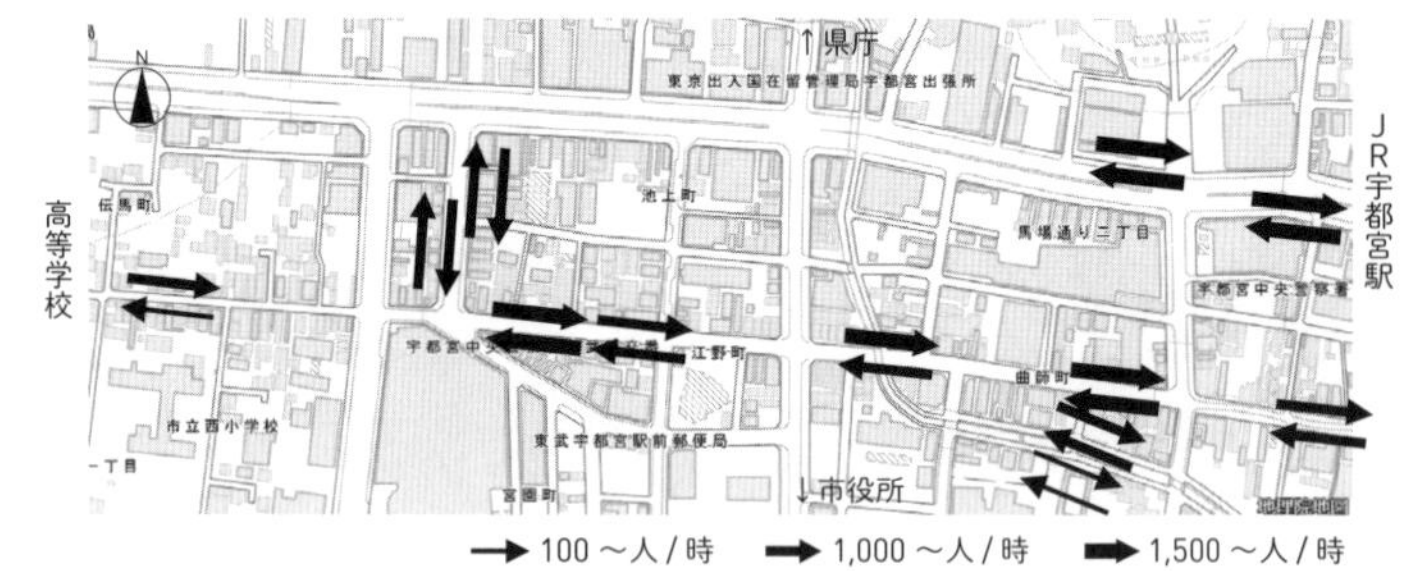


**図3**｜夏祭り時の16時台通行量（2019年）

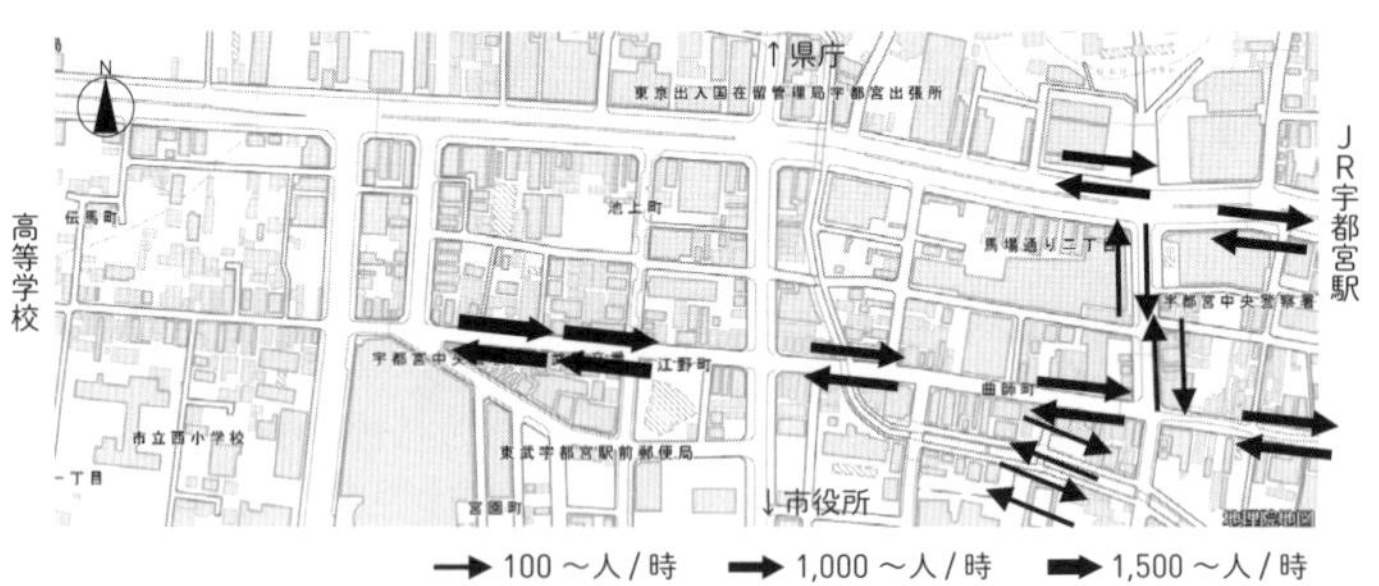


**図4**｜自転車イベント時の17時台通行量（2019年）

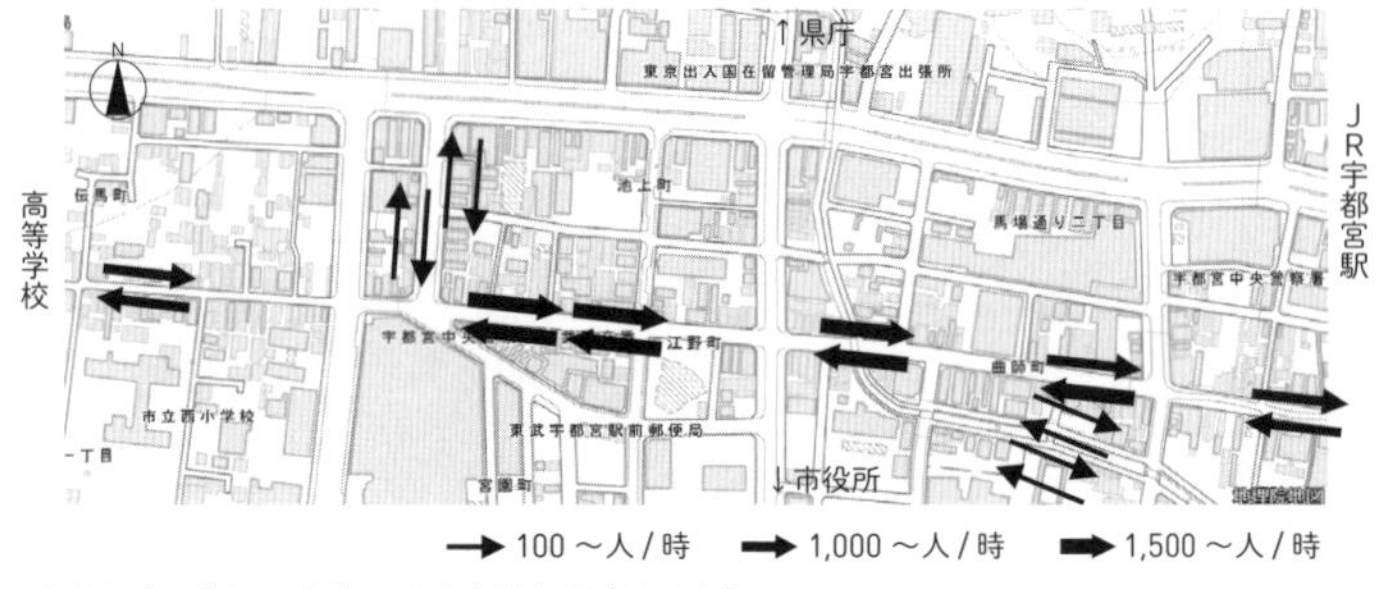


**図5**｜ジャズイベント時の12時台通行量（2018年）

計測地点に加え、合計一七地点を計測対象とすることとした。二〇一九年以降、地点①、地点④、地点⑤、地点⑧、地点⑨、地点⑩、地点⑭、地点⑮、地点⑯、地点⑰の一〇地点については常時観測し、地点②、地点③、地点⑥、地点⑦、地点⑪、地点⑫、地点⑬は、残り二台を一か月サイクルで移動させながら、現在も継続して計測している。

**④中心市街地におけるイベント実施による影響**

通行量を継続的に収集していることから、通行量を比較することで平常とは異なる通行量が計測されるときがある。その通行量と中心市街地のイベント情報を突き合わせると、中心市街地で通行量が異常的に増える四つのイベントがある。テレビ会社が主催するアニメイベント、そして夏祭り、加えて、宇都宮の特徴でもある自転車、ジャズに関連するイベントを実施したときである。

テレビ会社主催のアニメイベントでは、**図2**に示すとおりオリオン通りや釜川北側で非常に多くの通行量が観測されることが明らかとなった。

夏祭りでは、**図3**に示すとおり、オリオン通りだけでなく周辺の通りでも通行量が非常に多くなっていく。自転車イベントは、夕方セレモニーがあるため、**図4**に示すとおり、オリオン通りを中心に通行量が増加する。ジャズ関連イベントでは、**図5**に示すとおり、オリオン通りを中心に通行量が非常に多くなっているが、隣り合うユニオン通りの通行量が増加することが明らかとなった。このように宇都宮市では通行量データを二〇一六年から常時観測していることから、中心市街地における時間帯別の人流の特徴がわかり、一七地点の通行量データを組み合わせることで、通行量が多い通りや時間帯別の進行方向の違いといった、中心市街地の人流の特性を明らかにすることができる。

**⑤新型コロナウイルス感染症による通行量の変動**

・同一時間帯の比較

二〇一六年以降継続的に計測していることから、COVID-19の流行による中心市街地での人流の変化を捉えることができた。特に、新型コロナウイルスの感染拡大防止施策などによる変化も分析することができた。

「新型コロナウイルス流行前」(二〇一六年七月二三日～二〇二〇年三月一日)、「新型コロナウイルス感染拡大防止策実施期間」(二〇二〇年三月二日～二〇二二年九月三〇日)、「各種制限解除後」(二〇二二年一〇月一日～同年一二月三〇日)の三期間に分類する。「新型コロナウイルス感染拡大防止策実施期間」は、政府によって「新型コロナウイルス感染症対策のための小学校、中学校、高等学校および特別支援学校等における一斉臨時休業」が実施された日を始まりとし、栃木県の三回目の緊急事態宣言が解除された日を終わりとしている。

この期間に分けて同一時間帯の中心市街地の流動を見てみると、午前八時は、流行前に通学する高校生の流動が多く見られるが、新型コロナウイルス感染拡大防止策実施期間は、三回の緊急事態宣言が発出された期間は大きく減少していることが**図6**からわかる。なお、ここで高校生としているがセンサーでは属性がわからない。しかしながら計測エリアの西側に大規模な私立高校が三つあり多くの高校生が通学しているのが常態であり、学校が休校となり高校生の通学がなくなったこと

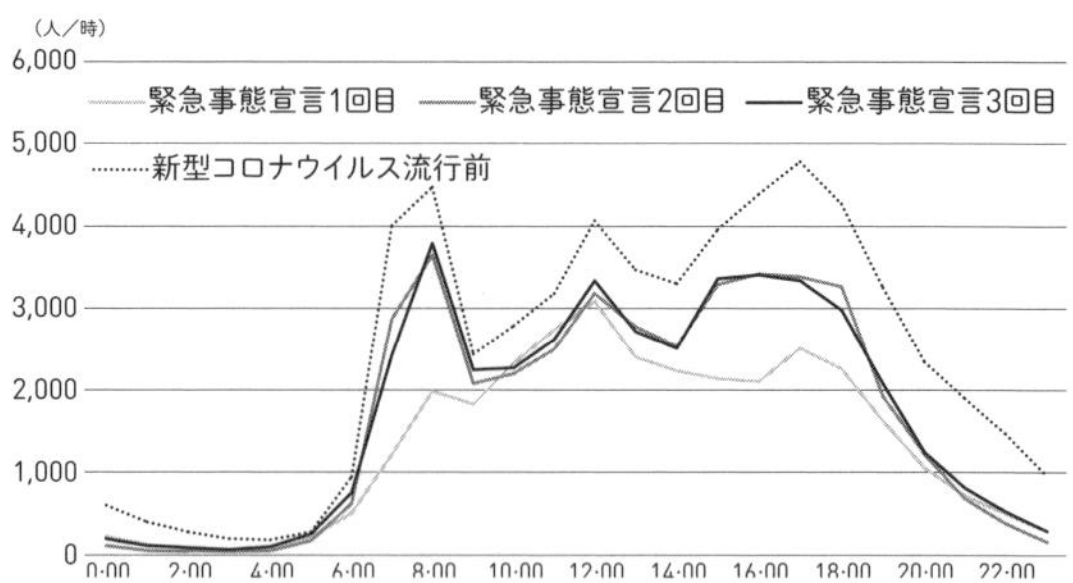


**図6**｜流行前と各制限下の平日の通行量

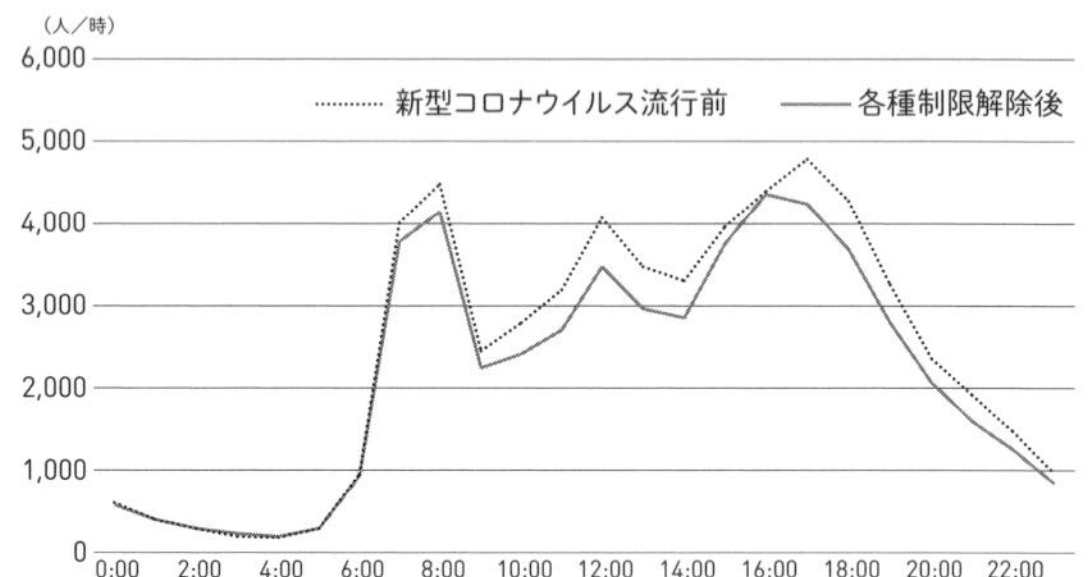


**図7**｜流行前と各種制限解除後の平日通行量

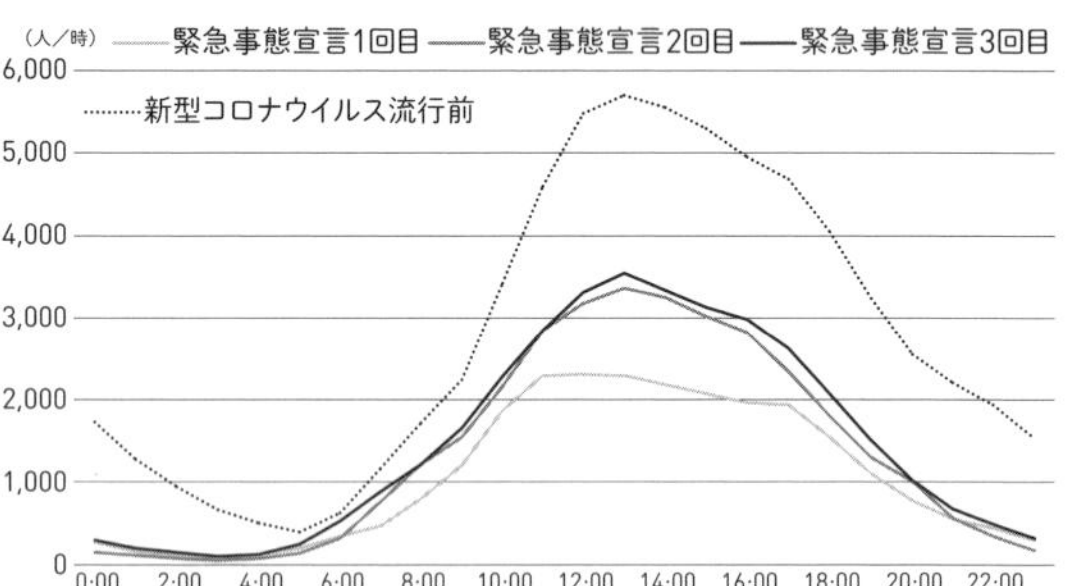


**図8**｜流行前と緊急事態宣言下の休日通行量

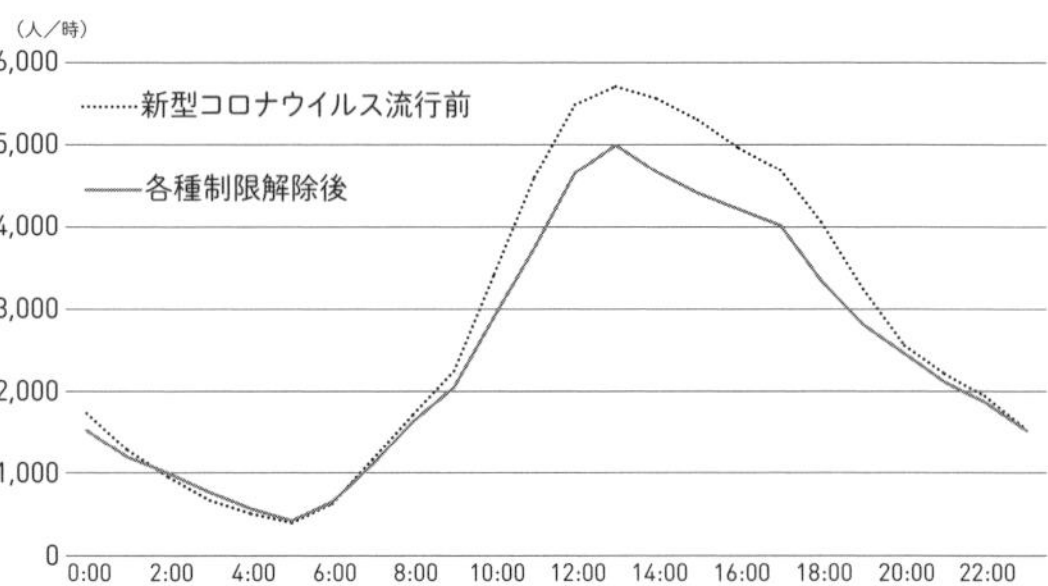


**図9**｜流行前と制限解除後の休日通行量

が明らかであることから、大幅に減った流動は高校生であったといえる。また、二〇時時点の通行量や休日の同一時間帯の通行量を見ても、流行前に比べて少なくなっている。

・平日通行量の変化

新型コロナウイルス流行前の期間に対して、すべての期間において通行量が有意に（$p<0.05$）減少していることが明らかとなった。また**図7**に示す各種制限解除後の通行量において、感染拡大防止策実施期間の通行量に対して有意に（$p<0.05$）増加していることから、流行前ほどではないが徐々に通行量が回復してきていることがわかる。**図6**に示す三回の緊急事態宣言を比較した結果、最初の緊急事態宣言で有意に（$p<0.05$）通行量が減少していた。

また、最初の緊急事態宣言は、全国一斉休業があったことから、平常時と一回目の緊急事態宣言から推定した通学者の通行量を補間した二回目、三回目を比較した結果どちらとも有意な差は見られなかったことから、緊急事態宣言は三度とも人流抑制に効果があったといえる。

・休日通行量の変化

新型コロナウイルス流行前の期間に対して、すべての期間で通行量が有意に（$p<0.05$）減少していることが明らかとなった。時間帯別に比較しても、流行前の通行量よりもすべての時間帯で減少していることがわかる。また各種制限解除後と感染拡大防止策実施期間の通行量において、各種制限解除後の通行量が有意に（$p<0.05$）増加していることから、**図9**に示すように流行前の通行量に近づいていることが明らかとなった。

また、**図8**に示す三度の緊急事態宣言を比較した結果、平日同様に最初の緊急事態宣言で有意に（$p<0.05$）通行量が減少していた。休日は、平日とは異なり一回目で大きく通行量が減少したのに対して、二回目と三回目では一回目ほどの通行量減少にはつながらなかった。しかしながら、平日同様三度とも夜の時間帯の通行量が大きく減少していることから、夜の人流を抑えることには三度とも効果があったといえる。

## ⑥常時観測の必要性

人の移動を評価するために必要な人の移動量は外的要因によって大きく変動する。そのため、なるべく多くの地点で常時観測をしておいて時点比較ができるようにすることが望ましい。しかしながらＰＴ調査やビッグデータを使った調査は費用などの関係から常時実施することは難しいため、通常は移動量を常時観測しておき、定期的にＰＴ調査やビッグデータを用いることで人の移動の目的、手段などを調査することが望ましい。

# 歩行空間のAI画像分析

曽 翰洋・土井健司



## ウォーカブルなまちに向けた歩行空間の評価手法

これまでに述べたように、公共交通や自転車の利用促進、歩きやすい街路空間の整備が、現代のまちづくりにおいて重要な役割を果たしている。これらの取り組みは、都市の持続可能性を高めるだけでなく、住民の健康増進やコミュニティの強化、そして都市の魅力向上にも寄与するものである。

また近年では、SDGsなどのグローバルな目標と地域のローカルな課題を結びつけ、同時に解決を図る「ニューローカルデザイン」の考え方が注目されている。チョウら[1]は、徒歩を中心とした多様な交通モードを組み合わせた自律型の都市クラスターと、クラスター間をつなぐ公共交通ネットワークによって、人々の活動を支える都市インフラを提案している。この実現には、ひと中心の交通まちづくりと、歩行空間の質的向上が不可欠である。

本節では、歩行空間の質を定量的に評価する手法について考察し、都市計画における実践的なアプローチを探求する。

歩行空間の質を議論するにあたり、歩行空間の質を空間性能として三つの階層的なレベルに分類する。空間性能の中で最も基本的な性能は、利用可能かつ容易に空間把握ができる「レジビリティ」である。次に、安全・円滑・快適に通行できる性能を表す「ウォーカビリティ」が位置づけられる。そして三つ目、最上位概念として「リンゲラビリティ」が挙げられる。リンゲラビリティは、同じ空間に佇み、とどまりたくなるような居心地の良さに加え、快体験の余韻を楽しむためのゆったりとした移動を促す時間と空間にまたがる性能[3]として定義する。なお、行政等ではウォーカブル＝歩きたくなる状態と捉えているが、厳密に言うならば、ウォーカブル＋リンゲラブル＝歩きたくなる状態（ウォーカティブ）と定義すべきであろう。

ニューローカルデザインの実現に向けては、歩行空間の空間性能、すなわち通行機能としてのウォーカビリティとともに、低速な歩行を重視した通行機能および滞留機能としてのリンゲラビリティを高めることが必要となる。研究プロジェクトでは、多様な利用者が行き交う空間に対して、歩行者の視点から通行および滞留機能の評価を試みる。

歩行空間の評価に関しては、ＧＩＳを用いたアクセス性評価[4]、アンケート調査による印象評価[5]など様々な手法が提案されている。ＧＩＳを活用した評価では、各施設へのアクセスの容易さを定量的に測定し、歩行空間の利便性を評価する。対してアンケート調査では、実際の利用者から得られた主観的な印象をもとに、歩行空間の快適さや安全性が評価される。

一方、近年のＡＩ技術の進歩により、機械学習や深層学習を活用した画像認識が様々な分野で応用されている。都市計画分野では、ストリートビューから収集した都市景観の画像をもとに、都市空間に対する印象評価が行われている。特に、ＣＮＮ（畳み込みニューラルネットワーク）などの深層学習モデルが、画像データの特徴を効率的に認識する技術として利用されている。ＣＮＮは、畳み込み層やプーリング層と呼ばれる複数の処理層を通じて画像を解析し、各層で画像の異なる特徴（エッジやテクスチャなど）を段階的に学習することで、高い精度で視覚パターンを分類・評価することができる。これにより、大量のデータを効率的に解析し、都市環境の質を客観的に評価することが可能となっている[6、7]。他にも画像の領域を分割するセグメンテーションや、物体を検出するディテクションなどの技術を活用し、街路画像内の道路施設を自動的に認識し、その占有割合に基づいて評価を行う手法もある[8、9]。

## 画像認識ＡＩ技術を用いた評価手法の開発

研究プロジェクトでは、歩行空間の景観画像に対して、ウォーカビリティとリンゲラビリティの印象評価をラベルとして付与し、これを教師データとしてＡＩに学習させることで、歩行空間を評価する画像認識ＡＩモデルを開発した。このモデルを用いて、国内の歩行空間を評価し、その評価要因を可視化することで、空間ごとの特徴を把握し、ＡＩ技術を活用した都市の歩行空間評価手法を探求することを目指す。

このＡＩモデルでは、ＣＮＮに基づく画像認識技術を用いて歩行空間の印象評価を行う。学習データは人々が歩行空間に対して抱く主観的な印象であるため、明確な正解が存在する分類問題とは異なる。また、データ数が限られていることから、ゼロからの新規学習では、ＡＩの学習が安定しないという課題があった。

そのため、既存の学習モデルである「ＶＧＧ16」を使用し、ＡＩモデルの予測精度を向上させる試みを行った[図1]。こ

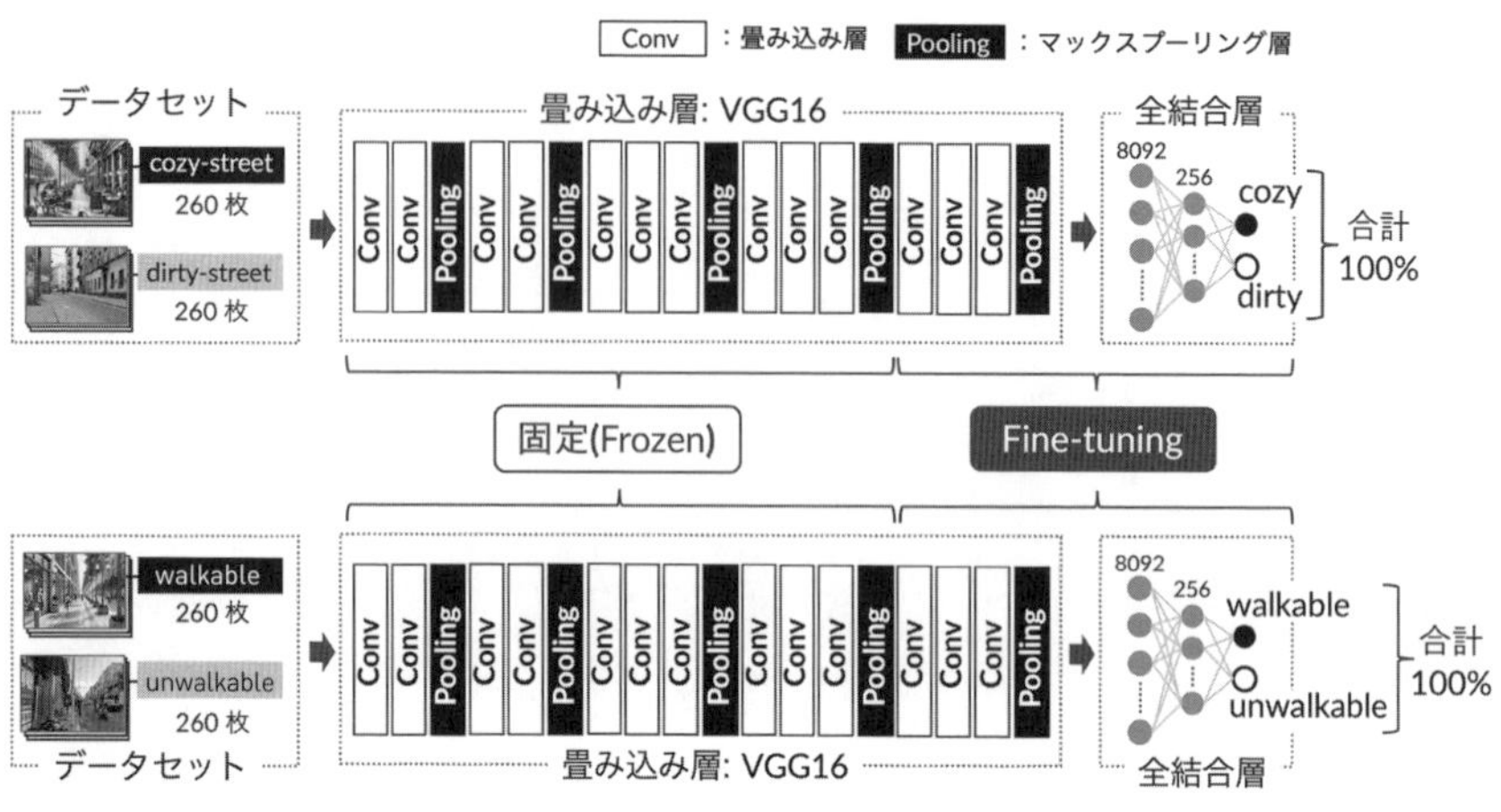


**図1**｜画像認識AIのモデル構造



の手法は、ファインチューニングと呼ばれ、すでに学習されたAIモデルをベースにしつつ、特定の部分を再学習させることで、目的のデータに適用させる技術である。VGG16は一三層の畳み込み層と三層の全結合層からなる深さ一六層のモデルで、広範囲にわたる画像の特徴を捉えることができる。VGG16は最新のモデルではないものの、その有用性と信頼性から、現在でも多くの画像認識タスクで広く利用されている。

具体的には、VGG16の最終層を調整し、対象とする歩行空間が、歩きやすいかどうか（ウォーカビリティ）、および居心地が良いかどうか（リンゲラビリティ）をそれぞれ判別できるように再構築を行った。深層学習のモデルは、入力に近い浅い層では色やエッジなど画像の一般的な特徴を学習し、出力に近い深い層ではデータに特化した特徴を学習する傾向がある。このため、浅い層のみは固定し、深い層のみを新しい目的のデータに合わせて再学習させることで、モデルの精度を高めることが可能となる。

さらに、VGG16の全結合層を付け替え、歩行空間の印象を二つの基準に基づいて分類できるように調整を加えた。畳み込み層では、初期の一〇層の重みを固定し、後半の三層のみを再学習させることで、ゼロから学習させるよりも精度の高い予測モデルを構築することを目指した。

学習データセットは、街路や都市環境が異なる歩行空間を一律の基準で評価できるＡＩモデルを構築するために、グローバルな視点を取り入れて収集された。具体的には、英単語を用いて世界各地からウェブ上で画像データを集め、リンゲラビリティ（居心地の良さ）に対応する検索ワードとして「cozy-street」と「dirty-street」を、ウォーカビリティ（歩きやすさ）に対応する検索ワードとして「walkable-street」と「unwalkable-street」を設定した。

なお、「心地良さ」を表す代表的な英語として、「comfortable」、「cozy」、「congenial」が挙げられる。オックスフォード英英辞典によれば、cozyは、精神的な快適さを含む特定の場所や空間、雰囲気にリラックスを感じるときに使われる言葉である。このため、リンゲラビリティに対応するワードとしてcozy（coziness）を採用が採用された。また、cozyは、国土交通省が進める「居心地のよいまちなかづくり」のおける「居心地良さ」に対応する言葉でもある。

一方、cozyの対義語としては「uncomfortable」、「inhospitable」、「cold」などが挙げられるが、ストックフォトサービスでの画像検索結果から、検索ワードとして適さないことが確認された。そのため、検索ヒット数が多く、リンゲラビリティの低さを表す言葉として「dirty-street」を候補とした。dirty-streetに対応する画像には、ゴミの散乱した道路空間だけでなく、路面の維持管理状況や沿道環境・景観の悪い画像、路上駐車の多い画像などが多く含まれている。

次に、歩行空間の画像として認識できないものや重複する画像を取り除き、各ワード一二六〇枚ずつ、合計五二〇〇枚の画像を学習用データセットとした。このうち、四四〇〇枚をＡＩモデルの学習に使用する訓練データとし、残り八〇〇枚をモデルの汎用性を確認するための検証用データとした。

その後、作成したデータセットを使用して、ファインチューニングしたモデルを三〇回学習させた。その学習結果を**図2**に示している。図の縦軸は、左側がモデルの正解率、右側が損失値（モデルの誤差の大きさ）を表し、横軸は学習の進行状況を示すエポック数（学習の繰り返し回数）を表している。

それぞれの図の左側のグラフは、モデルの学習に使用した訓練データと、学習には使っていないモデルの性能を評価するための検証用データに対する正解率の推移を示している。一方、右側のグラフは、訓練データと検証用データに対する損失値の推移を示している。このグラフから、モデルがどのように学習し、精度が向上したか、または誤差が減少したかを確認することができる。

リンゲラビリティに関する学習結果では、検証用データに対

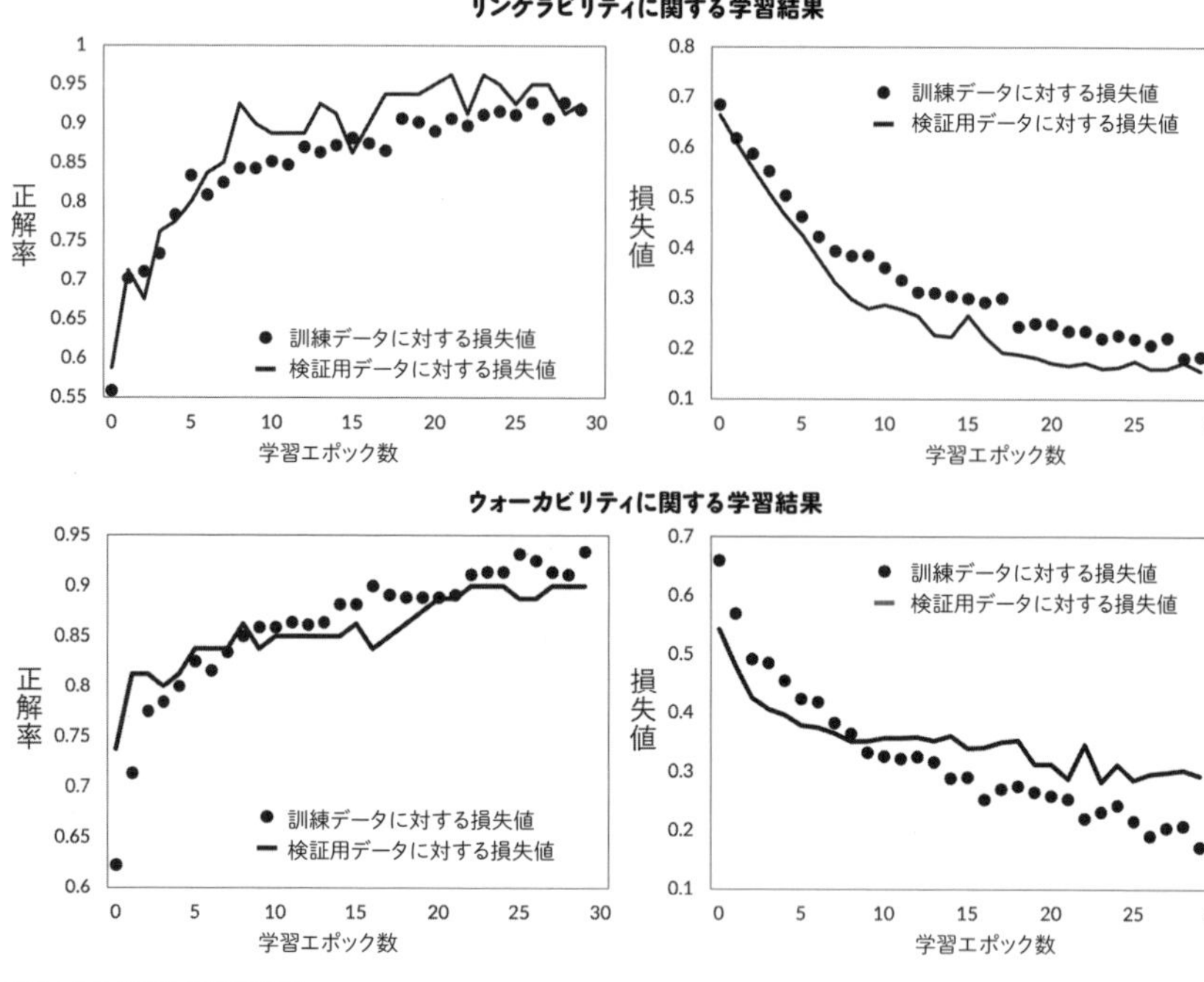


**図2**｜AIのモデルの学習結果



する正解率が九三%、損失値が〇・一六となり、ウォーカビリティに関する学習結果では正解率が九〇%、損失値が〇・二九となった。これにより、再学習したモデルは、未知の歩行空間画像に対してリンゲラビリティを九三%、ウォーカビリティを九〇%の精度で予測できるようになった。ファインチューニングを施す前の予測精度と比較すると、ウォーカビリティは二一%、リンゲラビリティは一二%の改善が見られた。

このようにファインチューニングを行うことで、既存のモデルを効率的に再活用し、少量のデータでも高い精度を達成できるという利点が確認された。特に、様々な都市環境や街路の特徴を持つ空間に対しても、一貫して高い精度で評価を行うことが可能となり、街路空間の評価においてより汎用性の高いＡＩモデルの構築が実現した。

## 歩行空間評価の全体像

開発したＡＩモデルを実際の歩行空間に適用し、その実用性や街路空間デザインの評価・課題の特定に役立てるための分析プロセスを説明する。

このＡＩモデルは、入力される画像が西日や逆光といった光の影響を受けやすいため、撮影時にはこれらの影響を最小限に抑えるよう、天候や時間帯に関する条件を揃えて行った。

まず、歩行者の目線に合わせた高さで、対象となる歩行空間の進行方向に沿って動画を撮影する。その後、撮影した動画を一秒ごとにフレーム単位で切り取り、時間的に連続した画像として抽出する。この抽出した画像を開発した画像認識ＡＩモデルに入力し、それぞれの歩行空間におけるウォーカビリティおよびリンゲラビリティに関する評価を実施した。

さらに、Grad-CAM[11]という手法を用いて、モデルの予測結果がどのような根拠に基づいているかを可視化し、歩行空間の評価をより深く分析した。Grad-CAMは、画像のどの部分が予測に最も影響を与えたかをヒートマップとして表示する方法で、暖色の部分がモデルの評価に強く影響を与えている箇所であることを示す。

研究プロジェクトでは、多様な利用者が行き交う空間を歩行者の視点から評価するため、街路空間に加え、神社や公園内の緑道も評価対象とする。そのため、整備水準が高い五か所の街路・緑道を選定し、それぞれの空間性能を評価した。対象地は、大阪市の御堂筋と堺筋、山梨県富士吉田市の富士みちの三つの街路空間、そして東京都渋谷区の明治神宮と代々木公園の二つの緑道空間である。以下に各対象地を簡単に紹介する。

御堂筋は、大阪市の都心部を南北に貫く約四km、幅員四四ｍの主要街路である。経済・文化・行政の中心地として多様な都市機能が集積しており、一九二〇年に施行された市街地建築物法から続く高さ制限により、整然とした景観が形成されている。現在、「御堂筋将来ビジョン」に基づき、車中心から人中心の街路への転換を目指し、道路空間でのにぎわいや憩いの場を創出する道路空間再編が進められている。

やはり堺筋は、大阪市都心を南北に貫く約六・一ｍの街路で、御堂筋の東を並走する。かつては紀州街道の一部として栄えたが、昭和初期の御堂筋拡幅により、メインストリートとしての役割は御堂筋に移った。北側はビジネス街で高層建築が多く、セットバックにより広い歩行空間が確保されているが、南側は商業エリアにもかかわらず歩道幅員が約三ｍと狭く、放置自転車や路上駐車などの課題を抱えている。

このような背景から、御堂筋と堺筋は地理的に近いにもかかわらず、空間性能に違いがあると考えられる。具体的には、御堂筋では道路空間再編により、ウォーカビリティ、リンゲラビリティともに高いと想定される。一方、堺筋では歩行空間は整備されていることからウォーカビリティは一定確保されているものの、放置自転車や路上駐車の課題からリンゲラビリティが低いと推測される。

富士吉田市の市街地は、富士山の裾野に沿って南北に広がっており、富士みちの交差点に位置する金鳥居を中心に、北側が下吉田地区、南側が上吉田地区に分かれている。下吉田地区の本町通りには、レトロな雰囲気の焦点が連なり、富士山を望む景観が観光客を惹きつけている。一方、上吉田地区では、金鳥居から北口本宮富士浅間神社まで続く富士みちで「吉田の火祭り」が行われ、富士山信仰の聖地として歴史的な御師の建物が残っている。しかし、富士みちは直線的で単調な街路であり、休憩施設が少ないため、回遊性や滞留機能が低い。これにより、歩行空間は整備されているものの、街路の構造や環境から、リンゲラビリティが低いと考えられる。

明治神宮の内苑は約七〇haの鎮守の森が敷地の大半を占めている。鎮守の森は大正時代に造営された人工林で、照葉樹を主な構成木として、現在では自然林化している。鎮守の森は、東京都区内における貴重な緑道空間として、都市景観に美しさを添えている。また森に囲まれた参道は落ち着きを感じさせ、参拝や散策を楽しむ人々にとって憩いの場となっている。

代々木公園は五四haの敷地を持ち、東京都二三区内で五番目に大きい都市公園である。敷地は、緑豊かなＡ地区と、スポーツ施設やイベントホールを備えたＢ地区に分かれており、雑木林や開放的な芝生広場が広がる。公園内の緑道は整備され、散歩や運動を楽しむ人々に利用されている。明治神宮と比較すると、代々木公園は開放的で明るく、活気にあふれる空間となっている。

このような背景から、両者は地理的には近いものの、明治神宮の緑道は人々がとどまり、散策を楽しむことができるため、リンゲラビリティが高いと考えられる。一方、代々木公園の緑道は円滑で快適な歩行が可能であるためウォーカビリティが高いと想定される。

また、これらの歩行空間には多様な利用者が訪れるため、外国人を含む様々な価値観を反映させることが求められる。したがって、日本人だけでなく、外国人の価値観も考慮するため、前述のＡＩモデルを用いて評価を実施する。

## ＡＩによる歩行空間の評価結果

ＡＩモデルにより各歩行空間の空間性能を評価した結果を**図3**に示す。図の左段は、対象画像をＡＩモデルに入力し、出力値の五秒移動平均を取った歩行空間の評価結果を示している。グラフの縦軸は歩行空間のウォーカビリティとリンゲラビリティの評価値、横軸は経過時間（秒数）を表す。また、右段には、各歩行空間においてウォーカビリティとリンゲラビリティの変化が大きい特徴的な断面の画像を抽出して示している。

御堂筋はウォーカビリティの平均値が〇・九七と、他の二つの街路空間と比較して非常に高く、値は安定して推移してい

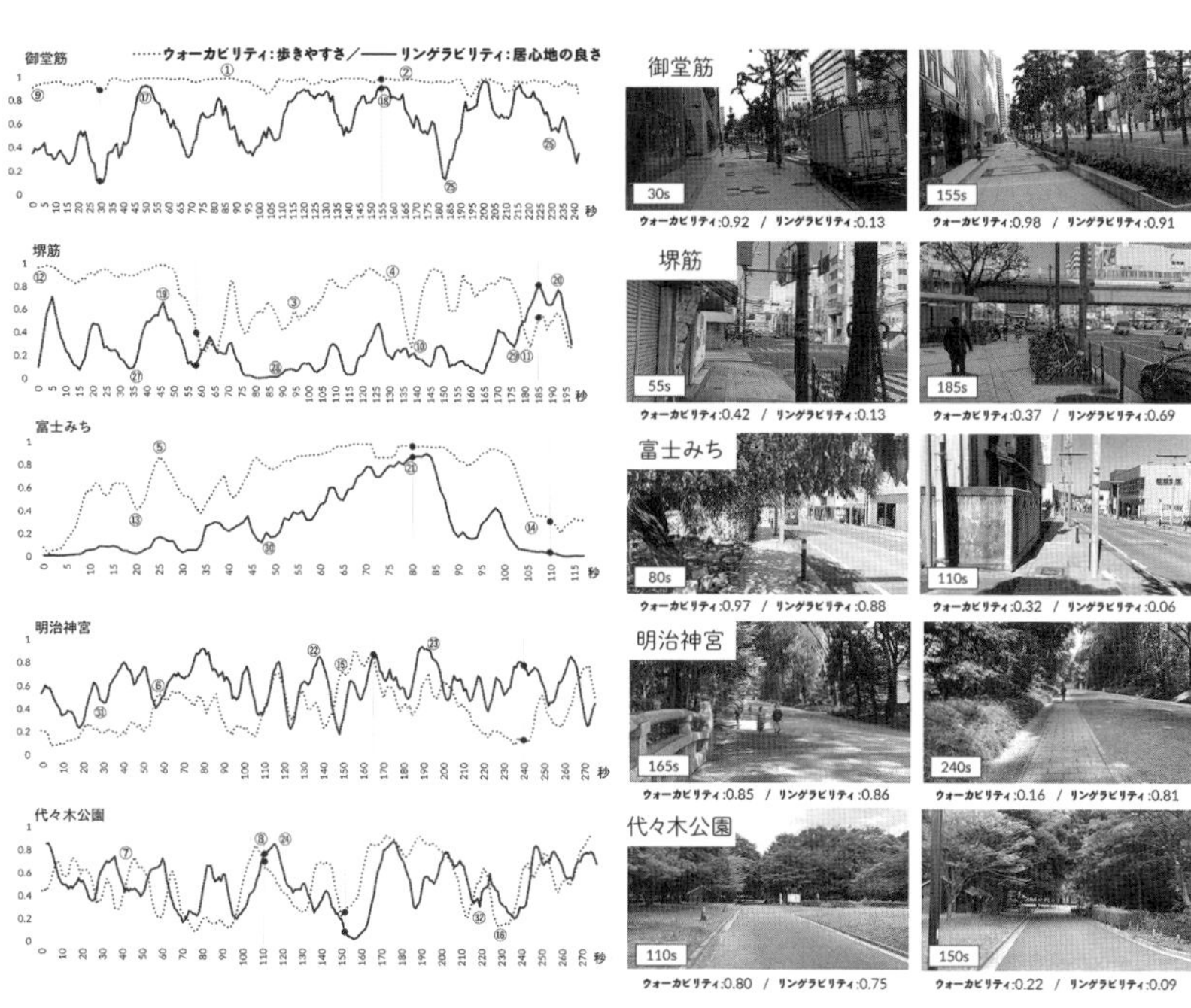


**図3**｜AIによる各歩行空間の評価結果

る。リンゲラビリティの平均値は〇・五八で、一部の区間で評価が変動している。特に三〇秒付近で、路上駐車が見られる箇所では、両評価値が低い。一方、一五五秒付近では、セットバックされた沿道施設とガラス張りの壁面、街路樹が一体化した空間で、両評価値が高い。

堺筋のウォーカビリティの平均値は〇・七二と御堂筋に比べるとやや低いが、街路空間としては比較的高い値を示している。ただし、六〇秒と一四〇秒付近で大きく低下している。特に六〇秒付近では、シャッターが閉まった商店と放置自転車の影響で、評価値が最も低くなっている。リンゲラビリティは全体の平均値が〇・二七と低く、御堂筋と比較してもかなり低い結果となっている。ただし、後半にかけて評価が高くなっており、一八五秒付近では広場と休憩する人々が見られる空間であり、リンゲラビリティがウォーカビリティを上回っている。なお、撮影日は冬季で街路樹が裸木であったため、葉が落ちて緑が少なく、他の季節に比べて評価が低くなっていると考えられる。

富士みちは、ウォーカビリティの平均値が〇・六七、リンゲラビリティの平均値が〇・二七と堺筋と同様に低い結果となっている。いずれの指標とも〇秒付近では評価が低いが、五〇秒から八〇秒にかけて評価値が上昇し、特に八五秒付近では、道路空間と沿道の施設、緑が調和し、魅力的で開放的な空間が形成されており、両評価値が高い。一方、一一〇秒付近では、沿道が無装飾のコンクリート塀で囲まれており、歩道と沿道が視覚的に分断されているため、両指標ともに評価値が低い。このような空間は、歩行者に圧迫感や退屈感を与えるため、滞留しにくい街路空間であるといえる。

明治神宮参道では、ウォーカビリティの平均値が〇・四〇とやや低く、リンゲラビリティの平均値は〇・六一と高い。評価値はほとんどの区間で〇・三から〇・八の範囲内で推移している。特に、一六五秒付近では両評価値が高く、二四〇秒付近ではリンゲラビリティがウォーカビリティを上回る。このような区間では、緑豊かな照葉樹林に囲まれ、樹冠から差し込む陽光が、落ち着いた佇みやすい空間を作り出している。

代々木公園では、ウォーカビリティの平均値が〇・五三で、一六〇秒から二〇〇秒の間は〇・八から〇・九と高い値で推移している。リンゲラビリティの平均値は〇・五一で、明治神宮よりやや低い。しかし、一一〇秒付近では両指標とも高く、直線的な道と芝生の広がる沿道が、見通しの良い開放的な空間をつくり出している。これに対し、一五〇秒付近では、木々が緑道の上まで生い茂り、見通しが悪く閉鎖的な空間となっており、両評価値が低い。

## AIによる評価要因の可視化

前項までの結果を踏まえて、次にGrad-CAMを使用して、AIがウォーカビリティとリンゲラビリティを評価する要因を分析する。ここでは、それぞれの評価指標に対して、ウォーカビリティのポジティブ要素、ウォーカビリティのネガティブ要素、リンゲラビリティのポジティブ要素、リンゲラビリティのネガティブ要素を可視化する。

各ラベルの予測に影響を与えたピクセルを、ヒートマップとして**図4**と**図5**に示す。画像左下の数字は、各歩行空間の経過時間(秒)を示す。また、〇付き番号は各歩行空間に対応しており、色で区別されている。御堂筋は赤、堺筋は紫、富士みちは青、明治神宮は緑、代々木公園は橙で示されており、番号は**図3**の折れ線グラフで示された時点を表している。

ウォーカビリティにポジティブな影響を与える空間要素を**図4**の上図に示す。①③では、歩道正面の狭い範囲が赤く反応しており、直線的で奥行きを感じさせる道路配置が好ましいことがわかる。②④⑦では、空間前方の広い範囲が赤く反応しており、開けた場所で見通しの良い空間が評価されている。また、③④⑦⑧の空に対する反応から、スカイラインの重要性が示唆される。①や⑤では市街地の街路樹の樹冠が赤く反応しており、④の裸木には反応が見られないことから、特に濃淡のある

ポジティブ要素

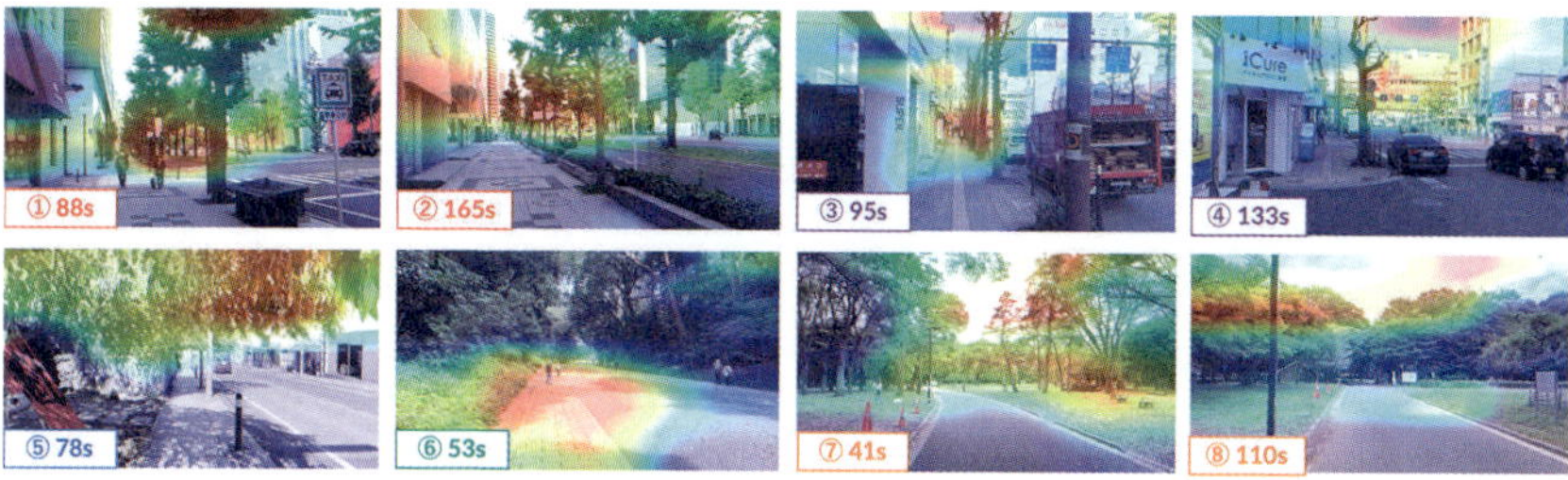


ネガティブ要素

**図4**｜ウォーカビリティの評価要因の可視化

ポジティブ要素

ネガティブ要素

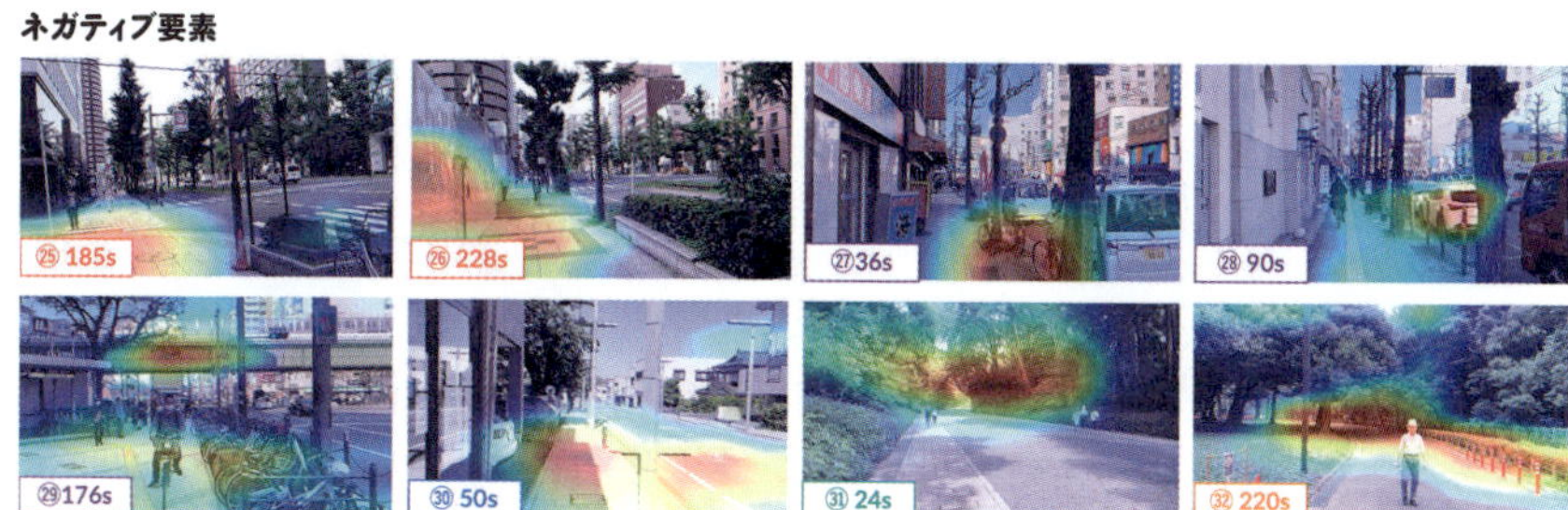


**図5**｜リンゲラビリティの評価要因の可視化

緑がウォーカビリティにプラスの影響を与えていると考えられる。さらに、⑦では参道の石畳に反応が見られる。これは新たに敷設された緑道であり、Grad-CAMの結果からもウォーカビリティの向上に寄与していることが推察される。

次に、ウォーカビリティにネガティブな影響を与える空間要素を**図4**の下図に示す。⑪⑫⑭では、駐輪自転車やゴミ箱、街灯が赤く反応しており、これらの人工物が障害物として認識され、ウォーカビリティを低下させていると考えられる。また、⑩では路上駐車がウォーカビリティを低下させる要因となっていることがわかる。緑道空間に目を向けると、⑮の樹林は緑の濃淡がなく、単なる黒いオブジェクトとして認識されている。⑯では空間の中央上部に反応が見られることから、閉鎖的な空間がネガティブな影響を与えていることが示唆される。

リンゲラビリティにポジティブな影響を与える空間要素を**図5**の上図に示す。㉑では沿道施設に反応しており、道路空間と沿道空間、緑の一体性がリンゲラビリティを高めることが示唆される。また、⑰ではガラス張りの商業施設、⑲では庇が赤く反応しており、開放的かつ佇むための空間の重要性が確認できる。⑳の人が滞留するための休憩場所や⑰⑱の街路樹の樹冠とその木陰もリンゲラビリティを向上させる要素である。

続いて、緑道空間に特有の空間要素に着目して考察を行う。㉒と㉓は参道に関連する要素で、㉓は参道を覆う樹林、㉒は石橋に反応している。これらは神社固有の神聖な印象を反映しており、特に㉒は人工物である歴史的構造物と自然物の一体性がリンゲラビリティを高めていると考えられる。さらに、㉔では芝生に反応が見られ、人々が滞留するための広場的な役割の重要性が示唆されている。

次にリンゲラビリティにネガティブな影響を与える要素を**図5**の下図に示す。㉖は横断歩道に反応しており、滞留が想定されない場所であるため、妥当な結果といえる。㉙の高架は視界を遮り、見通しの悪さがネガティブな影響を与えている。㉖の工事囲いは視界を遮断し、道路と沿道の一体性を欠くことで、リンゲラビリティを低下させている。放置自転車や路上駐車(㉗㉘)、街灯(㉚)は障害物となり、滞留空間を減らして居心地を低下させていると考えられる。また、㉛では、木々が緑の濃淡として認識されず、画像上ではその茂みが黒いオブジェクトとして捉えられ、ネガティブに反応している。㉜では、公園内の人工物と自然物の一体性が低く、リンゲラビリティに悪影響を与えている。

このようにリンゲラビリティに影響を与える要因は多様であり、複雑で多次元的な指標といえる。また、リンゲラビリティは、ウォーカビリティに影響を与える多くの空間要素を包含しているため、上位概念として位置づけられるといえよう。通行のための空間がまず整備され、その上で初めて、人々がゆっくり歩き、居心地良く滞留できる歩行空間のデザインが可能になることが以上の結果より示唆される。

以上の結果を踏まえ、全歩行空間の評価結果を二次元座標にプロットして比較することで、それぞれの空間の特徴がより明確に浮かび上がる。約五〇mを一区間として評価値の平均を算出し、横軸にウォーカビリティ、縦軸にリンゲラビリティをとる二次元座標にプロットした［図6］。

まず、地理や道路機能が近い大阪市の御堂筋と堺筋、東京都の明治神宮と代々木公園を比較した。御堂筋と堺筋はともに大阪の南北交通路であり、メインストリートとして機能している。共通点がある一方、ウォーカビリティとリンゲラビリティの評価値では御堂筋が高い。これは御堂筋が人のための歩行空間として位置づけられているためであり、その結果、両者の空間性能に相対的特徴づけが生まれている。地理的に近くても、空間性能は異なるポジショニングとなることが示された。

次に、明治神宮と代々木公園の空間性能を比較すると、ウォーカビリティはほぼ同じだが、リンゲラビリティでは明治神宮が高い結果を示している。明治神宮は、佇みやすさや静けさといった要素が評価され、滞留性能が高くなっている。一方、代々木公園は公園内の歩行空間を有しており、通行性能はやや高いと考えられる。両空間は、緑が豊かで人工物が少なく、全体のポジショニングには大きな差はない。しかし、樹林の濃淡や自然物と人工物の一体性の違いが、相対的な差として表れている。

富士みちは、ウォーカビリティが高くリンゲラビリティが低い点で、堺筋と類似している。どちらも歩行空間の整備が進んでおり、通行機能は高いが、回遊や滞留性能が不足している。

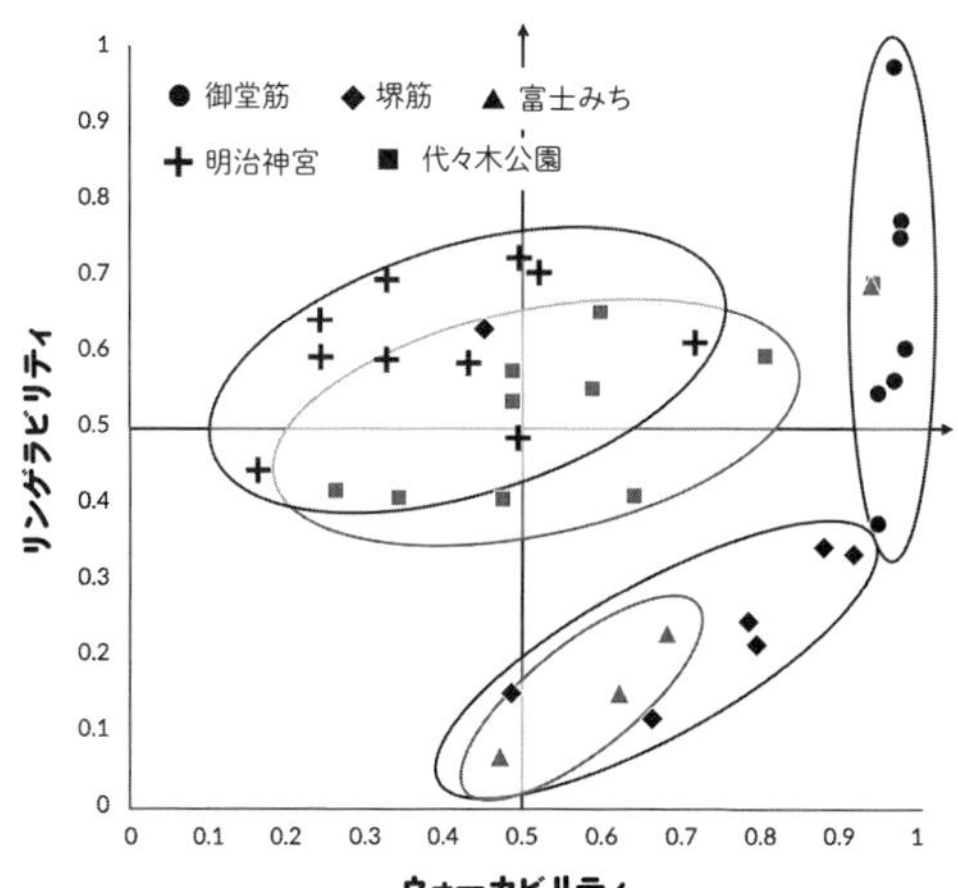


**図6**｜対象歩行空間の空間性能の位置づけと関係性

リンゲラビリティを阻害する要因として、堺筋では放置自転車や路上駐車が問題である一方、富士みちでは道路空間と沿道空間の一体性が低く、緑が不足している点が挙げられる。両街路は同じ領域に位置づけられているため空間性能は近似しているが、空間の性格部分が異なっているといった関係性になっている。

## AI評価の総括と今後の展望

本節では、歩行空間の質向上を目指し、ウォーカビリティとリンゲラビリティの空間性能を把握するため、画像認識ＡＩモデルを適用して空間評価を行った。また、各空間の構造的および視覚的特徴を整理し、評価に影響を与える空間要素を可視化した。

ＡＩの視点から明らかになったのは、街路の奥行き感や見通しの良さ、スカイラインの保全、街路樹がウォーカビリティを向上させる点である。逆に、閉鎖的な空間や歩道上の障害物、路上駐車はウォーカビリティを低下させる。また、道路と沿道の一体性、歩行者利便増進施設、緑豊かな樹木、自然物と人工物の調和、芝生広場がリンゲラビリティを高める要因である一方、横断歩道や狭い幅員、放置自転車や路上駐車はリンゲラビリティに悪影響を及ぼす。

ウォーカビリティとリンゲラビリティを軸に二次元座標で各空間を比較した結果、それぞれの特徴が明確になった。御堂筋と堺筋は似た通行空間としての機能を持つが、空間性能には大きな違いが見られた。明治神宮と代々木公園では、ウォーカビリティは代々木公園がやや高く、リンゲラビリティは明治神宮が高いが、全体的には類似している。富士みちは、空間性能で堺筋と類似した評価であるが、リンゲラビリティを阻害する空間要素が異なることが確認された。

この結果、開発したＡＩモデルは定量的な類似性と定性的な相違性を捉える点で有用性を示したといえる。また、わが国では、堺筋や富士みちのように、通行機能が整備されていても空間性能に課題がある街路が多く存在する可能性が高い。画像認識ＡＩモデルの評価を通じて課題のある街路を特定し、具体的なデザイン提案とその評価を進めることで、こうした課題の解決に寄与することが期待される。

ただし、本節で提案した手法には未検討の課題がいくつか残る。まず、ウォーカビリティやリンゲラビリティは広い概念であり、地域や利用者によって評価が異なる。今後は実践的観点から、利用者や利害関係者の意見を取り入れたＡＩモデルの開発が必要である。また手法的観点からは、静止画像のみでの評価には限界があり、速度や五感情報を考慮する必要がある。

さらに、統計的手法を用いて定量的な心理評価や行動分析との対応が今後の課題である。

これからのまちづくりにおける歩きやすく、そして居心地の良い歩行空間の形成に向けて、今回の提案手法がその一助となれば幸いである。

# 7 土地取引価格

柴山多佳児・三輪哲大・田島夏与

自動車や公共交通といった動力のついた交通手段は、利用者になんらかの金銭的負担が発生する。自動車の場合は、車輌の購入費、税や保険料、さらにはガソリン代など燃料代の支払いが発生する。たいていの道路の利用に料金はかからないが、高速道路のような有料道路であれば通行料金も支払う。鉄道やバスのような公共交通機関であれば、きっぷやＩＣカードなどで運賃を支払う。

しかし、徒歩交通では、歩く行為そのものに課金するという例はおそらく存在しないであろう。徒歩交通では、金銭的な利用者負担は発生しないと言って良い。したがって、歩行環境を改善すること、すなわちウォーカビリティを向上することによって生じる付加価値を、支払いを通して直接測ることは難しい。直接的な評価は主に歩きやすさや居心地といった、個人の主観に依存する定量化が難しい指標によらざるを得ない。

一方で、ウォーカビリティの向上は、街路樹の植栽のような、インフラストラクチャーの改変をなんらか伴うものである。したがって、沿道地域などの外部に対する間接的な効果も期待できる。本節で紹介する研究は、我々の研究の一環として、オーストリアのウィーンをケーススタディとして、その間接的な効果の一つとして、ウォーカビリティ向上が土地の価値にどのような影響を及ぼしているのかを分析したものである。

ウィーン市はオーストリアの首都であり、人口はおよそ二〇〇万人（二〇二四年現在）である。イギリスの「エコノミスト」誌や、アメリカのマーサー社によるものなどの、各種の「住みやすさ」ランキングで常に最上位グループとして評価されるなど、住みやすさに対する国際的な評価は高い。第2章でも述べたとおり、歩きやすさを向上するための施策が長年にわたって続けられてきている都市でもある。

## ウィーン市のオープンデータ

ウィーン市が公開している様々なデータを用いて、データドリブンな分析を行った。ウィーン市は、一九七三年からの市内の土地取引価格データ（Kaufpreissammlung Liegenschaften Wien）をオープンデータとしてインターネット上で公開していた。このデータから、ウィーン市内の土地がいくらで取引されたかがわかる。本書を執筆している二〇二四年八月の時点では公開が終了してしまっているが、研究作業の時点で入手できた二〇二一年のデータを使用した。

ウィーンではさらに、道路の舗装材料や樹木の位置といった、行政が保有するきめ細かなデータが、オーストリア連邦政府のオープンデータポータル（www.data.gv.at）で誰もが無料で自由に利用できる形で公開されている。また、レストランなどの、ウォーカビリティに資すると思われる都市アメニティは、オーストリア商工会が取りまとめたデータがある。もちろん、人口統計など一般的なデータも、オーストリア政府統計局のデータがある。そこで、これらの複数のデータベースから、徒歩交通に関連するものを収集した［表1］。

このうち、いくつかのデータは分析に直接は使用していないが、その理由は例えば道路の速度制限や一方通行路などのデータは、ウィーン市内は幹線道路以外はほぼすべてが時速三〇km



**表1**｜収集したウィーン市やオーストリア政府がオープンデータとして公開するデータ

| データ | 概略 | 分析に使用 |
|---|---|---|
| 不動産取引価格データ | 1973年から2021年までの57912件の不動産取引データ | ✓ |
| 行政界データ | ウィーン市内の区の境界線 | ✓ |
| 樹木の位置 | 公有地上の樹木の位置データ。樹種データと樹高3クラス分類を含む | ✓ |
| 緑地、公園 | 緑地のデータ、公園のデータ | ✓ |
| 一方通行路、自転車逆走可の一方通行路、歩行者専用道路 | 道路のうち一方通行のもの、一方通行ではあるが自転車は逆走可のもの、歩行者専用のもの | |
| 信号機の位置、音声案内付き信号機位置 | すべての信号機の位置、視覚障がい者用音声案内機能のある信号機の位置 | |
| 歩道幅 | 歩道幅が2m以上（適格）か以下（既存不適格）かのバイナリデータ | ✓ |
| 街路灯位置 | 街路灯位置データおよびLEDへの更新状況 | ✓ |
| 道路表面舗装 | 市内全道路表面の舗装材のデータ | ✓ |
| 道路の速度制限、ボンエルフ | 個別リンクの速度制限データと、ゾーン30などの面的速度制限のエリアのデータ、ボンエルフの位置 | |
| パークレット | 市民が利用できる公共パークレットの位置（飲食店が商業目的で設置するオープンテラスは除く） | |
| 公共交通サービス水準 | オーストリア標準方式による駅・停留所のサービスレベル分類と、その距離に応じた面的サービス水準の分類 | ✓ |
| 土地利用規制 | 土地利用規制の分類（I-VIのゾーニングなど） | ✓ |
| 実際の土地利用 | 実際の土地利用の分類（32分類） | ✓ |
| 水飲み場の場所、公衆トイレの場所 | 公共の水飲み場、公衆トイレの場所 | |
| 公共空間の屋外広告 | 広告版および広告塔の位置 | |

に規制されており一方通行が多く、速度制限などよりも幹線道路に面しているか否かの差が大きいと考えられたからである。

## モデルの構築

### ・被説明変数：不動産取引価格データ

分析では、被説明変数に不動産取引価格データを、説明変数に前述の様々な変数を用いる方針とした。

不動産取引価格データには地理座標（緯度・経度）は付与されていないが、所在地の住所が付与されている。そこで、ウィーン市が提供するジオエンコーディングサービスＡＰＩを用いて、地理座標に変換した。ウィーン市のジオエンコーディングサービスは住所上の入口の位置で座標を与えるので街路とのマッチング精度が高い。しかし、更地で地番が付与されていない土地の取引の場合は「〇〇通り□番地の向かい側」などと最寄りの住所が基準として記入されている。これは日本以外の多くの国に共通だが、住所の構造が「新宿区西新宿二丁目八番一号」（東京都庁の所在地）のような街区を基準とするのではなく、「パリ八区フォーブール・サントノレ通り五五番地」（フランス大統領宮殿の所在地）のように、通りの名称と建物に付番された番号で表されるために発生する。このケースも一定数あったが、データに記入された最寄りの住所を代替で利用している。

またこのデータには、取引価格のほかに建物の有無、購入者（公的セクターか民間かなど）、面積、当該地の建築規制や土地利用規制など、その土地に関連する様々な属性が記載されており、これらの一部も使用した。

データは約五〇年の期間に及ぶため、直近約一〇年分にあたる二〇一〇年以降のデータ、かつ建築規制の情報が付与されているもの（「ウィーンの森」などを除外するため）、面積の情報が欠落していないもの（一㎡あたりの取引価格が計算できない）、そして更地の取引のみ（元データには建物と土地の評価の総計のみ記されており、建物に対する付け値と土地に対する付け値を分離できないため）を分析の対象とした。その結果、三四五三件の取引データが対象となった。

これらのデータから、一㎡あたりの取引価格を算出した上で、さらにオーストリア政府統計局が公表している消費者物価指数を用いて、物価上昇の影響を除外した。**図1**に、使用した不動産取引データを、当該箇所の建築規制コード（ローマ数字のⅠ〜Ⅵ）で色分けした上で位置を示している。なおウィーンの建築規制コードは建物の高さによっており、**表2**にまとめたとおりである。数字が小さいものほど低層で、大きいものほど高層になる。

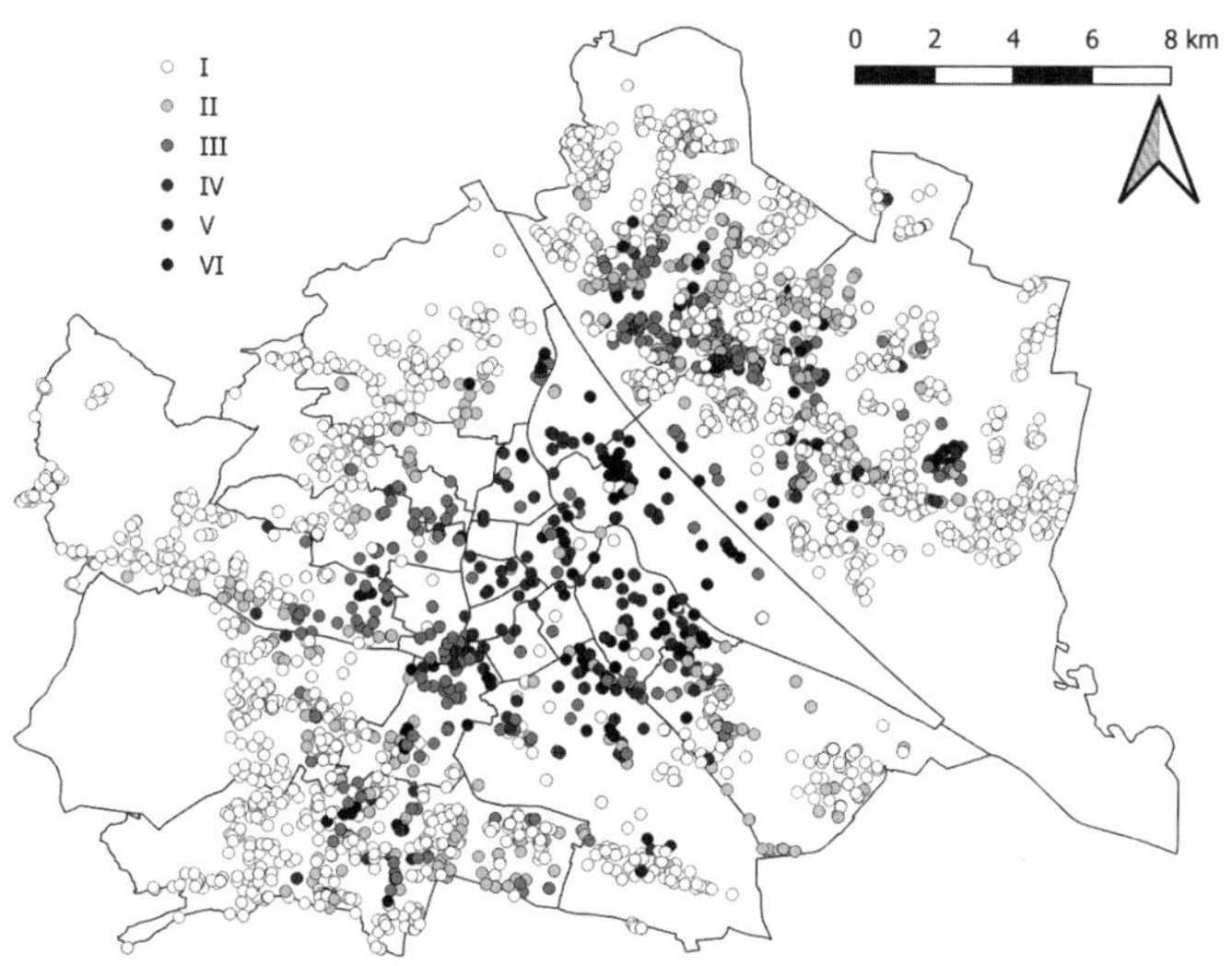


**図1**｜建築規制で分類した土地取引データの位置



**表2**｜ウィーンの建築規制コード

| コード | 規制内容 |
|---|---|
| I | 最低高さ2.5mかつ最大高さ9m以下、ただし前面の道路幅プラス2mを超えない高さ |
| II | 最低高さ2.5mかつ最大高さ12m以下、ただし前面の道路幅プラス2mを超えない高さ |
| III | 最低高さ9mかつ最大高さ16m以下、ただし前面の道路幅プラス3mを超えない高さ |
| IV | 最低高さ12m。ただし、前面道路幅が15m以下の場合は前面の道路幅プラス3mを超えない高さ、15m以上の場合はプラス4mを超えない高さ。いずれの場合も最大高さ21m |
| V | 最低高さ16m。最大高さは前面道路幅の倍もしくは26mの小さなほう |
| VI | 最低高さ26m。最大高さは前面道路幅の倍を超えない範囲 |

**・説明変数**

説明変数には前述のとおり様々なタイプのデータを用いたが、各不動産取引の地点から道路ネットワーク沿いに三〇〇mの範囲を近隣として定義し、各取引地点に対してGISを用いながら作成した。ここでいう「道路ネットワーク沿い」とは、取引地点の目の前の道路から、道路の経路沿いに三〇〇mとなる点を結んだ等値線の範囲内である。三〇〇mとはおおむね徒歩五分の範囲に相当するが、ウィーンの場合は街区のブロック三～四つ程度の距離に該当するほか、路面電車やバスの停留所の間隔とも近い。日常生活の中で多くの人々がほぼすべて歩いて移動する範囲に該当する。

使用した説明変数とデータの出典を以下に示す。また**表3**にこれらの要約統計量をまとめている。

①道路表面の舗装材（一三分類）……範囲内の道路面積、そのうち時速三〇kmゾーンかつ歩行者用スペース（歩道など）、緑化スペース（芝生など）、美観の良いもの（石畳など）の面積と割合［ウィーン市オープンデータ］

②土地利用の多様性の指標（Herfindahl-Herschman Index: HHI）……［ウィーン市オープンデータから定義に基づいて計算］

③都市アメニティ……公園面積（緑地および子どもの遊び場など）、公有地上の樹木の本数、街灯の数（安全性の代理変数）［ウィーン市オープンデータ］およびレストランの軒数（魅力的なアメニティの代理変数）［商工会議所データ］

④取引地点の道路のデータ……幹線道路沿いか否か［ウィーン市オープンデータから各土地取引地点について判断］、歩道幅が現在の基準である二m以上か［ウィーン市オープンデータ］

⑤その他のデータ……取引地点が属する人口集計小単位の人口密度［統計データ］、取引地点のオーストリア標準による公共交通サービス水準［政府機関による公開データ］

なお最後のオーストリア標準による公共交通サービス水準は、オーストリア全土の鉄道とバスの駅・停留所を発着するサービスの種別と頻度によりⅠ～Ⅷの八段階に分類した上で（停留所クラス）、さらに停留所クラスと歩行距離に応じてA～Gとその外側（無印）の八段階にエリアを分類したものである。ウィーン市内は市街地のほぼ全域がA～Dに該当する。最高ランクのAを7に、最低ランクGを1と変換している[2]。

## 推定に用いたモデル

広く用いられているヘドニック・アプローチを取り、以下の式でモデル推定を行った。このうちYは被説明変数である一m²あたりの土地取引価格、Xは土地価格に影響を与える可能性のある説明変数のベクトル、αおよびδは推定する回帰係数、

**表3**｜推定に用いたデータの要約統計量

| 変数 | 略称（変数名） | 平均 | 最小値 | 第1四分位点 | 中央値 | 第3四分位点 | 最大値 |
|---|---|---|---|---|---|---|---|
| 単位面積あたりの土地取引価格（物価調整済み）［ユーロ/㎡］ | PRICE_m2 | 733 | 0.968 | 264.9 | 442.1 | 763.4 | 52486 |
| 敷地前歩道幅（2m以上の場合1、2m未満の場合0） | SIDE_WID | 0.516 | 0 | 0 | 1 | 1 | 1 |
| 敷地前道路種別（1: 国道・州道（幹線道路）、0: 市道） | ROADCLASS | 0.222 | 0 | 0 | 0 | 0 | 1 |
| 取引地点の公共交通サービス水準（1: 最低水準、 7: 最高水準） | PTSQL | 5.55 | 1 | 5 | 6 | 6 | 7 |
| 公園面積［1,000㎡］ | PARK_Area | 6.55 | 0 | 0 | 2.02 | 7.81 | 117.8 |
| 飲食店の数 | REST_NUM | 2.13 | 0 | 0 | 0 | 2 | 258 |
| 樹木の本数［10本］ | TREE_NUM | 7.85 | 0 | 2 | 5.6 | 11 | 53.9 |
| 当該箇所の人口密度［1,000人/㎡］ | POPDEN2021 | 6.09 | 0 | 1.78 | 3.68 | 8.21 | 42.4 |
| 当該箇所の街灯の数［10灯］ | LIGHT_NUM | 8.11 | 0 | 4.1 | 6.6 | 9.9 | 124.8 |
| 道路面積［1,000㎡］ | PAVEMENT | 21.8 | $6.49 \times 10^{-5}$ | 12.6 | 19.6 | 28.3 | 91.6 |
| 自動車の速度制限が 30km/h以下の道路の歩行者向けスペースの面積（A）［1,000㎡］ | PAVEMENT_W | 5.25 | 0 | 2.03 | 4.42 | 7.35 | 43.1 |
| 美観の良い舗装面積（B）［1,000㎡］ | PAVEMENT_BEA | 0.384 | 0 | $5.55 \times 10^{-3}$ | 0.073 | 0.304 | 29.2 |
| 緑化された道路面（C）［1,000㎡］ | PAVEMENT_GR | 0.31 | 0 | 0 | 0.096 | 0.38 | 9.02 |
| 上記Aの全体の道路面積に対する比率 | PAVEMENT_W_tempo30_ratio | 0.373 | 0 | 0.322 | 0.389 | 0.454 | 1 |
| 上記Bの全体の道路面積に対する比率 | PAVEMENT_AES_ratio | 0.014 | 0 | $3.32 \times 10^{-4}$ | $3.67 \times 10^{-3}$ | 0.0132 | 0.483 |
| 上記Cの全体の道路面積に対する比率 | PAVEMENT_GR_ratio | 0.135 | 0 | $4.45 \times 10^{-4}$ | 0.0889 | 0.017 | 0.404 |
| 土地利用の多様さ指数（HHI）［1000］ | Landuse_HHI | 4.35 | 1.08 | 2.66 | 3.74 | 5.59 | 10 |
| 高所得エリアのダミー変数 | LUX_dummy | 0.155 | 0 | 0 | 0 | 0 | 1 |

μは時間固定効果、εは誤差項である。

$$\log Y_{it} = \alpha + \delta X_{it} + \mu_t + \varepsilon_{it}$$

モデルは、以下の三通りの推定を行った。それぞれに対して、全説明変数での推定と、変数削減法で有意でない説明変数を順次削減して推定する二通りの方法で推定した。

・モデル1……すべての土地取引地点をまとめたデータを用いた推定

・モデル2……建築規制により層化した推定（ⅠおよびⅡの低層建築物のみ建設可能なエリアと、Ⅲ～Ⅵの中高層建築物が建設可能なエリアで層化）

・モデル3……実際の土地利用により層化した推定（住宅と、商工業の土地利用に層化）

## モデル推定の結果

**表4**にモデル1の推定結果を示す。モデル1－1はすべての説明変数で推定した結果、1－2は変数削減法（ステップワイズ法）で推定した結果である。

特記すべき事項では、モデル1－1、1－2ともに有意な正の係数が、飲食店の数、人口密度、舗装道路面積、美観の良い舗装面積に対して推定され、さらに正の係数が幹線道路に面しているか否か（敷地前道路種別）に対して一〇％の有意水準で推定された。また変数削減を行わなかったモデル1－1では、弱い正の係数が、緑化された道路面積比について推定されたが、土地利用の多様性については有意ではない結果となった。

**表5**にモデル2の推定結果を示す。モデル2は、対象となる土地取引地点を、低層建築のみが許可されているエリアと、高層建築が可能なエリアに、建築制限の段階で分けて推定したものである。モデル2－1と2－2は低層建築のみが可能なエリア、モデル2－3と2－4は中高層建築が可能なエリアで、先ほどと同様に全データと変数削減法での推定結果である。

モデル2の推定結果で特筆されるのは三点あり、一点目は歩行に適した道路空間の比率（歩行者スペースの面積比率）が低層エリアでは正の係数が推定されているものの、中高層エリアでは負の係数の推定となっている点である。加えて、レストランの数（飲食店の数）は正の係数がモデル2－4（中高層エリア）に対してのみ一〇％の有意水準で推定されている点、最後に土地利用の多様さ（土地利用の多様性）はモデル2－1と2－2の低層建築のみのエリアで正の係数が推定されている点である。

**表6**にモデル3の推定結果を示す。先ほどのモデル2は土地利用規制、特にウィーンで用いられている建物の高さ規制に応じて分類したものだが、モデル3は実際の土地利用をもとに

**表4**｜モデル1推定結果（全データ）

| モデル | モデル 1-1（全データ） | | | モデル 1-2（変数削減法） | | |
|---|---|---|---|---|---|---|
| 変数 | 係数 | 標準誤差 | | 係数 | 標準誤差 | |
| （切片） | 5.453 | 9.794 | | 5.461 | 0.099 | *** |
| 敷地前道路種別 | -0.059 | 0.034 | † | -0.064 | 0.033 | † |
| 敷地前歩道幅 | -0.011 | 0.013 | | | | |
| 公園面積 | -0.019 | 0.013 | | -0.013 | 0.013 | |
| 飲食店の数 | 0.050 | 0.025 | * | 0.049 | 0.025 | * |
| 人口密度 | 0.052 | 0.019 | ** | 0.054 | 0.019 | * |
| 街灯の数 | 0.023 | 0.023 | | | | |
| 樹木の本数 | 0.025 | 0.016 | | | | |
| 舗装道路面積 | 0.076 | 0.025 | ** | 0.106 | 0.019 | *** |
| 歩行者スペースの面積比率 | 0.010 | 0.015 | | | | |
| 緑化された舗装面比率 | 0.022 | 0.014 | | 0.023 | 0.014 | † |
| 美観的舗装面比率 | 0.037 | 0.016 | * | 0.038 | 0.016 | * |
| 土地利用の多様性 | 0.022 | 0.014 | | 0.020 | 0.013 | |
| 土地利用の固定効果 | Yes | | | Yes | | |
| 区の固定効果 | Yes | | | Yes | | |
| 建築規制の固定効果 | Yes | | | Yes | | |
| 取引年の固定効果 | Yes | | | Yes | | |
| 固定効果公共交通サービス水準 | Yes | | | Yes | | |
| 土地種目の固定効果 | Yes | | | Yes | | |
| 公共交通サービス水準と区の交差項 | Yes | | | Yes | | |
| 決定係数（自由度補正済み） | 0.3854 | | | 0.3852 | | |
| N | 3376 | | | 3376 | | |

注: 有意水準を示す記号は***p<0.001;**p<0.01;*p<0.05;†p<0.1.である

**表5**｜モデル2推定結果（建築規制による層化）

| モデル | 低層建築のみが可能エリア | | | | | | 中高層建築が可能なエリア | | | | | |
|---|---|---|---|---|---|---|---|---|---|---|---|---|
| | モデル 2-1（全データ） | | | モデル 2-2（変数削減章） | | | モデル 2-3（全データ） | | | モデル 2-4（変数削減法） | | |
| 変数 | 係数 | 標準誤差 | | 係数 | 標準誤差 | | 係数 | 標準誤差 | | 係数 | 標準誤差 | |
| （切片） | 5.511 | 23.00 | | 5.530 | 13.33 | | 5.670 | 0.204 | *** | 5.662 | 0.190 | *** |
| 敷地前道路種別 | -0.059 | 0.040 | | -0.057 | 0.039 | | -0.040 | 0.067 | | | | |
| 敷地前歩道幅 | -0.011 | 0.014 | | | | | -0.003 | 0.040 | | | | |
| 公園面積 | -0.029 | 0.014 | * | -0.032 | 0.014 | * | 0.114 | 0.060 | † | 0.114 | 0.059 | † |
| 飲食店の数 | 0.066 | 0.057 | | 0.077 | 0.057 | | 0.052 | 0.032 | | 0.050 | 0.029 | † |
| 人口密度 | 0.055 | 0.025 | * | 0.058 | 0.024 | * | 0.060 | 0.032 | † | 0.058 | 0.030 | † |
| 街灯の数 | 0.001 | 0.022 | | | | | 0.030 | 0.029 | | | | |
| 樹木の本数 | 0.066 | 0.018 | *** | 0.075 | 0.017 | *** | -0.097 | 0.043 | * | -0.090 | 0.043 | * |
| 舗装道路面積 | 0.031 | 0.030 | | | | | 0.145 | 0.044 | ** | 0.164 | 0.039 | *** |
| 歩行者スペースの面積比率 | 0.035 | 0.016 | * | 0.038 | 0.016 | * | -0.054 | 0.027 | * | -0.056 | 0.027 | * |
| 緑化された舗装面比率 | 0.018 | 0.015 | | 0.018 | 0.015 | | 0.001 | 0.045 | | | | |
| 美観的舗装面比率 | 0.044 | 0.018 | * | 0.044 | 0.018 | * | -0.010 | 0.037 | | | | |
| 土地利用の多様性 | 0.033 | 0.015 | * | 0.033 | 0.015 | * | -0.030 | 0.044 | | | | |
| 土地利用の固定効果 | Yes | | | Yes | | | Yes | | | Yes | | |
| 区の固定効果 | Yes | | | Yes | | | Yes | | | Yes | | |
| 建築規制の固定効果 | Yes | | | Yes | | | Yes | | | Yes | | |
| 取引年の固定効果 | Yes | | | Yes | | | Yes | | | Yes | | |
| 固定効果公共交通サービス水準 | Yes | | | Yes | | | Yes | | | Yes | | |
| 土地種目の固定効果 | Yes | | | Yes | | | Yes | | | No | | |
| 公共交通サービス水準と区の交差項 | Yes | | | Yes | | | Yes | | | Yes | | |
| 決定係数 | 0.3026 | | | 0.3028 | | | 0.3892 | | | 0.3933 | | |
| N | 2594 | | | 2594 | | | 782 | | | 782 | | |

注: 有意水準を示す記号は***p＜0.001;**p＜0.01;*p＜0.05;†p＜0.1.である

**表6**｜モデル3の推定結果（土地利用による層化）

| モデル | 住宅地域 | | | | | | 商工業地域 | | | | | |
|---|---|---|---|---|---|---|---|---|---|---|---|---|
| | モデル 3-1（全データ） | | | モデル 3-2（変数削減法） | | | モデル 3-3（全データ） | | | モデル 3-4（変数削減法） | | |
| 変数 | 係数 | 標準誤差 | | 係数 | 標準誤差 | | 係数 | 標準誤差 | | 係数 | 標準誤差 | |
| （切片） | 5.621 | 0.086 | *** | 5.639 | 0.086 | *** | 5.327 | 3.449 | | 5.509 | 0.160 | *** |
| 敷地前道路種別 | -0.075 | 0.044 | † | -0.072 | 0.043 | † | 0.064 | 0.110 | | | | |
| 敷地前歩道幅 | -0.027 | 0.016 | † | 0.024 | 0.016 | | -0.016 | 0.051 | | | | |
| 公園面積 | -0.029 | 0.018 | | | | | 0.212 | 0.144 | | 0.118 | 0.102 | |
| 飲食店の数 | 0.088 | 0.046 | † | 0.131 | 0.046 | ** | -0.092 | 0.304 | | | | |
| 人口密度 | 0.025 | 0.022 | * | | | | 0.036 | 0.106 | | 0.111 | 0.073 | |
| 街灯の数 | 0.051 | 0.039 | | | | | 0.148 | 0.203 | | | | |
| 樹木の本数 | 0.049 | 0.019 | ** | 0.070 | 0.017 | *** | -0.160 | 0.120 | | -0.080 | 0.087 | |
| 舗装道路面積 | 0.037 | 0.032 | | | | | -0.031 | 0.118 | | | | |
| 歩行者スペースの面積比率 | 0.025 | 0.021 | | | | | 0.001 | 0.035 | | | | |
| 緑化された舗装面比率 | 0.045 | 0.015 | ** | 0.048 | 0.014 | *** | -0.010 | 0.050 | | | | |
| 美観的舗装面比率 | 0.019 | 0.022 | | 0.035 | 0.021 | † | -0.096 | 0.160 | | | | |
| 土地利用の多様性 | 0.037 | 0.016 | * | 0.049 | 0.015 | ** | -0.140 | 0.055 | * | -0.208 | 0.054 | *** |
| 土地利用の固定効果 | Yes | | | Yes | | | Yes | | | No | | |
| 区の固定効果 | Yes | | | Yes | | | Yes | | | No | | |
| 建築規制の固定効果 | Yes | | | Yes | | | Yes | | | Yes | | |
| 取引年の固定効果 | Yes | | | Yes | | | Yes | | | Yes | | |
| 固定効果公共交通サービス | Yes | | | Yes | | | Yes | | | No | | |
| 土地種目の固定効果 | Yes | | | Yes | | | Yes | | | No | | |
| 公共交通サービス水準と区の交差項 | Yes | | | Yes | | | Yes | | | No | | |
| 決定係数 | 0.4296 | | | 0.4264 | | | 0.4855 | | | 0.4788 | | |
| N | 2157 | | | 2157 | | | 257 | | | 257 | | |

して分類したものである。モデル3－1と3－2は住宅地域のデータ、モデル3－3と3－4は商工業地域のデータで推定した結果である。モデル1、2の場合と同様に全データでの推計結果と変数削減法による結果を示している。なお商工業地域のデータはサンプルとなるデータの数が二五七件とやや少なく、この点は注意を要する。

モデル3の結果で特記すべきことは、土地利用の混合度合い（土地利用の多様性）は、住宅地区では正の係数が推定されているが、商工業地域では負の係数が推定されている点である。HHIは単一の土地利用が独占する程度を表すため、指数が大きいほど土地利用が単調だということを示している。したがって住宅地では土地利用が多様、つまり住宅以外の土地利用が混在するほど土地取引価格は減少し、商工業地域では逆に土地利用が多様なほど土地取引価格は増加することを示唆している。また、近隣のレストランの数（飲食店の数）は住宅地でのみ正の係数の推定となっている。

### モデル推定から得られる示唆

本研究のモデル推定結果からは様々な示唆を得ることができる。ウォーカビリティ向上に資する要素は、基本的に土地取引価格にプラスに反映されているが、この点は直観とよく合う。しかし、その評価自体は都市の中で異なっている可能性があるという点も同時に示唆される。モデル2や3の推定結果は、二～三階建て程度の低層建築物のみから構成されるエリアと、それ以上の中高層建築物の建設が可能なエリアでは、評価のされ方が異なっていることを示唆している。同様に、住宅地と商工業地域でも評価のされ方が異なることが示唆される。

道路空間の歩きやすさを示す、道路面積、歩行者用の道路面積の比率、緑化や美観のよい舗装面積比率を例にとると、低層建築物のみが許可されるエリアや、住宅地区のほうが、土地取引価格の中でより高く評価される傾向がみられる。また樹木やレストランなどの都市アメニティについても同様である。これらは様々な既往の研究がウォーカビリティとの関連を指摘する要素であるが、ウィーンでは主に低層の住宅地でより高く評価される傾向がある。その一方で、人口密度は中高層建築や商工業での土地利用が可能なエリアでより高く評価されている。

土地利用の多様さでも同様であり、モデル3－1と3－3の結果からは、住宅地では単一の土地利用のほうがより高く評価され、商工業地では混合的土地利用のほうがより高く評価されていることが示唆される。この結果は一見すると、土地利用が多様で混合的な街区のほうが住民のウォーカビリティが増すという既往の文献と整合しないように思われる。しかし我々の研究における被説明変数は単位面積あたりの土地取引価格であり、混合的土地利用のマイナスの側面、例えば騒音や振動、あるいは人通りの多さといった影響の可能性が、住宅地においてより強く不動産取引価格に反映されている可能性が考えられる。

また、飲食店の数もウォーカビリティの文脈で様々な文献で指摘される事項の一つであるが、これもやはり低層・住宅地でより土地取引価格に強く反映される傾向が示唆される。ウィーンでは低層建築物のみのエリアは主に住宅地であり、中高層建築物の建設が可能なエリアは、集合住宅として住宅地域となるケースもあるが、低層階は店舗やオフィスなどとして使い、中高層のフロアを住宅とするといった混合的な使われ方となる場合が多い。

これらから、既往の研究などでウォーカビリティの要素として挙げられているものが、低層・住宅地という文脈に比較的特化しているものである可能性が指摘されよう。ウォーカビリティ向上が最初に課題となり研究対象となったのは、都市密度がヨーロッパや東アジアと比べて低く、戸建て住宅が広がる地区が多い北米であり、その環境がウォーカビリティの議論全体に影響している可能性も考えられる。ただし、この研究で取り扱ったのはあくまで土地取引においての評価であり、中高層建築物からなる都市ではウォーカビリティの高さが別の形で評価されている可能性も考える必要がある。この点は将来のさらなる研究課題であろう。

また、本研究は更地の土地取引のデータを用いており、建物付き取引や賃貸の価格は含まれていない。したがって購入者の評価はあくまで建物を建てる前の時点での評価であることには留意する必要がある。建物付き取引や賃貸の価格は今後の課題であり、データの整備や公開がなされるかどうかにかかっている。また同様のデータを用いたウィーン以外での分析も将来の研究課題である。

なお、本節で紹介した研究は、オープンアクセスの英語学術論文[1]として刊行されている。関連する先行研究や参考文献はそちらを参照されたい。

# カーボンニュートラル

松橋啓介



## カーボンニュートラルな移動の必要性

世界では、パリ協定が二〇一五年に採択され、気候変動対策は大きな転換期を迎えた。二〇二〇年以降の温室効果ガス排出削減などのための新たな国際枠組みであり、初めてすべての国が参加する公平な合意となった。産業革命からの世界の平均気温上昇を二度未満に抑える長期目標を設定し、一・五度に抑える努力を追求すること、すべての国が削減目標の約束草案（NDC：Nationally Determined Contribution）を五年ごとに提出・更新することを定めた。これにより、「温暖化対策した方が得な世界」から、「温暖化対策をしないとやっていけない世界」へとゲームのルールが変わったとされる。

日本では、二〇二〇年に、当時の菅総理大臣が「二〇五〇年までに温室効果ガスの排出を全体としてゼロにする」カーボンニュートラルを目指すことを宣言した。これにより、二〇五〇年脱炭素社会の必要性が日本国内で広く強く認識され、カーボンニュートラルが前提条件あるいは既定路線と捉えられるようになった。多数の企業や自治体が、中長期的な活動継続のための対応策を検討するように変化した。

例えば、企業では、投融資を広く受けるために、気候変動の影響（物理リスク）や脱炭素社会への移行に伴う変化（移行リスク）が事業活動の継続に与える影響を財務情報として報告するといった取り組みが活発化し、二〇二三年一一月時点で日本国内一四八八の企業・機関が二〇一七年のＴＣＦＤ（気候関連財務情報開示タスクフォース：Task Force on Climate-related Financial Disclosures）の提言に賛同している。

また、二〇五〇年二酸化炭素実質排出量ゼロに取り組む「ゼロカーボンシティ」を表明している自治体数（括弧内は母数）は、二〇二四年一二月末時点で、四六都道府県（四七）、六二四市（七九二）、二二特別区（二三）、三七七町（七四三）、五八村（一八三）と多数に上る。それぞれが脱炭素に向けた取り組みと施策の推進に努めている。

## 移動から発生する二酸化炭素

日本の二酸化炭素総排出量に自動車などの移動に関わる運輸部門から発生する排出量が占める割合は二〇二二年度では一八・五％である。**図1**に示すとおり、交通手段別に二酸化炭素排出量の推移を見ると、一九九〇年の二一〇Gt-$CO_2$から二〇〇一年に九〇年比プラス二五・九％の二六五Gt-$CO_2$まで増加したのち、二〇二〇年に九〇年比マイナス一一・九％の一八五Gt-$CO_2$まで減少した。直近の二〇二二年には、九〇年比マイナス七・九％の一九四Gt-$CO_2$へとコロナ期からの揺り戻しがやや見られる。

しかし、これまで二〇年間の減少のペースが今後三〇年間続いたとしても、カーボンニュートラルに至るには不十分である。運輸部門の排出量を削減するためには、その内に占める割合が約八五％と高く、ガソリン・ディーゼルといった化石燃料に依存している自動車（旅客）と貨物自動車／トラックからの排出量を削減することが必要不可欠であり、困難な課題でもある。二〇五〇年までに自動車のカーボンニュートラル化を実現するには、車両の耐用年数を考慮すると、二〇三五年から二〇四〇年までには新車のすべてをカーボンニュートラル対



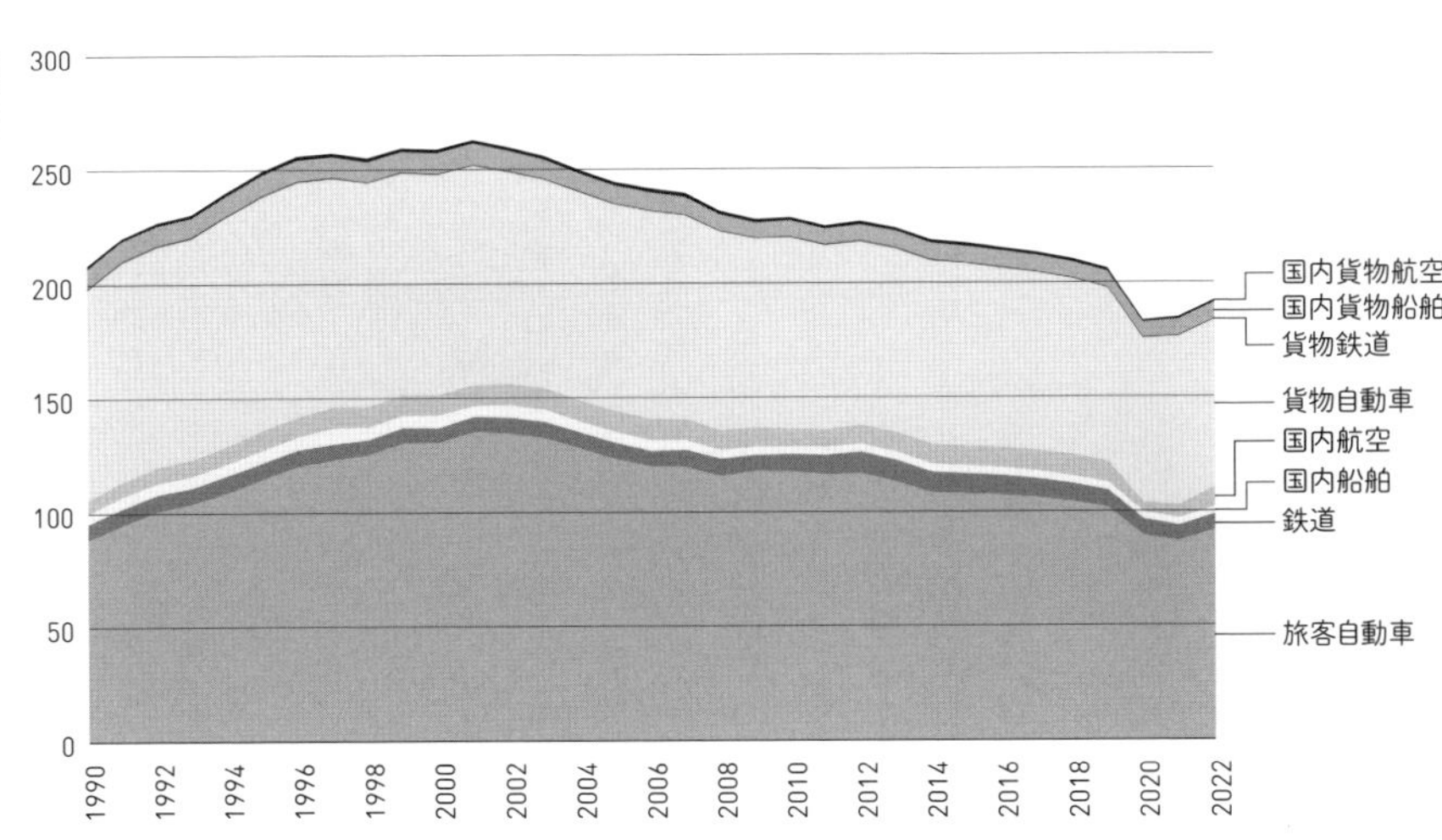


**図1**｜手段別二酸化炭素排出量の推移（国立環境研究所[1]をもとに作成）

応とする必要があることが指摘されている。これは、二〇〇五年から二〇二〇年頃までの一五年間に、新車販売台数にハイブリッド乗用車の占める割合が増加してきた速度と同じかそれよりも速い速度であり、時間的な余裕はほとんど残されていない。世界では、時間的な余裕がないことが広く認識されつつあり、電気自動車と再生可能エネルギーの組み合わせをはじめとして、各国の状況に応じたカーボンニュートラル自動車への転換準備を急速に進めている。しかし、日本では、運輸部門のカーボンニュートラル化の見通しは、十分に得られているとはいえない状況にある。

もしも、二〇五〇年の自動車がカーボンニュートラルに対応できず、世界的に高騰した炭素価格を利用者が負担することとなった場合、二酸化炭素を排出しない他の交通手段を利用する機会が増えると考えることが自然であろう。

## カーボンニュートラルな移動としての徒歩

二酸化炭素排出に関わらない徒歩や自転車が移動全体にどの程度の寄与をしているのか見てみよう。京阪神地域の交通調査のデータを集計して、代表交通手段別のトリップ数、距離、エネルギーのシェアを求めた結果を**図2**に示す。

トリップの数では、徒歩が三割、自転車が二割と約半分を占める。なお、代表交通手段で分類したため、鉄道の端末としての徒歩や自転車はこれにカウントされていないことに留意されたい。乗用車が二割、鉄道が二割、他に原付・自動二輪やバスなどである。

距離の割合では、鉄道が五割近くを占め、乗用車と軽自動車が合わせて二～三割を占める。徒歩と自転車は合わせて二割程度となる。二酸化炭素排出量に関連するエネルギーの割合では、乗用車と軽自動車が六割近くを占め、鉄道は二割にとどまる。徒歩・自転車はゼロとなり、貨物車やタクシー・ハイヤー、航空機も存在感を示す。

このように、都市内の人の移動において、徒歩と自転車のトリップ数は大きく、エネルギーや二酸化炭素ではゼロである点で、カーボンニュートラルな移動としての役割は非常に大きいということができる。一方、比較的長距離の移動に関しては、鉄道がカーボンニュートラルの面で強みを持つことがわかる。

カーボンニュートラルを実現するためには、エネルギー需要の削減と、エネルギー効率の向上と、電化と、脱炭素エネルギーの利用の組み合わせによる排出量の大幅な削減を徹底し、その上で残る排出の吸収が必要となる。このうち、ウォーカビリティの向上による徒歩の利用増加は、動力に依らない移動の割合を増やし、エネルギー需要の削減をすることに直結する。また、鉄道等の公共交通手段の端末移動を行いやすくし、エネルギー効率の向上にもつながるという間接的な効果もある。

## 一人ひとりの取り組みからまちづくりによる対策へ

地球温暖化に備える個人の交通行動としては、エコドライブに努めること、できるだけ徒歩や公共交通を使うことといった一人ひとりの努力による目に見えてわかりやすい取り組みが強調されがちであった。また、そのための意識啓発が、環境政策の中心的な手法となっていた。しかし、不便さや我慢を伴うような取り組みは、元から環境意識の高い市民にしか普及しな

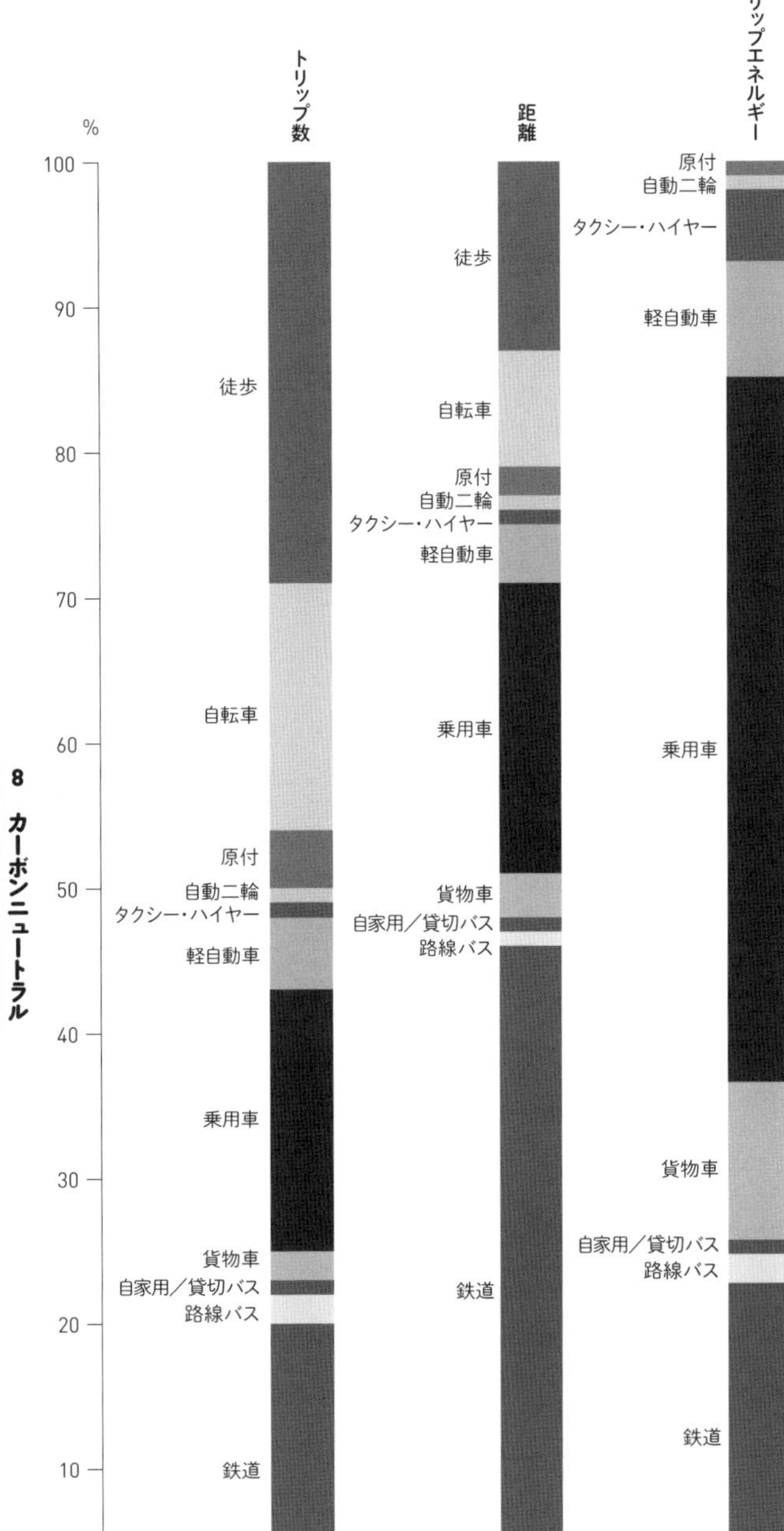


図2｜交通手段別のトリップ数、距離、エネルギーのシェア（松橋[2]をもとに作成）

いことから、多様な市民を含む全体として見たときには、カーボンニュートラルの実現に必要とされるような大きな削減効果にはつながらなかった。

中期的には、買い替えの際により燃費の良い車両を選択すること、就職や転居の際に公共交通や徒歩を利用しやすい職場や住まいを選択することといった、長い目で見た判断が重要になる。その後の生活において、あまり大きな不便を伴わずに大きな削減効果を得ることが可能になる。また、こうした選択を促進するための制度づくりが環境政策の有効な手段である。

さらに、こうした公共交通や徒歩が使いやすいまちづくり、環境負荷の小さい選択が得となる仕組みづくりが進むように、地域社会へ働きかけることも、気候危機に備える個人の行動選択として重要である。環境政策としては、市民参加によるまちづくりや仕組みづくりの機会を提供することが課題となる。

## 住み良さとカーボンニュートラルを両立するウォーカブルなまち

二〇五〇年のカーボンニュートラルな社会を実現するための方策を市民が提案する方法として、気候市民会議が注目されている。二〇二〇年頃の英国とフランスの取り組みをきっかけに、地域規模の気候市民会議が広がり、日本でも二〇二〇年の札幌、二〇二一年の川崎、二〇二二年の武蔵野、所沢をはじめ、多くの都市で実施されている。筆者は、川崎での実行委員の経験と、各地の事例を踏まえて、二〇二三年につくばでの開催を主導し、移動・まちづくりに関する情報提供役も務めた。

情報提供では、**図3**に示す通り、面的展開型の土地利用では、マイカー利用が中心となり、電気自動車やハイブリッド車への転換が主な対策となること、拠点連携型の土地利用では、公共交通といろいろな手段の組み合わせが可能となり、鉄軌道系と徒歩／パーソナルモビリティの組み合わせへの転換が主な対策となること等を示した。

市長は、提言を漏れなく施策に反映させることをあらかじめ約束していた。また、投票で選ばれた七四件の提言を受け取った際には、各提言を実現するロードマップを作成すること、地球温暖化対策地方実行計画を一年前倒しで改訂して提言内容を反映させること、反映されているかを市民に見守ってほしいことをあいさつで述べるなど、非常に前向きな反応を示した。「ゼロカーボンシティ」を表明した他の多くの都市でも同様に、市民参加型の仕組みづくりの機会を導入することが期待される。

提言七四件の内訳は、移動・まちづくりが二六件、住まい・建物が二六件、消費・生活が二二件である。移動・まちづくりでの将来像別では、歩いて暮らせる七件、自転車が便利二件、公共交

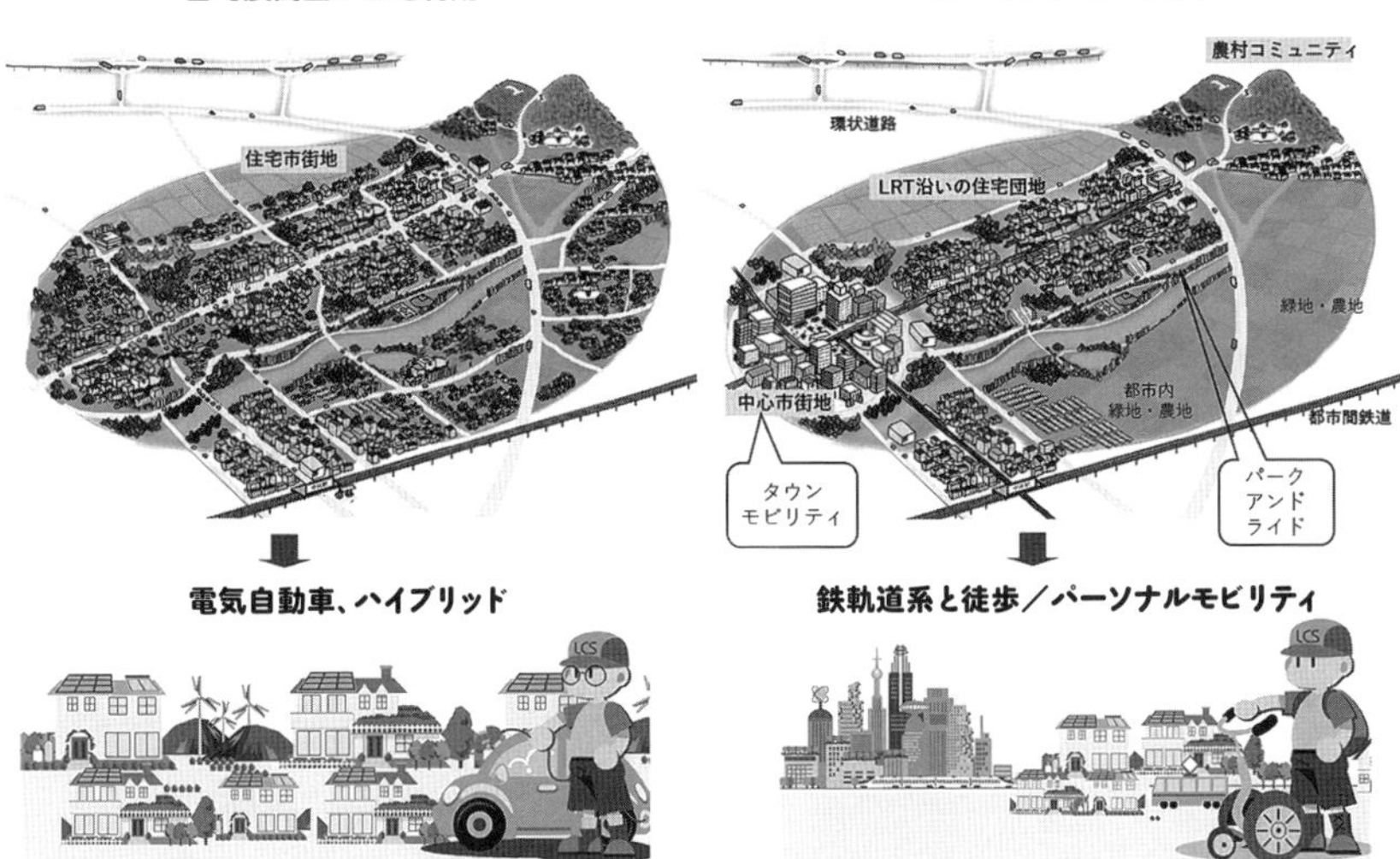


**図3**｜カーボンニュートラルな土地利用と交通手段の組み合わせ



通が便利八件、電化・再エネが進んでいる五件、緑が多い二件、その他二件と、歩きと公共交通に関する提言が多く見られた。

ウォーカブル直接的に関わる「歩いて暮らせる」関連の提言は、**図4**に挙げるとおり、市民に必要な取り組み二件と効果的な施策五件である。

ウォーカブルなまちに直結する［施策2］歩行者空間の整備・拡充の他に、徒歩や自転車を促すポイントやアプリの導入、雨や暑熱に影響されない屋根付き道路や緑陰の整備が提案された。浦和美園（埼玉県さいたま市）の気候市民会議の取り組みでも、屋根付き道路の提案が出されている。今後、カーボンニュートラルの観点からも、ウォーカブルなまちが期待されていることは明らかである。

なお、ロードマップ化や施策化に際しては、削減効果と実現可能性をより高めるべく、優先順位付けや他部局の他目的の施策との連携、国や県による促進策の導入なども重要になることはいうまでもない。

## 適応策や生物多様性保全との関係

屋根付き道路や緑陰の整備は、徒歩や自転車の利用増加を介してカーボンニュートラルに資するだけでなく、極端な降雨や暑熱の影響を回避する適応策としての複合的な効果がある。

**取り組み1**
徒歩や自転車等を応援するために、事業者は、徒歩や自転車等のゼロカーボン移動にポイント(商品券など)を与える

**取り組み2**
《徒歩や自転車等を応援するために、》事業者は、移動距離や歩数に応じてポイントなどを与える仕組みをアプリで作る

**施策1**
歩きを応援するために、市は、《徒歩や自転車等の》ゼロカーボン移動にポイントを与える

**施策2**
歩きやすくするために、市は、広く安全な歩行者空間(ベンチ・雨よけ・歩きやすい素材や遊歩道)を整備・拡充する

**施策3**
天候に左右されず徒歩・自転車移動ができるように、市は、屋根付き道路等の雨を防げるものの整備を行う

**施策4**
《天候に左右されず徒歩・自転車移動ができるように、》市は、屋根付き道路等のモデル地区を整備する

**施策5**
徒歩・自転車移動ができるように、市は、屋根や木などで日陰をつくる

**図4**｜歩いて暮らせる移動・まちづくりに関する提言(茨城県つくば市[3]をもとに作成)



また、屋根付き道路に太陽光パネルを併設することで、再生可能エネルギーを公共空間で供給することが可能になり、その面でもカーボンニュートラルに貢献しうる。

緑地の拡大は、生物多様性の保全への貢献としても注目されている。「30by30(サーティ・バイ・サーティ)」は、二〇三〇年までに生物多様性の損失を食い止め、回復させること(ネイチャー・ポジティブ)を実現するため、陸と海の三〇％以上を保全しようとする目標である。国立公園などの保護地域に加えて、身の回りの里地里山や都市緑地をOECM(Other Effective area based Conservation Measures)に認定して保全する取り組みが進められている。都市の公園緑地や並木道を介して、OECM緑地や里地里山を結ぶことで、生物多様性保全にも資するウォーカブルなまちが可能となる。

交通手段別に空間占有面積を考えると、**図5**に示すとおり、歩行者と自転車、バスやトラム等の公共交通については、空間的な効率性が相対的に高いことがわかる。すなわち、歩行者・自転車、バスやトラムなどは、土地利用密度を高めて多用途が集積する利便性の高いまちと相性が良いことから、にぎわいをつくることに役立ち、また、通行空間や駐車空間の節約に資することから、緑地や広場などのオープンスペースを確保した快適性の高いまちをつくることにも役立つ。一方、乗用車は、四

歩行者　自転車

徒歩や自転車は二酸化炭素を出さず、空間も広々

バス 40人乗り2台　トラム 80人乗り1台

バスやトラムは、二酸化炭素が少なく、人を多く運べる

乗用車 4人乗り20台（停車時）　乗用車 4人乗り20台（走行中）

乗用車は、走行中には、停車時の約4倍の空間が必要

乗用車 1人乗り80台（停車時）　乗用車 1人乗り80台（走行中）

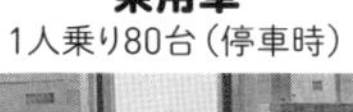

1人乗りの場合には、さらに約4倍の空間が必要

**図5**｜交通手段別の空間占有（80人を運ぶ場合）

人乗りで間を詰めて停車する場合は比較的狭い空間占有で済ませることができるが、走行時には約四倍以上の空間が必要になる。一人乗りの場合には、それぞれさらに四倍の空間が必要になる。一人乗りの乗用車の空間占有面積の広さと輸送能力の相対的な低さが桁違いであることがわかるだろう。

徒歩は、駐停車や乗降の時間を要しないため、短い時間で複数の異なる目的行動を済ませることにも適している。そのため、多用途が集積する利便性の高いまちでは徒歩移動の場合の時間効率性がさらに高くなる。土地利用密度と交通手段選択との間に正のフィードバックがかかることで、マイカー利用を前提とする低密度なまちと、徒歩・公共交通利用を前提とする高密度なまちに二分化されやすくなる。その結果として、**図3**のBに示したような、徒歩や公共交通の利用を前提とする拠点を連携させた都市構造を誘導することが、カーボンニュートラル実現のための基本的な方策となる。

人が集まる空間を整備・拡充していくことは、ウォームシェアリングやクールシェアリングによる空調の省エネルギーを介して、カーボンニュートラルに貢献することも期待されている。

このように、ウォーカブルなまちは、様々な側面から見て、カーボンニュートラルなまちとの親和性が高いと考えられる。

# ウェルビーイング

岩崎　寛

## 様々な分野で求められる健康・ウェルビーイング

「健康」の定義は、一九四八年に世界保健機関（ＷＨＯ）憲章前文で「病気ではないとか、弱っていないということではなく、肉体的にも、精神的にも、そして社会的にも、すべてが満たされた状態にあること」と示されている[1]。このＷＨＯが示す三つの健康、「身体的健康」「精神的健康」「社会的健康」がすべて満たされた状態がウェルビーイングであるといえる。

現在、この健康状態を表すウェルビーイングは、医療福祉の分野だけではなく、様々な分野において重要な目的の一つとなっている。

世界的な取り組みから見てみると、例えば、「30by30」（サーティ・バイ・サーティ）が挙げられる。30by30とは、二〇三〇年までに生物多様性の損失を食い止め、回復させる（ネイチャー・ポジティブ）というゴールに向け、二〇三〇年までに陸と海の三〇％以上を健全な生態系として効果的に保全しようとする目標であり、二〇二一年のＧ７サミットにおいて提言されたものである[2]。これらを推進することで得られる効果として「脱炭素」「循環経済」「農山村」「食」「健康」「癒し」などが挙げられており、「健康」や「癒し」といった人に対する健康効果が含まれている[3]。

「One Health」（ワン・ヘルス）は二〇二三年のＧ７サミットで取り上げられた提言であり、人、動物、環境の健康（健全性）に関する分野横断的な課題に対して、関係者が協力し、その解決に向けて取り組む指針である[4]。例えば、日本においては、これまで、人の健康に関しては厚生労働省が、動物の健康に関しては農林水産省が、環境の健全性に関しては環境省が、といったように、個々の省庁で取り扱ってきたが、皆同じ地球上で生育している生物として連携して取り組むことを目指すものである。このように今後の環境政策は人の健康を外して考えることはできない。

ウォーカビリティという視点から考えると、国土交通省が推進している「グリーンインフラ」が挙げられる[5]。グリーンインフラとは雨水貯留や熱環境改善など、自然環境が有する多様な機能をインフラ整備に活用するものであるが、その目的の中には、人への健康増進効果も含まれている。

国土交通省が推進するグリーンインフラ官民連携プラットフォームの技術部会では、健康増進に寄与するグリーンインフラの整備方針として「歩きやすい緑」「五感で感じる緑」「誰でも使える緑」が挙げられており、まさにウォーカビリティがグリーンインフラにおける健康増進機能の重要な要素の一つとなっている[6]。

## 都市緑化と健康

もともと、「緑化」とは純粋な自然の中の緑を扱う分野ではなく、人が存在する空間の緑を扱う分野である。その空間の中で、人が健康で安全・安心に生活できることは、いつの時代においても求められるものであり、人類にとって不変のテーマである。しかし、開発を続けてきた都市域は、この「健康」を確保・維持することが困難な空間であるといえる。さらに都市における生活は空間の問題だけではなく、デジタル化による労働環境の変化、人間関係によるストレスの増大、それに伴ううつ病など精神疾患の増加、住環境の変化によるコミュニティの形骸化、高齢化による地域ケアの必要性など、人の心身の健康、さらには社会的健康も含めて様々な問題を抱えている。

これらの問題が顕著になってきた現在、様々な対策が行われている。例えば、厚生労働省はオフィスにおけるストレス対策として、二〇一五年にストレスチェックの義務化を発表したが[7]、実際にメンタルヘルス対策に取り組んでいる事業所の割合は、まだまだ少なく、半数程度しか見られない。また、対策を実施している事業所においても、その具体的な内容をみると、ストレスチェックの実施程度にとどまっており、具体的なストレス軽減対策にまで取り組んでいる事業所はまだまだ少ないのが現状である[8]。

オフィス緑化と勤務者の健康に関する既往研究では、オフィス緑化が勤務者のストレス軽減や仕事のはかどりなどに有用であることが報告されている[9-12]。よって、オフィス緑化は従来のオフィス環境の改善といったアメニティ機能としてだけではなく、勤務者のストレス軽減・メンタルヘルス対策としても十分に機能すると考えられる。都市公園に関する既往研究では、都市公園に植栽された樹木の揮発成分が唾液コルチゾール（ストレスホルモン）を軽減させる働きがあることが報告されており、森林浴と同様の効果があることがわかっている[13]。よって、都市に植栽された樹木でも都市生活者のストレス軽減・メンタルケアに有用であるといえる。

都市におけるウォーカビリティを考える際に、外してはいけないのが、住民の意識である。これはまちづくりに限らず、どのようなプロジェクトにおいてもいえることであるが、提案内容に対し、住民の賛同が得られなければ円滑に進まない。よって、社会問題に対する住民の関心がどこにあるのかを把握する必要がある。例えば、ＳＤＧｓの一七目標に対する共感度について、一〇～七〇代の一般人男女六〇〇〇人以上を対象にアンケート調査した既往研究を見ると、第一位「すべての人に健康と福祉を」六四・七％、第二位「飢餓をゼロに」五七・八％、第三位「安全な水とトイレを世界中に」五七・七％、第四位「貧困をなくそう」五六・八％、第五位「エネルギーをみんなに、そしてクリーンに」五〇・五％という結果であり、様々な目標の中で「健康・福祉」が最も高い共感度であることが報告されている[14]。よって、そのプロジェクトがいかに「住民の健康」に寄与するかを提示していくことが、住民の賛同を得ながらプロジェクトを遂行するポイントであるといえる。ウォーカブルなまちづくりについても同様で、健康増進という観点から、どのようにアプローチし、整備していくかが、住民の理解を得るためには必要である。また、その理解を得る手段として、実証実験などを重ね、健康効果としてのエビデンスを蓄積していくことが求められる。

## ゼロ次予防とは

二〇一三年に厚生労働省から「健康日本21（第二次）」[15]、二〇一五年には「保健医療2035」といった施策が発表され[16]、予防医学の発想が広がった。さらに、現在のＣＯＶＩＤ-19感染拡大により、多くの人の健康意識が高まっている。

健康意識の高まりにより、例えば公園利用による健康効果を提示することで、多くの人が公園を利用しようと行動を起こす可能性が高くなると考えられる。しかし、必ずしもすべての人の健康意識が高いわけではなく、公園利用による健康効果を提示しても、行動につながらない人が存在する。従来は、これら健康意識の低い人に対し、行動変容を促すアプローチを様々実施してきた。しかし、人の意識や行動を変えることはかなり困難である。このように健康意識が低い人は、緑地利用だけでなく健康的な食生活を実施しない人も多く、その結果、疾病につながる割合が高くなると考えられる。そこで、厚労省は健康日本21（第二次）の中で、ヘルスプロモーションの一環として「ゼロ次予防」という発想を提案している[17]。ゼロ次予防とは、「個人の意識的な努力や我慢に頼らず、暮らしているだけで健康になってしまう社会と環境を整える予防医療の取り組み」のことである。つまり、健康意識の低い人には普段のとおりに生活してもらい、彼らの生活環境側を変えることで健康に導く戦略である。

二〇二三年には健康日本21（第三次）が厚労省から発表され、「健康寿命の延伸・健康格差の縮小」の土台となる部分に「自然に健康になる環境づくり」が位置づけられており、今後ますますゼロ次予防の概念を取り入れた空間の整備が求められると考えられる[18]。健康に寄与するウォーカブルなまちづくりを検討する方向性として、このゼロ次予防という発想が有効であると考えられる。そこで、次項では実際にゼロ次予防の概念を取り入れて整備された高速道路パーキングエリアの緑化について紹介する。

## ゼロ次予防の発想を取り入れた高速道路PA緑化[19]

ゼロ次予防の発想を取り入れた高速道路PA（パーキングエリア）の緑化が行われたのは、千葉東金道路にある野呂PAである。**図1**に野呂PA（下り）の平面図を示した。一般的な高速道路のSA（サービスエリア）やPAは、図のように、駐車スペースとトイレ、フードコートや売店があり、施設の外側両サイドに緑地が配置されているケースが多い。もともとSAやPAは、休憩施設としてトイレや食事だけではなく、高速運転における疲労回復を目的とし、安全な運転を継続してもらうために設置されている。その休憩場所として、緑地が設置されている。しかし、PA利用者の行動調査を実施したところ、図中の①②③または③②①といった経路の移動がほとんどで、緑地を利用する人は

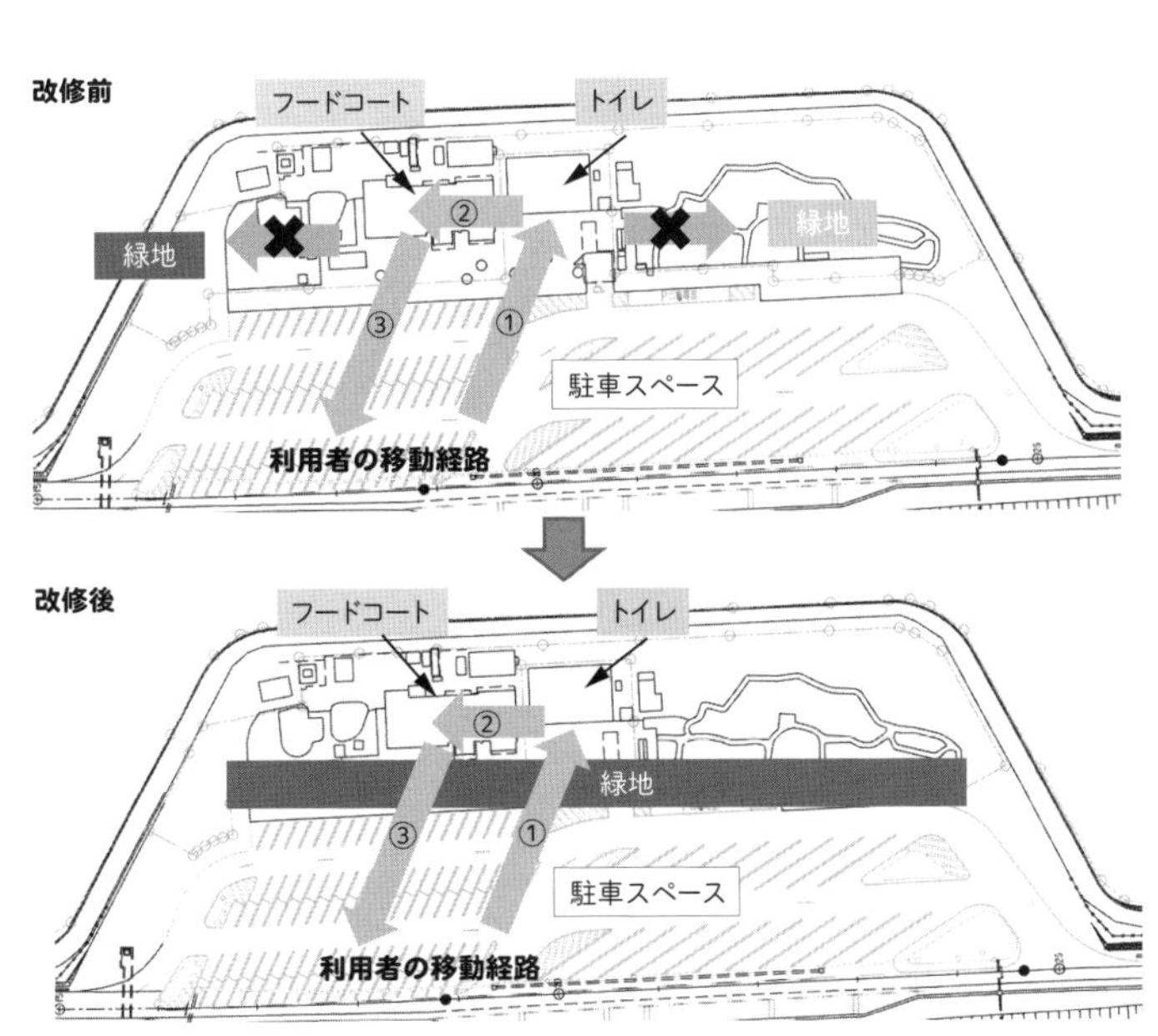


**図1**｜野呂PA平面図（上：改修前、下：ゼロ次予防改修後）

ほとんどいない状況であった。この結果は、他のSAやPAでも同様の結果であった。そこで、PA利用者に緑地をもっと利用してもらうために、わかりやすいサインを掲示したり、緑地で様々なプログラムを展開したり、様々な方法で緑地への誘導を試みたが、利用者の行動を変えることはできなかった。そこで導入したのがゼロ次予防の発想である。これまでは、利用者の行動変容を期待して、様々な取り組みをしてきたが、利用者の行動を変えることではなく、緑地の配置を変えることで、普段どおりの利用でも緑地と関わるように整備したのである。図の下のように、駐車スペースとトイレ、フードコートの間に、ライン上に緑地を配置し、利用者がこれまで通りの行動経路であっても、必ず緑地との接点ができるように環境側を変えたのである。具体的には街路樹のように、樹木を駐車スペースと施設側の間に植栽した［図2］。また、屋外に設置されているベンチやテーブルの前にハーブを植栽し、自由に触れたり摘んだりできるようにした。こうすることにより、普段どおりの利用でも、植物との接点ができ、植物の保有するストレス緩和効果を享受することができ、運転中の事故防止につながると考えられる。

ゼロ次予防によるPA整備の効果を検証するために、PA改修前の二〇一八年とPA改修後の二〇二二年に、PAを利用した際の感情状態を測定し、その値を比較した。被験者は二〇一八年、二〇二二年とも同じ被験者の一〇名を対象とし、POMS2（Profile of Mood Status）を用いて測定を行った。

図2｜野呂PAにおける改修後の様子

その結果、改修前の二〇一八年では、PAでの休憩によりネガティブな感情である「疲労」「緊張‐不安」の二項目が有意に改善していた。この結果から、高速道路SAやPAでの休憩は、ゼロ次予防緑化にかかわらず、運転者の疲労や緊張を緩和することから有用であると考えられた。さらにゼロ次予防のデザインに改修した後の結果を見ると、改修前の「疲労」「緊張‐不安」に加え、「怒り‐敵意」「混乱」の二項目も有意に改善していた。被験者の行動は、二〇一八年も二〇二二年もともに変わらず、先の①②③といった動線であったことから、この違いは、ゼロ次予防を目的とした緑化デザインが影響していると考えられた。

現在、高速道路に限らず、車の運転における社会的な課題として、「あおり運転」が挙げられる。あおり運転の根本的要因として、運転者の感情状態の高ぶりが考えられる。今回の結果から、ゼロ次予防による緑化により、「怒り-敵意」「混乱」といった項目が改善されている。つまり運転者の怒りの感情を抑え、混乱せずに運転ができると考えられることから、「あおり運転」の抑制にもつながると考えられた。

ゼロ次予防は、厚労省が提示したプロモーションではあるが、「環境側を変える・整える」内容の取り組みである。そこで、ウォーカブルなまちづくりにゼロ次予防の発想を取り入れた整備を考えてみる。例えば、駅までの通勤路において、既往研究から、植物が多く配置された緑道を歩くほうが一般の歩道を歩くよりもストレス緩和効果が高いというエビデンスを提示することで、健康関心層は少し遠くても緑道を歩いてみようと考える可能性が高い。しかし、健康無関心層は、そのような提示があっても、最短距離で駅まで向かう可能性が高いと考えられる。そこで、健康無関心層の意識や行動を変えず、従来どおりの行動で健康効果を高めるゼロ次予防の発想を取り入れると、彼らが歩く「駅までの最短距離を緑道に整備する」ことなのである。これにより、彼らはいつもどおりの通勤をしていながら、自然と緑道を歩く効果を得られることから、ストレスが軽減し、無意識のうちに健康状態を維持することができるという方策である。

このように、ウォーカブルなまちづくりにゼロ次予防の発想を取り入れることで、誰一人取り残さない、地域住民すべての健康に寄与する空間を創出することにつながると考えられる。

## ウォーカビリティと地域ケア

千葉市花見川区にある花園公園は、JR新検見川駅の近くにあり、通勤通学路として人通りが多く、また近隣には小中学校や高齢者デイケア施設などがあることから、地域住民のコミュニティ形成の場として積極的な利用が期待されている空間である。しかし、実際には地域住民の公園利用は少なく、公園への関心の低さから、ゴミの不法投棄などが発生し、地域住民の公園に対する意識の向上が求められていた。このような状況を改善するために地元のNPOと協力し、地域住民が公園と積極的に関わる仕掛けとして公園内に「摘んで良い花壇」の設置を提案した。「摘んで良い花壇」は、公園の横を通勤通学で通る際に、しゃがんだり、腰を曲げたりしなくても、立位のままで植物に触れることができる「レイズドベッド」とし、公園の外周部分に設置した。レイズドベッドは、園芸療法などで使われる花壇で、植栽位置が高いところにあるので、車椅子利用者でも植物に触れることができるものである。植栽する植物は「ハーブ」を選定した。ハーブであれば見て楽しむだけではなく、摘んだり、ちぎって香りも楽しんだりできること、また、公共空間に設置するため、生命力が強く、管理が難しくないことも、選定理由である。さらに、一般的に公園の植物は摘んではいけないと教えられていることから、そのままでは触ったり、摘んだりしてもらえないため、レイズドベッドには「見て、触れて、香りを楽しんでください。気になったら、少し摘んで良いですよ」と書かれた看板を設置した。このプロジェクトを進めるにあたり、自治体の許可、公園周辺の自治会の許可、地域住民の同意など、多くの関係各所に理解してもらう必要があった。摘んで良いなど書いたら、植物が全部なくなってしまうのではないかという意見もみられた。しかし、日本人気質なのか、私が以前、病院の庭で同様の花壇を設置したときも、すべて持っていく人はおらず、後の人のために少し残して摘まれていた。また無料で花をもらうことから、御礼にと、雑草を抜いたり、ゴミを拾って帰ったりする人が多く見られた。自治体や自治会には、このような事例や、この花壇のコンセプトを丁寧に説明し、地域住民には摘んだハーブを使ったワークショップなどを開催し、最終的に理解を得て設置することができた。また、このプロジェクトの話を聞いた地元の建築業者がボランティアでレイズドベッドの製作に協力してくれたり、県内のハーブ園から植栽するハーブの提供をしていただいたり、プロジェクトの輪は徐々に地域に広がり、レイズドベッドが四基設置された。設置後、これまで公園に関心のなかった地域の人々が公園を通る際にハーブの香りを嗅いだり、摘んだりする光景が見られた。また、近所のデイサービスに通う高齢者や、学校帰りの子どもたちが水やりをするなど、地域住民自らが維持管理をし始めた。しかし、多くの人が水やりをした結果、根腐れによりハーブの生育状態が悪くなってしまった。従来の公園であれば、植物の生育状態が悪くなっても気にする人は少なかったが、自分たちが関わったことから公園に対する愛着が生まれ、なぜ枯れたのだろうかと住民同士がコミュニケーションをとるようになっていた。その結果、皆がいろいろな時間に水やりしていることが判明し、デイサービスの高齢者と小学生が水やりについて相談するなど、多世代のコミュニケーションが生まれ、今では適切に管理されている。こうして、「摘んで良い花壇」は地域住民のコミュニケーションツールとして評価され、区の地域活性化支援事業に認定され、その補助金でレイズドベッドはさらに三基追加され、合計七基となった。また、この取り組みが評価され、「花園公園レイズドベットプロジェクト」は二〇二〇年に開催された（公財）都市緑化機構主催第三一回「緑の環境プラン大賞」において、ポケット・ガーデン部門のコミュニティ大賞を受賞した[20]。

今は、地域住民の意見が反映され、ハーブだけでなく花もたくさん植えられている。あるとき、花を摘みに来られた高齢者の方に話を聞いたところ、仏壇に毎日小さな花を一輪お供えしたいが、花屋で一輪買うのも申し訳ないと思っていたら、公園で育てましょうという話になり、こうして毎日公園に来るとのことだった。

もともと公園は、公衆衛生の観点から地域住民の健康を目的としてつくられた経緯がある[21]。公園を健康の場として整備する際には、ウォーキングロードのような整備がほとんどである。しかし、この花園公園の事例のように、「公園内で歩く」だけではなく、「公園まで歩きたくなる」仕掛けが、心身の健康、さらには社会的健康に寄与すると考えられる。

地域性など、いろいろな要素が関係するため、すべての公園で花園公園のような取り組みができるとは限らないが、従来の公園との関わり方とは違う、新しい発想が、これからの地域ケアには必要である。

二〇二三年に発表された健康日本21（第三次）では、健康寿命延伸が健康政策の大きな目標は、病気になる人を減らし、医療費を削減することである。ゼロ次予防の対象者は、疾病予備軍であり、今後、彼らの健康をいかに確保するかが重要になる。その一つの手法として、普段の歩く空間の中で、自然と無意識に緑と関わるゼロ次予防発想を取り入れた計画・設計・デザインが、健康に寄与するウォーカブルにつながると考えられる。

# 暑熱環境

村上暁信



## 都市空間の暑熱環境

夏になると日本全国で「酷暑」が話題になり、多くの熱中症患者が発生している。熱中症は、気温や湿度が高いときに、体温の調整がうまくいかなくなって発症する。二〇二四年の夏には一〇万人近い人が熱中症で搬送された（総務省消防庁）。熱中症を引き起こす要因には環境側の要素と人間側の要素がある。人間側の要素には、着衣量（どれだけ服を着ているか）、産熱量（どれだけ動いているか）などの他、体調（きちんと睡眠が取れているか）も効いてくる。環境側の要素には気温、湿度、気流、放射の四つがある。気温が高くなると暑く感じるのはわかりやすいだろう。湿度も同様で、湿度が高くなるとジメッとして不快に感じることを多くの人が経験的に理解している。また風が吹きつけると涼しく感じることも実感しやすいだろう。これが気流である。扇風機の風を思い浮かべるとわかりやすい。扇風機から吹き出される空気の温度は決して低いわけではない。ファンの後ろ側の空気を運んでいるだけだからである。しかし風が肌に当たると涼しく感じるようになる。これが気流の影響である。一方、最後の放射は少しわかりにくいかもしれない。太陽の光を直接浴びるとジリジリと焼かれるような感覚を持つ。これが放射である。放射とは熱が電磁波の状態で放出されて周囲の離れたところに伝わる現象のことをいう。放射は空気を暖めるわけではないので、太陽光を浴びた人体が直接熱を受け取る。さらに人が受ける放射熱は、太陽からだけではない。すべての物体は放射をしていて、放射の量は温度が高いほど多くなる。正確には、放射の量は温度の四乗に比例するのである。太陽は非常に高温なので放射量が多くなるが、地上の物体もすべてエネルギーを放射している。特に夏の日中、日向のアスファルト舗装面は表面温度が六〇℃を超えることもある。その上を歩くと地面から焼かれる感覚を感じることがあるが、これは放射の影響によるものである。

人が暑いと感じるか涼しいと感じるかにはこれらの四要素が影響し、その影響の大きさは人間側の要素によって変わる。影響が大きくなると熱中症の危険度が高まる。熱中症の危険があるときにはなるべくエアコンの効いた室内で安静にする必要があるが、屋外に全く出ないですべての人の生活を形成することはできない。いくら暑くても、外に出ないと仕事にも学校にも行けない。そのため熱中症のリスクを下げられるような屋外空間の形成が求められる。人が屋外を歩くことを想定したウォーカブルな都市形成においては、熱中症リスクを下げることはもとより、快適に過ごせるようにすることが求められる。より一層、夏季暑熱環境への配慮が強く求められるといえる。

また、全国的な気温の上昇は地球温暖化の影響によるものと考えられるが、大都市では温暖化に加えてヒートアイランド現象によって暑熱環境の悪化が進んでいる。多くの人が屋外空間を利用する都市ほど危険が増しているのである。このことからも、ウォーカブルな都市空間づくりをしていくためには暑熱環境への配慮が必要になるといえる。

しかし都市における熱中症対策をするといっても、気温、湿度、気流、放射の四要素のうち、気温や湿度を屋外空間でコントロールすることは大変難しい。室内ではエアコンで気温や湿度を調整できるが、体積の大きい屋外では気温や湿度を人為的に変えることはほとんど不可能である。気流は少し状況が違ってくる。地上面での気流には複雑な要素が影響するため、屋外で人為的に風を起こすことは難しい。しかし周囲に定常的に流れている空気があればそれを引き込んで利用することは可能である。この点については「風の道」として様々な取り組みが試みられている。しかし気流は変動が大きく、定常的に、ある場所で風を起こすことはやはり難しいといえる。他方で、放射は状況が大きく異なる。太陽の光を直接浴びているような状況であれば、樹木を植えて木陰をつくることで放射環境を一気に改善することができる。炎天下のまちなかを歩いていて、木陰に入るとすっと冷えたように感じる。これは気温や湿度が低下したのではなく、放射の影響によるものである。太陽からの放射が妨げられ、さらに樹木の陰に入っているため地面の表面温度が低くなっており、そこからの放射も少ない。そのため人体が受ける放射量が減り、快適性が増すのである。他にも日除けを設けたりして直接的に放射環境を改善することができる。ただ、放射は四方八方からの熱エネルギーを合計したものになるので、表面温度が上昇したアスファルト舗装面や近くの建物壁面からの放射も考慮に入れる必要がある。

熱中症リスクとも関係のある熱的快適性の評価については、

気温、湿度、気流、放射の四要素を統合した指標が用いられる。代表的なものにはWBGTやSET*がある。暑さ指数とも呼ばれるWBGTは、気温、湿度、放射の三つを取り入れた暑さの厳しさを示す指標である。軍隊での訓練の際に熱中症を予防することを目的として、一九五〇年代にアメリカで提案された。WBGTは以下の式で算出される。

WBGT(屋外)=0.7×湿球温度+0.2×黒球温度+0.1×乾球温度
(屋内の場合は　WBGT(屋内)=0.7×湿球温度+0.3×黒球温度)

ここで乾球温度とは、通常の温度計が示す温度であり、気温を指す。湿球温度とは温度計の球部を湿らせたガーゼで覆い、常時湿らせた状態で測定する温度のことである。湿球の表面では水分が蒸発し気化熱が奪われるため、湿球温度は乾球温度よりも下がる。空気が乾燥しているほど蒸発の程度は激しく、乾球温度との差が大きくなる。逆に湿度が高い状態だと乾球温度に近くなる。黒球温度とは黒色に塗装された薄い銅板の球（中空、直径一五〇㎜、平均放射率〇・九五）の中心部の温度である。周囲からの放射の影響を示すものである。日射や高温化したアスファルト舗装面からの放射の強さなどにより黒球温度は高くなる。

SET*（標準新有効温度（standard new effective temperature））は気温、湿度、気流、放射の四要素に加えて、作業量、着衣量も考慮した指標である。SET*は相対湿度五〇％、椅子に座った状態、着衣量〇・六clo、風速毎秒〇mの状態に標準化して、異なる作業量や着衣量のときにもそれぞれの快適度を比較できるという利点がある。SET*は研究者や空調分野の技術者などの間で広く使われている指標で、温熱的に同等な標準環境の気温（℃）ということができる。屋内の熱環境の評価を基本としているが、日射などの条件を適切に設定して屋外の評価にも使われている。人の温冷感や快適感と強い関係性を示しており、SET*が三二℃を超えるあたりで「不快」と感じる傾向にある。

WBGT（暑さ指数）は環境側の要素を用いて計算されるものであり、SET*は環境側と人間側の要素を用いて計算される。WBGTは熱中症予防の観点からエリア全体を評価するのに適した指標であり、SET*は空間の快適性評価に適した指標であるといえる。

## 熱的快適性と空間利用

前段では熱中症を例に挙げて温熱環境や熱的快適性の意味について触れた。ここでは熱的快適性が都市屋外空間の利用にどのような影響を与え得るかについて、東京都千代田区の丸の内ストリートパークでの調査結果を使って紹介する。丸の内ストリートパーク［図1］は東京の丸の内地区を対象とした社会実験であり、期間中は自動車交通を通行止めにして公園として公開しているものである。毎年異なるデザインで空間を整備し、就業者だけなく来街者が滞在して憩うことのできる空間づくりを目指している。パークには多くのベンチが置かれ、短時間の滞在だけでなくビジネスマンがパソコンや書類を広げて長時間仕事をする様子も見られる。

二〇二四年夏の開催期間中に、丸の内ストリートパークの温熱環境と屋外空間での滞在の関係について調査を行った［図2］。温熱環境については気温、湿度、風速、放射を計測した。温熱環境のうち、特に放射は場所によって大きく値が変化する。直射日光が当った状況から木陰に入ると急に涼しく感じると書いたが、木陰の内と外では放射が全く変わってくる。そのため数点の固定点での観測だけでは広い空間の特徴を評価することはできない。そのため、移動観測によって細かく値を取得して評価する必要がある。気温や湿度、風速については既存の計測機器を使って移動観測を行うことが可能である。しかし放射の評価は一般的には難しい。放射環境を測るには通常、黒球温度計を用いる。黒球は全方位からの日射（短波放射）と路面等からの赤外放射（長波放射）のすべての放射熱を同時に測定するため、正確に把握することができる。しかし黒球温度の値が安定

図1｜丸の内ストリートパーク

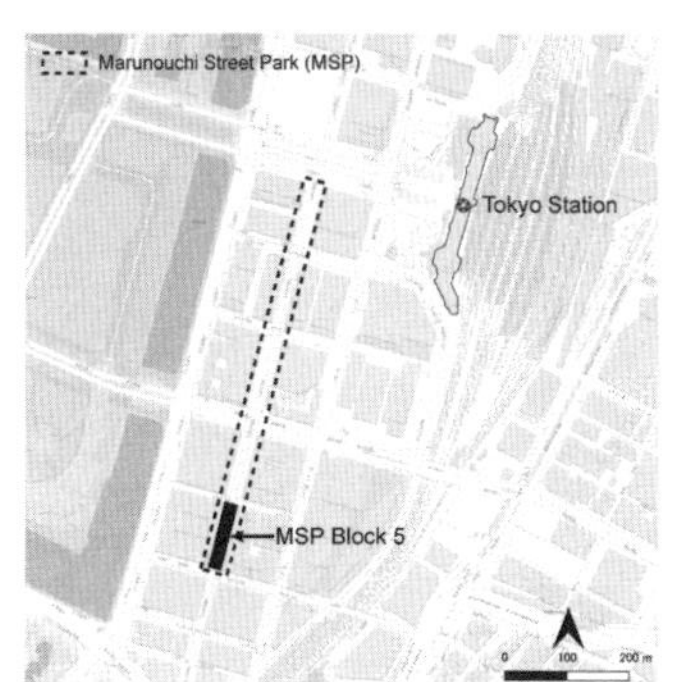


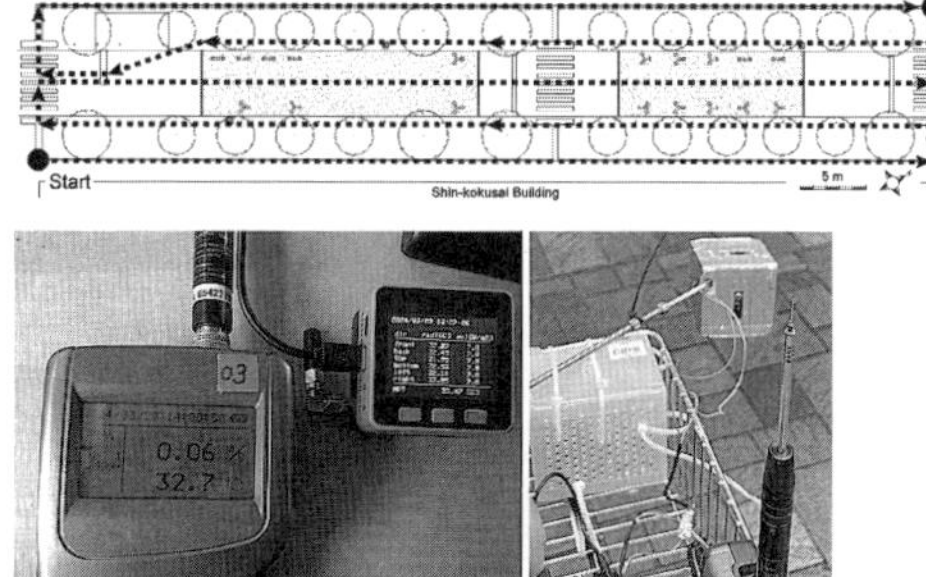


図2｜丸の内ストリートパークの位置（左）、測定ルート（右上）、測定機材（右下）

するまでには時間がかかるため、一五分程度放置する必要がある。この間に太陽高度も変化し、温熱環境も変化することから黒球温度計を用いて移動観測することはできない。そこで長短波放射収支計を用いて波長帯別、方向別に計測する方法を用いることとした。立方体の六面に放射収支計を埋め込んだ機材を自作し、得られた値を波長帯別、方向別に重み付けして平均放射温度（MRT）を算出することで、人が受ける放射により近い値を計測した。自作した放射収支計に、温度センサ、湿度センサ、風速計を加えた機材を携帯し、丸の内ストリートパークの一つのブロックにおいて実測を行った。建物からの距離を変化させながら一時間ごとに複数回往来して多点で計測し、得られた値をもとにSET*を計算するとともに、内挿補完によりSET*の空間分布を把握した。

また、滞在状況の把握については、丸の内ストリートパーク内に設置されたベンチに圧力センサを装着したクッションを配置し、ベンチに座ったら信号が記録されるように計測システムを製作した。調査期間は二〇二四年七月二五日～八月一八日であり、晴れの日を選んでデータを取得した。

温熱環境の計測結果の例を**図3**に示す。丸の内ストリートパークが開設された仲通りはケヤキを始めとする高木が通りの両側に植えられた緑の多い空間である。通り沿いの建物だけでなく、これらの高木が仲通りに日陰をもたらしているが、通りが南北方向に伸びる道路であることから一二時前後には直射日光が当たりやすくなっている。そのため、一二時前後には気温の上昇に加えて放射環境が悪化するために、図ではSET*が四〇℃を超える場所が増えている。しかし一四時以降はパークの範囲が徐々に木陰や建物の陰の中に含まれるようになる。直射日光が遮られるだけでなく、地表面温度も低下するため放射環境が改善し、SET*の値が全体的に下がっている。

また、圧力センサの信号から、着座が見られたベンチを抽出して、ベンチの場所のSET*と一時間中何分着座が連続したかを検討したものが**図4**である。この図から、SET*の値が低くなるほど点の数が増えていることから、着座という行為が増えていることがわかる。さらにSET*の値が低くなるほど、着座の連続時間が長くなっていることがわかる。ピークはSET*が三〇℃程度のところで現れている。三〇℃を下回った場合に連続時間が短くなるのは、調査期間中は日中の気温が三〇～三五℃で推移することが多く、SET*が三〇℃を下回ったのは午前中の早い時間と夕方以降であったため、丸の内ストリートパークを訪れる人自体が少なかったためと考えられる。

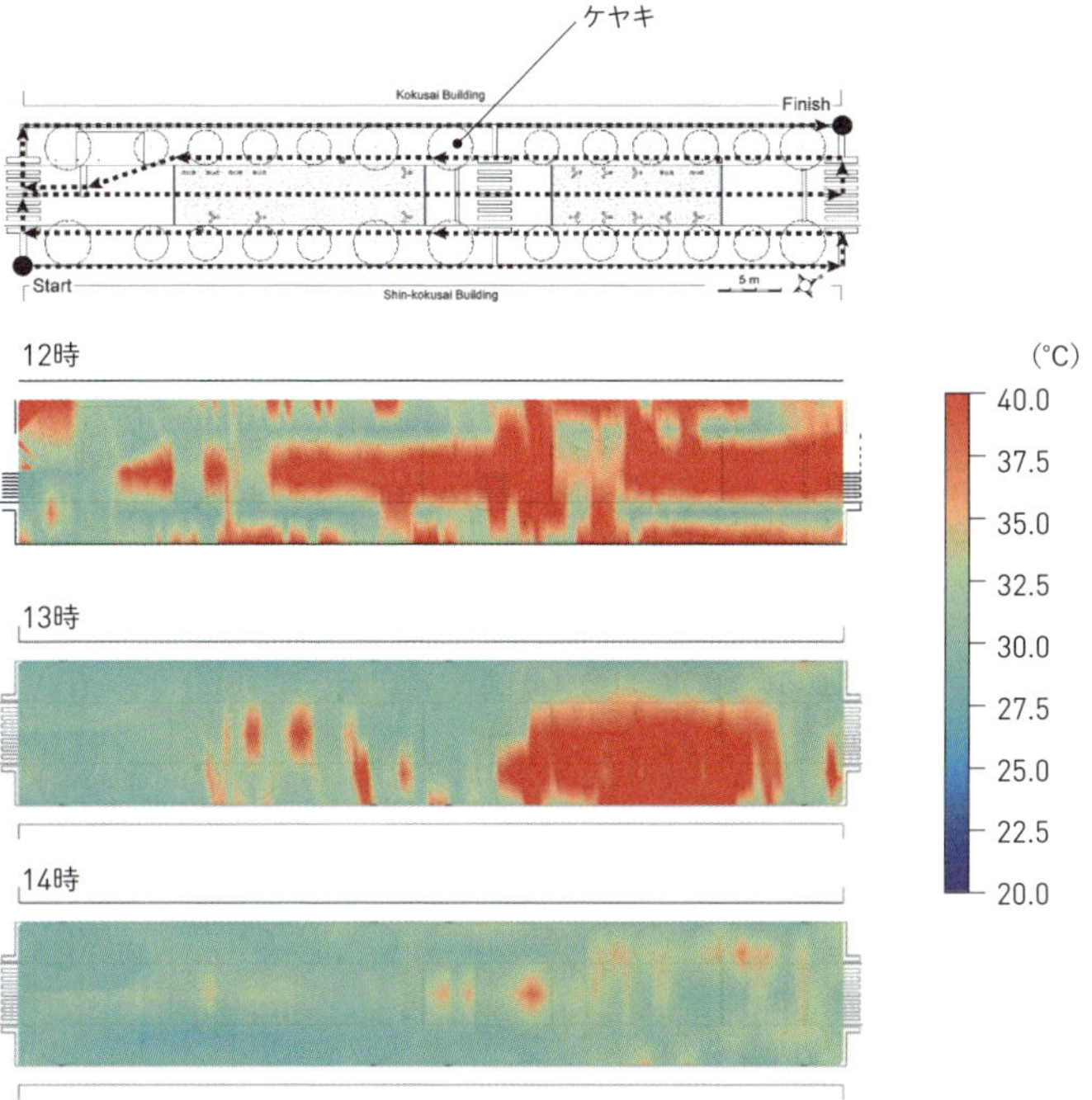


**図3** | 夏季のSET*分布図例



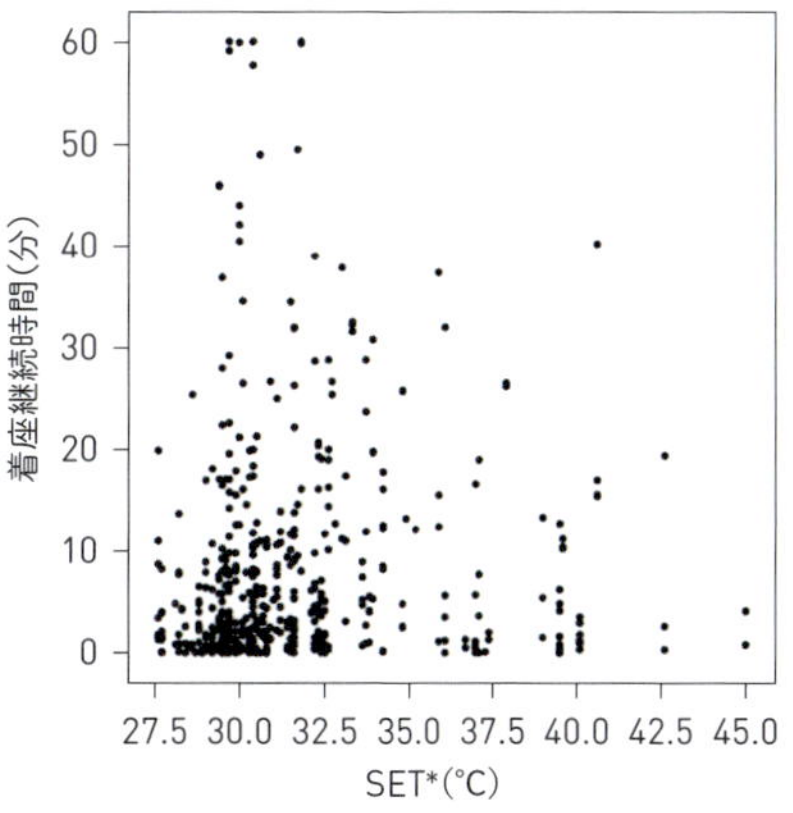


**図4** | SET*と着座継続時間

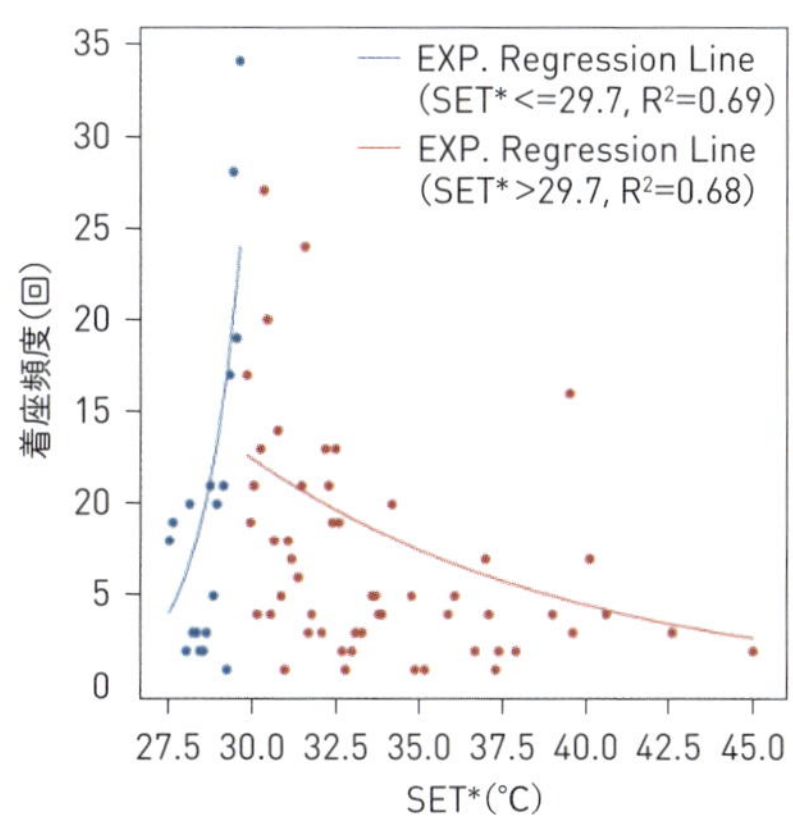


**図5** | SET*と着座頻度

**図5**では、SET*の値（〇・一℃ごと）に、着座が確認された回数をプロットしたものである。こちらの図からも、SET*の値が下がるほど、ベンチに座る人が増えていることがわかる。三三℃程度以上の値では回数が低くなっており、三三℃程度から三〇℃に下がるところで急激に回数が増加している。この値はSET*値で「不快に感じる」から「不快に感じない」に変化するあたりであり、日陰の創出などによって放射環境を改善させてSET*をわずかに低減させることで、空間の利用者を急激に増やすことができることを示しているといえる。

## 熱的快適性の改善による空間利用の誘導

丸の内ストリートパークの調査結果からは、SET*の値を向上（低下）させることで屋外空間の利用を大きく増やすことができるという可能性が示された。夏季の酷暑期間では、全国的に気温が三五℃以上を記録するようになっており、ヒートアイランドの影響もあって今後も夏季日中の気温低下は望めない。屋外空間で唯一熱環境改善を図れる放射環境に注目して、適応策としての屋外熱環境改善を進めていくことが重要であるといえる。屋外放射環境の改善には多様な方策がある。樹木による熱環境改善以外にも、オーニングやフラクタル日除けの活用、冷却ルーバーの活用、ミストなどがある。

暑熱環境緩和策としてまず思い浮かべられるのが緑化である。市民からの支持も得やすいものといえる。一般的には樹木の蒸散作用によって気温が低下するものと想像されやすいが、樹木自体で気温を低減させることはほとんど期待できない。樹木の葉面の温度は通常、気温相当か少し高い程度であり、気温を下回ることはない。蒸散によって気温よりも大きく高温になることは抑えられるが、気温そのものを低減するわけではない。樹木の効果は木陰を生むことである。日射が遮蔽されることで放射環境は大きく改善する。また木陰の中の地面の表面温度上昇が抑えられることから、さらに放射環境は改善し、熱的快適性が向上する。効果の大きさは条件によって変化するが、環境省の報告書ではWBGTが一・〇℃程度、SET*が七・〇℃程度低くなることがあると報告されている。またこれらに加えて、樹木の下を歩くこと自体の精神的な快適性も期待できる。

しかしいちばんの問題はすぐには緑化ができないことである。樹木の植栽には工事が必要になるし、植栽できる場所も限られている。さらに樹木が歩行空間に木陰をもたらすほど成長するのにも長い時間がかかる。樹木が小さければ木陰のできる範囲も限定的になる。緑化が望ましい改善策であることは間違いないが、熱環境の改善策としては時間がかかり、短期

12時（気温26.4°C）　14時（気温27.2°C）

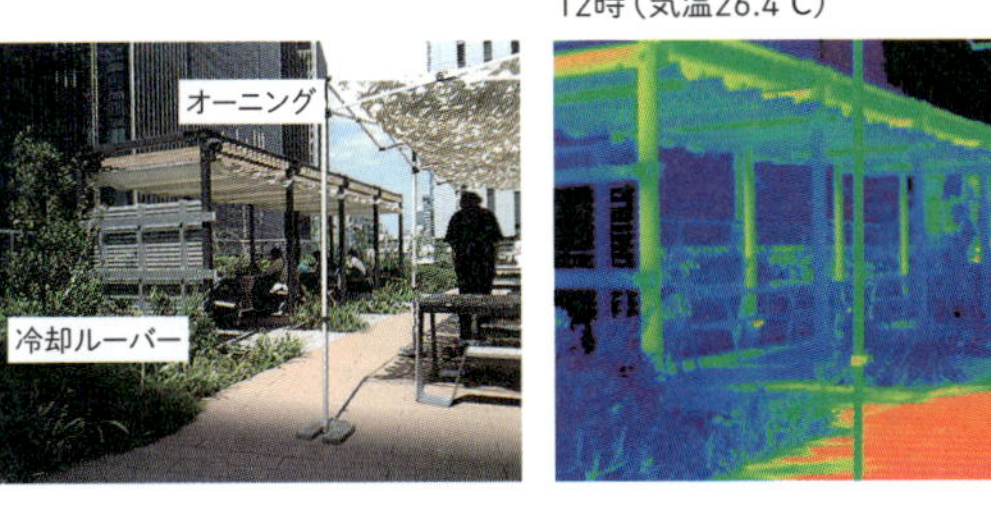

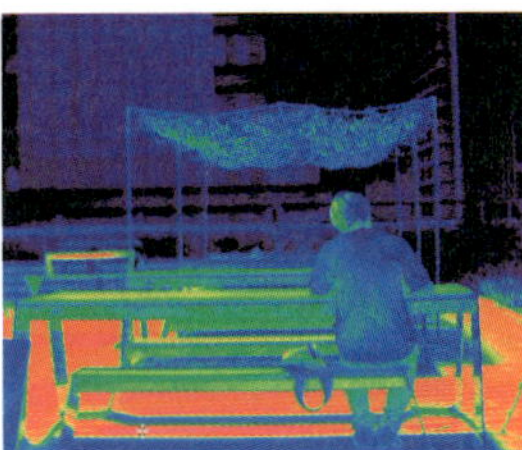

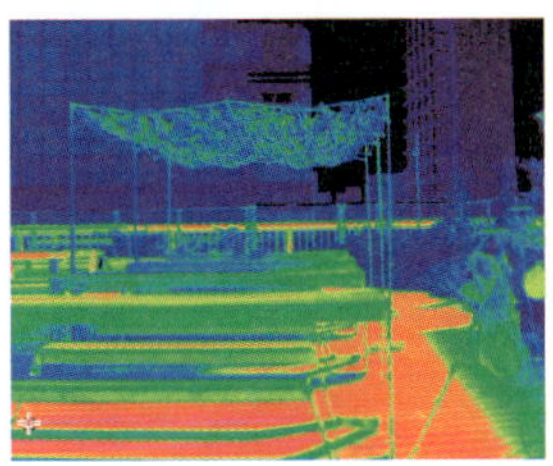

**図6**｜熱環境改善手法の例と表面温度分布（熱赤外画像）

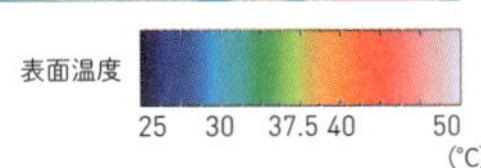

**図7**｜提示した温熱環境資料

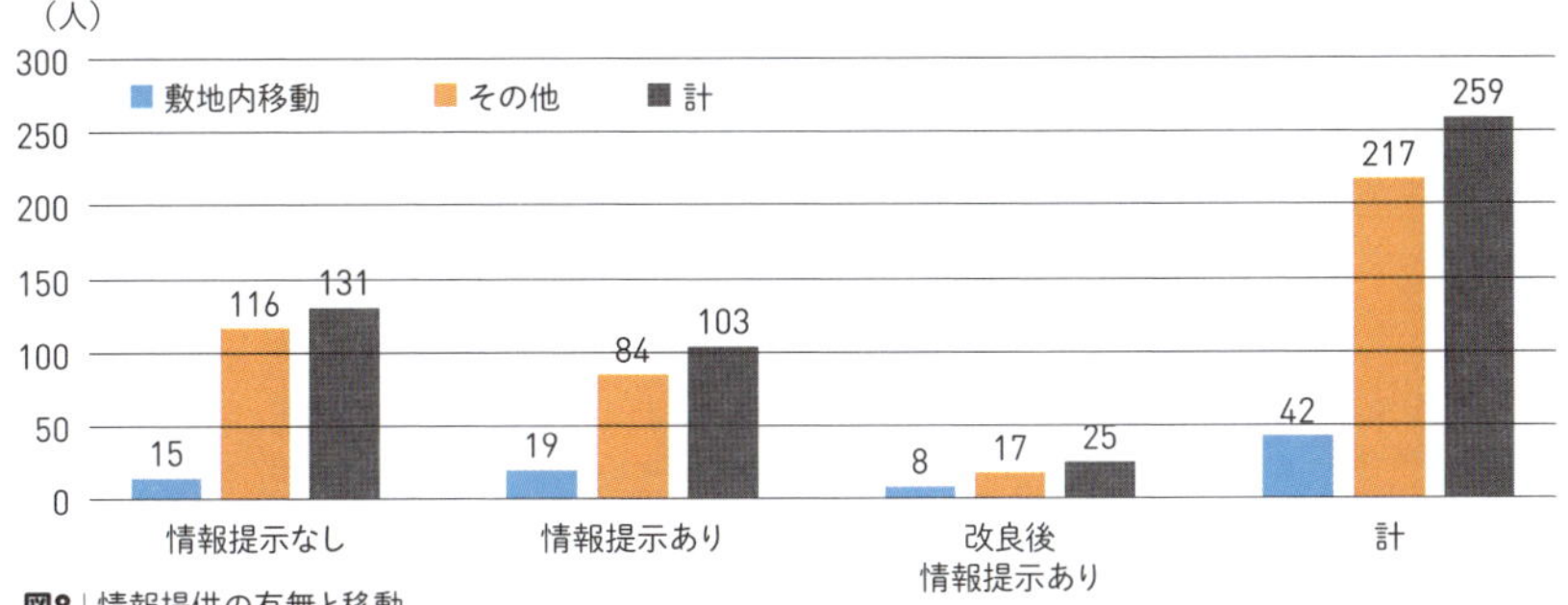


**図8**｜情報提供の有無と移動

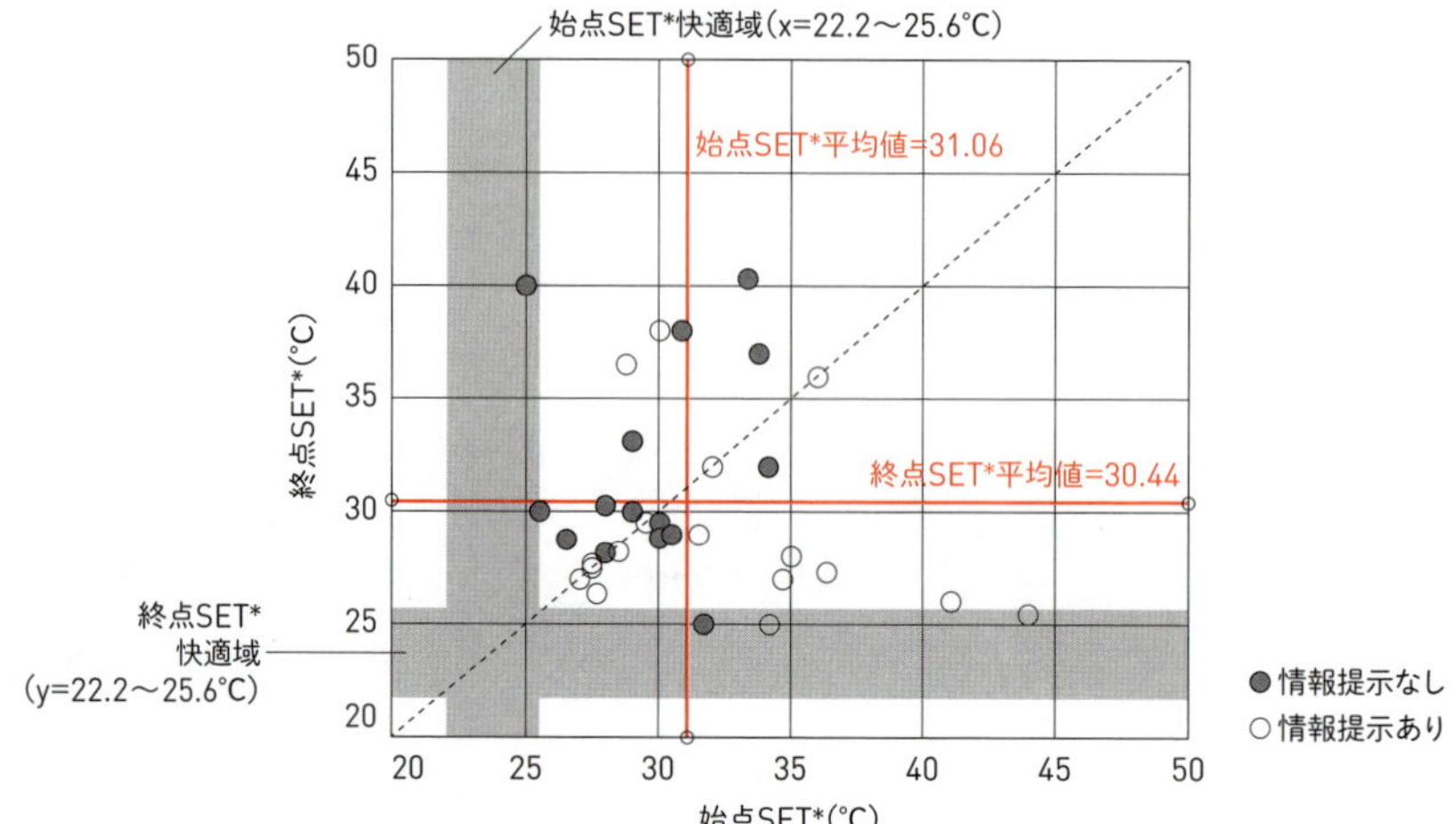


**図9**｜移動元と移動先の熱環境の違い

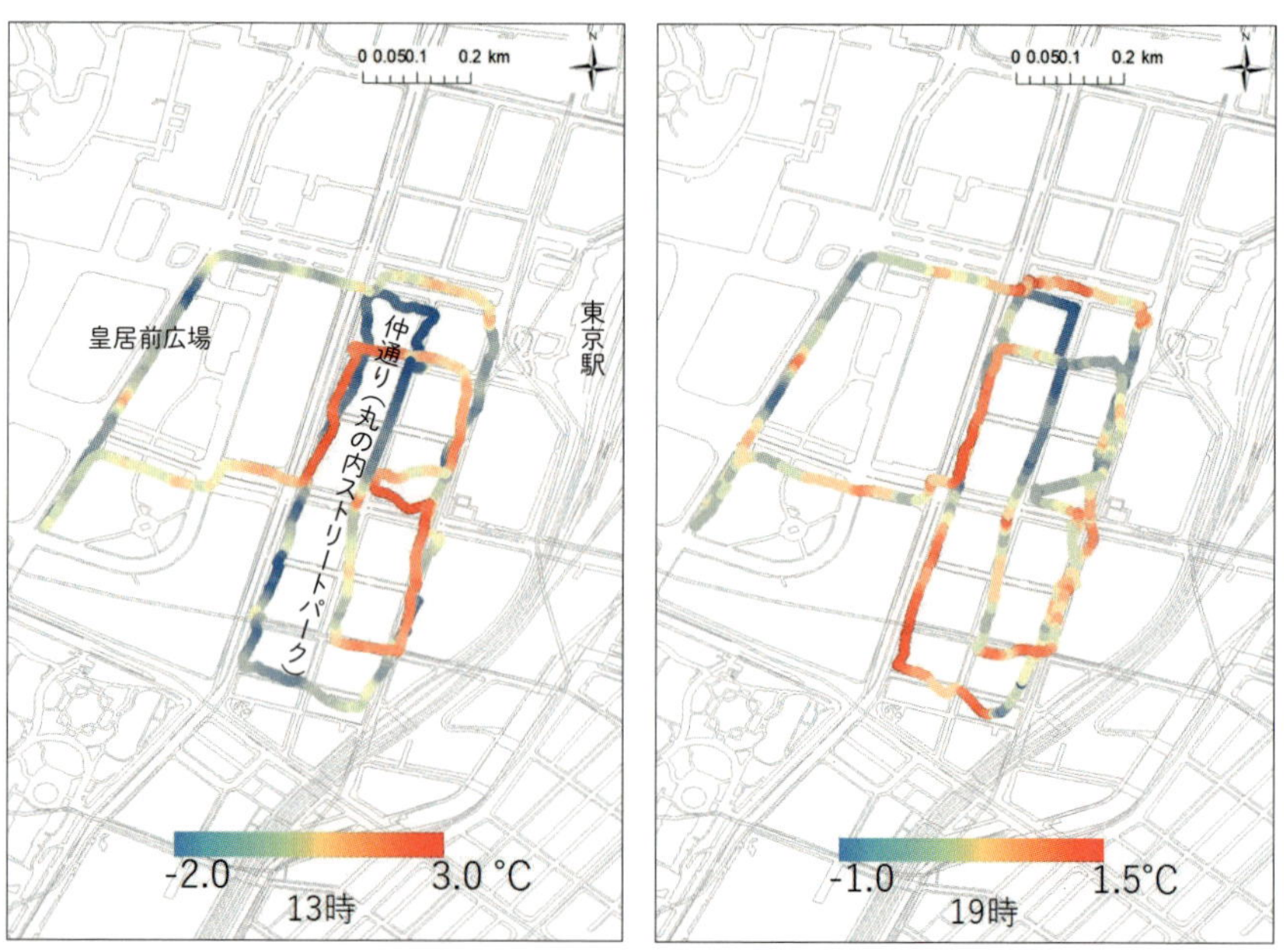


**図10**｜丸の内エリアにおける夏季の気温分布(左は13時、右は19時)

的な熱環境改善策としては選択されにくい。

オーニングは設置さえ可能であれば、樹木の植栽よりもすぐに効果が期待できる［177ページ図6］。改善したい場所に対して効果的に設置することができるものである。日中の強い日差しを遮り、生地にもよるが南中時（一二時台）に九割近く日射を遮蔽する効果を持つ。環境省等の資料では、オーニングを効果的に用いることにより、SET*で六・九℃の低下、WBGTで二・一℃低下することもあると報告されている。

オーニングの効果は用いる生地にも大きく影響を受け、素材や色によって日射透過率、日射反射率が変化する。一から両者の和を引いたものが日射吸収率である。オーニングが日射を多く透過してしまうと、熱環境改善の効果はなくなる。そのため日射透過率は低く抑えることが望ましい。日射透過率が低いほど、日射遮蔽の効果が高いといえる。そのときにさらに日射反射率が低くなると、透過率と反射率の合計が小さくなるため、日射の吸収率が高くなる。つまり生地自体が熱を吸収して高温になる。そうするとオーニングからの下向き放射（オーニング下にいる人体への放射）が増えてしまう。結果的にオーニングの日陰に入っても、生地からの放射により熱的快適性の改善効果が小さくなってしまうこともある。

このような観点から一般的には薄く白い膜が用いられる。白色は反射率が高いからである。オーニングはデザインの可能性が高いことも利点であり、公共空間の質向上にも寄与することが期待できる。また、オーニングを畳むことが可能なものもあり、時間帯によって効果的に熱環境改善を進めることができる。

オーニングの目的は日射遮蔽であるが、近年は同じ日射遮蔽にフラクタル構造を持つものも用いられるようになっている。フラクタル日除けと呼ばれるもので、京都大学（当時）酒井敏教授によって開発された。フラクタルとは図形の一部分と全体が相似形をなしているものを指す。シェルピンスキーの四面体をヒントに作製されたフラクタル日除けは、どの方向からの日射に対しても高い日射遮蔽が期待できる。さらに、小さい面で構成されているため隙間が多く、そこを風が抜けることができる。そのため日除けの素材自体が熱を吸収しても周囲との熱交換で生地自体の温度上昇が抑えられて、下向き放射の抑制を図ることができる。前出の報告書ではSET*で三・二～四・九℃の低下、WBGTで〇・九～一・三℃の低下が報告されている。

夏季の酷暑環境下における熱的快適性の改善には、日射を遮蔽することが最も重要であり、最も効果的であるといえる。しかし、前述のように放射は四方八方から受けるので、周辺地物からの放射を抑えることも重要である。冷却ルーバーは、側面からの放射を抑えることを目的にしたものである。さらに風を通すルーバー（水平格子）に水を滴下することで、立体的に蒸発冷却を行うものも開発されている。低温で焼いた陶器に水を吸わせて全体的に湿らせるブロックやテラコッタルーバーのほか、アルミをベースにした多孔質材に水を吸わせつつ、さらに表面を光触媒によって親水化することで毛管力と親水性により水に濡れやすくして、効果的な蒸発冷却を行う製品もつくられている。

東京の代表的な夏日として日中の気温が三二℃、湿度が五五%程度と想定した場合、空気の流れがある条件下では濡れている面の温度は湿球温度である二五℃程度になる。すなわち気温より七℃程度も低くなる。ルーバーの近くに人がいれば、側面から受ける放射は低くなり熱的快適性が向上する。また、冷えた面を空気が通ることで気温が低下することからさらに熱的快適性が向上する。しかし、ルーバー自体によって気流が抑えられることに加えて、格子の間を空気が通るときに湿度が上昇することはネガティブに働く。これらの特徴を把握した上で用いることで、効果的なクールスポットを都市に形成することが期待できる。

夏季の暑熱環境への適応策として、都市空間を熱的に快適にする手法は多くある。それぞれの手法には効果に違いがあり、また適した場所や用いられ方にも違いがある。場所の特徴、目指す効果を踏まえた上で、最適な手法を活用して、効果的な都市空間への介入が求められる。

## 適切な空間利用の誘導

夏季の屋外空間利用を改善する手法は、空間そのものに介入して熱的快適性を高める方法以外にも存在する。前述のように（174ページ）丸の内ストリートパークを例にして屋外空間の熱的快適性をＳＥＴ*で評価し、滞在行動との関係を分析した結果、ＳＥＴ*が三〇℃程度まで下がると滞在利用が急激に増えることが観察された。

しかし現地調査ではＳＥＴ*が三〇℃程度であっても利用されない空間、時間があること、逆にＳＥＴ*が非常に高い値であるにもかかわらず滞在利用されている様子が観察された。ＳＥＴ*が三〇℃程度なのに利用されない場所は、別の時間には利用されていることもあったことから、場所自体が利用しにくいといった性格のものではない。つまり、熱的に快適であり滞在に適した場所なのに使われないことがあるし、熱的に快適でないのに使われていることもあるのである。熱的快適性に影響する環境の四要素は目に見えるものではない。そのため、滞在場所の選択において熱的快適性を見誤る、あるいは意識しないことがあると考えられる。その結果、熱的快適性が低い場所では長く滞在することなく立ち去ってしまうのだと考えられる。

人々がどのように行動し、移動または滞在をしているのか、その移動や滞在が情報提供によって変化し得るのかを把握するため、丸の内ストリートパークでアンケートおよび目視による行動調査を行った。アンケートは条件を統一するために、対象地内に滞在（着座）している人のみを対象とした。アンケートでは、個人属性の把握として性別・年齢・服装・人数について回答を求め、その後、対象者の移動行動について目視で記録した。記録内容は、アンケート回答時の時間と場所、その後の移動の有無、移動があった場合はそれまでの時間（分）と移動先で再度滞在した場所とした。温熱環境評価と並行した調査のため、長時間にわたって対象者の動向を追うのは困難であることから、三〇分移動が生じなかった場合は「移動なし」として記録した。

さらに一部の対象者に対してはアンケートの直後に温熱環境に関する情報を提示し［177ページ図7］、移動滞在行動がどのように変化するかを調査した。温熱環境情報の内容は、温熱環境を構成する要素、事前に撮影したパーク内の表面温度画像及びその説明によって構成した。これらの情報提供により、被験者が暑熱環境を把握し、注目する効果が期待される。被験者が熱的に快適な場所を探索し、移動・再滞在する行動が発生し、行動変容を促進するのかを行動調査から明らかにしようとしたのである。

期間内におけるアンケート回答者数は一三一件であった。一五件において敷地内の移動・再滞在がみられた。八六件においてビル内および敷地外への移動がみられ、三〇件は移動がなかった。

さらに、提示する状況の違いによる行動変容への影響の違いについて検討するため、上記とは別で新たに情報提示案を作成し、再度調査を行った。これを「改良後情報」とする。改良後情報の内容としては、前記のものに加えて快適な空間と温熱環境のイメージ図を説明しながら提示した。その後、移動滞在行動を調査した。

情報を提示しなかった群、情報の資料提示をした群、そして改良後情報の資料提示をした群、でみられた行動変容の数について比較した。パークにおけるすべての移動滞在行動結果をまとめたものを**177ページ図8**に示す。この図より、敷地内で移動が発生した割合は、情報の資料提示なしが最も小さく、改良後情報の資料提示ありが最も大きくなっていることが確認できる。

さらに、情報提示の有無で生じた行動変容の差異について熱的快適性の比較検証を行った。SET*の空間分布図を重ね合わせ、一五＋一九＝三四通りの被験者行動の始点・終点SET*の相対的な変化を分析した。被験者の滞在場所が空間分布図の複数のピクセルにまたがっている場合は、それらの平均値を算出した。

三四ケースからなる散布図を**178ページ図9**に示す。横軸が始点のSET*を、縦軸が終点のSET*を表しており、各軸の平均値で直線を引いている。始点のSET*の平均は三〇・〇六で標準偏差は四・一四、終点のSET*の平均は三〇・四四で標準偏差は四・三五であった。SET*の快適域の目安として、二二・二～二五・六℃の範囲を色分けした。同図より、始点のSET*の値が平均より高い人数は情報の資料提示なし群で四名、情報の資料提示あり群では九名の合計一三名であった。その状態から、終点のSET*が平均値より低く涼しい場所に移動した人数は合計八名で、うち情報の資料提示なし群では一名、情報の資料提示あり群では七名であった。この結果から、温熱環境に関する情報提示を行うことで、敷地内での行動変容、すなわち熱的快適性の高い場所への誘導とそこでの滞在を促すことができるといえる。

夏季の暑熱環境は熱中症罹患者が増えるなど、危険な状態の屋外空間は多い。他方で、場所によっては快適に過ごせるような利用可能な場所も存在する。ウォーカブルな都市空間づくりにおいては、どのような場所は危険かという情報だけでなく、どのような場所は快適に過ごせるかという情報もあわせて提示していくことで、より多くの市民に都市の屋外空間を利用してもらえるようになると期待できる。

## ウォーカブルな都市空間づくりと暑熱環境

屋外空間の熱環境は、空間の利用に大きな影響を与える。熱的快適性が向上すれば、より多くの人が、より長時間滞在するようになる。そのため、局所的に屋外空間の熱環境を改善することが重要である。その際に、気温、湿度、気流を変化させることは難しいため、放射環境の改善に注力する必要がある。放射環境の改善に注目して屋外空間の整備を行う手法にはオーニングや冷却ルーバーなど複数あるが、それぞれの場所の特徴、目的に応じた手法の選択が鍵になる。また、物理的な環境の改善だけでなく、市民にどのような場所が熱的快適性が高いかという情報を提供していくことも、屋外空間の利用を促す上では有効である。

これまで触れてきたのは、ある限られた範囲の空間を対象にしたハードとソフトでの改善方法である。しかし、ウォーカブルな都市をつくっていくためには、俯瞰した上で適切な空間整備を行う必要がある。場所から検討を始めるのではなく、常にエリア全体をどう扱うかを検討する必要がある。丸の内地区でも、今後エリア全体でどのような歩行のネットワークをつくっていくかを考えていくことが肝要である。

178ページ図10は、丸の内ストリートパークを実施している仲通り周辺の夏季気温分布の特徴を描いたものである。前述の移動観測機材を自転車に装着して広域での気温の違いを調査した結果である。各点の値は、基準点での固定点観測値との差で表されている。この図からは、仲通りが周辺の区域に比べて気温が常に低下していることがわかる。仲通りは南北に走る道路であり、通り沿いには多くの街路樹が植栽され、また両側を高層建築物に挟まれているため直達日射が当たる時間が限定されている。そのため夏季でも周囲に比べて冷涼な熱環境が形成されている。周囲のエリア全体での屋外空間の利活用を考えるとき、丸の内ストリートパークはクールスポットとして機能し得るといえる。

丸の内エリア全体での歩行のネットワークを計画し、仲通りで誘導する「歩く」という行為を周辺にどのように波及させていくか、その際に仲通りの快適な熱環境をどのように位置づけて利活用していくか、また周辺エリアでも熱環境改善の取り組みをどのように展開していくか、等を考えていくことが重要である。同じ視点は他の地域においても求められるといえる。エリアの特徴を把握した上で、エリア全体での歩行のネットワーク形成と、場所ごとの改善の議論を統合していく必要がある。

# 人の表情・しぐさ

小嶋 文

## 歩く人々の気分をどのように評価するか

近年、歩行者の安全や歩行空間の改善、および歩行者優先・専用空間整備の必要性が認識されてきている。しかし、一方で歩行者や歩行空間を対象とした評価手法は確立されていない。これまで行われている歩行空間の評価は、多くの場合、歩行者へのアンケート調査や、歩道幅員と歩行者通行量から歩行者密度を考えるサービス水準をもとに歩行空間の評価を行っているが、現状ではどれも評価指標の確立に至っているとはいえない。次のような理由から、歩行者の正確な真意を捉えた回答を得ることは容易ではない。一般の歩行者にアンケート調査を行う場合、その場で回答する形式では、時間的制約から早く回答を終えようという気持ちや、「本来歩行空間を楽しんでいるはずの時間をアンケート調査に回答することに費やしている」という気分そのものが、回答内容に影響を与える可能性がある。また、現地での回答を求めず後からの返送を依頼する場合にも回答者は帰宅後などある程度時間が経ってから回答することになり、反芻したイメージによる回答となってしまうことから、空間体験時に感じた直感的なイメージと回答内容が合致する保証がない。さらに、アンケート調査の回答は歩行者の協力意思に大きくよることから、回答サンプルのランダム性を確保することが難しいという問題も存在する。また、歩行者の行動には多様性があり、サービス水準ではその点でも評価に限界があると考えられる。

そこで、新たな評価手法として、対象空間を歩行する全歩行者から協力意思の有無に関係せず得ることができる、歩行者の笑顔に着目した評価手法について紹介する。

人の表情に関する研究は、一九世紀後半頃から行われている。人の情動について、心理学をはじめ様々な観点からの研究が集積されており、情動とその身体的表出との関係もダーウィン以来、長い間にわたって研究されてきている[1]。ダーウィンは、人の表情は生来のものであり、人種や文化を問わず普遍的なものであると主張した[2]。エクマンら[3]は、驚き・恐怖・嫌悪・怒り・喜び（幸福感）・悲しみの感情によって引き起こされる六つの表情を基本六表情とし、これらは眉・額・目・鼻・頬・口などの顔器官の特徴的動作の組み合わせによって創出されるとした。

このように歩行者の感情が表情に表出することを利用し、評価対象とする歩行空間の防犯カメラなどの映像をパソコンに取り込み、自動的に笑顔度を測定する歩行空間システムの構築を行い、そのシステムを用いることで、多様な街路における歩行者の観測を行い、歩行者の笑顔に影響を与える項目について検証を行った結果について、筆者の携わった研究[4,5,6]から紹介する[1]。

## 質の高い歩行空間では、笑顔でシャッターが切れる？

研究の始まりは、読者も目にしたことがある方が多いであろう、「人の笑顔を検知するとシャッターが切れて、写真が撮れるカメラ」であった。とあるテレビ番組で、この機能を使って赤ちゃんにカメラを向け、自分でシャッターを押さずにより多くの写真を撮れた人が勝ち、というゲームが行われていた。筆者はこの番組を見て、「同じようにして、人がシャッターを切らずにたくさんの写真が撮影できる道は、歩いている人たちが幸せな気持ちになっている道といえるのではないか？」と思い付いた。テレビ番組で、カメラを向けられても我関せずの様子（と筆者には見えていた）の赤ちゃんたちを見て、歩行者が気にしないようにカメラが置いてあるだけであれば、歩行者を煩わせることなく、歩行空間における歩行者の幸福度を定量的に示すことができるのではないかと考えた。昨今はまちなかに防犯カメラも多く設置されていることにも思い当たり、防犯というまちなかのマイナスな側面に対応するための装置を、まちなかの「幸せ」を計測する道具にもできるのではないか、という考えも本研究を行う動機となった。

さて、二〇〇九年当時、さっそく笑顔を検知してシャッターが切れる機能を備えたカメラを購入してみたものの、やはり動いている歩行者の顔を遠方から捉えて自動で写真を撮るというのはなかなか難しく、そのままで写真の撮れた枚数を歩行空間の評価に用いるのは無理に思われた。そこで、動画で撮影した歩行空間の画像をスロー再生し、顔のあたりを拡大したものをカメラで撮影することで、笑顔を捉えて自動で写真を撮影することができるようになった。ただ残念ながら、その手法を用いた初期の研究では、自動車の有無に着目した歩行空間の質の違いによってシャッター数に有意な差を見ることはできなかった。しかしその後、動画を対象として表情を検知する技術、また笑顔の度合いを示す技術が出てきたことにより、歩行者の笑顔を活用したより詳細な分析ができるようになったことで、歩行空間の違いと笑顔に関連性が見られることを明らかにすることができた。

まずは、アンケート調査とストレス計測で良い空間とされた歩行空間で、笑顔でのシャッター数と歩行者行動の違いについて検討した研究について、紹介していきたい。

## アンケート・ストレス・笑顔シャッターと行動観測

歩行者の行動と空間の関係について、ヤン・ゲール[7]は、屋外での人間の活動をつぶさに観察することで、「質の悪い空間ではごくわずかな最低限の活動（＝必要活動）しか起こらない。しかし、質の良い空間では幅広い活動（＝必要活動＋任意活動あるいは社会活動）が行われる」という考えを示している。この研究では、行動と空間との関係が詳細に分析されるにとどまっており、空間の評価手法の開発には至っていない。筆者ら[4]は、ヤン・ゲールが示したような行動の違いに加え、表情という歩行者の外形的特徴から歩行者空間を評価する手法を開発するための手掛かりを得ることを目的とし、歩行空間の車の有無に着目して、ストレス調査やアンケート調査による評価と観察による歩行者の行動、及び、表情の関連性について検討した。本研究では、研究対象として、埼玉県川越市の一番街周辺地区を取り上げた。川越一番街は、幅員九～一一ｍで二車線の県道に位置する商店街で、蔵造りの歴史的まちなみが残る、埼玉県有数の観光地である。市内の主要な幹線道路としても機能しているこの通りでは、休日には観光に来た歩行者が車道まであふれ、車と歩行者との錯綜が数多く見られており、歩行者と車の双方にとって危険な状況となっている。一方で、一番街では年に数日、お祭りなどの際に歩行者天国が実施され、車が通行しない歩行環境が実現する。

まず、アンケート調査と生体反応を利用したストレス計測から分析した歩行者の心理や意識より、観光地という、本来、ストレスがないほうが良いと考えられる空間において、車両は歩行者に対してストレスを与えていることを確認した。ストレス調査に用いた皮膚電位計は、汗腺活動の電位差を観測する測定器で、皮膚電位水準（ＳＰＬ）は精神的緊張の指標となる。分析には、計測中の最大値を一、最小値を〇とする基準化を行って、分析した。各環境における基準化ＳＰＬの平均値の結果を見ると、実験参加者五名中四名において、通常時は歩行者天国時に比べＳＰＬの平均値が高くなった。つまり、通常時は歩行者天国より精神的ストレスを感じているといえた。さらにＳＰＬの値の時間経過と歩行時の様子を撮影した動画を突き合わせると、大型車とのすれ違い時にはストレスが大きくなっている様子が見られた。また、一般歩行者へのアンケート調査からは、一番街での歩行者天国は車が通行する通常時と比べ、よい印象を持たれていることがわかった。これらのことから、車が通行しない空間は、歩行者にとって、車が通行する空間よりも「質の高い空間」であるという仮定が支持されることを確認した。

次に、前述の調査から質が異なるとわかった二つの歩行空間における、歩行者の行動と表情の違いについて分析を行った。対象地区とした川越一番街において、車が通行している場合と車が通行してない場合での歩行者の行動を分析することにより、歩行者天国では車が通行している場合に比べ、グループが横に並んで歩くなど、歩行者にとって制約を受けやすいと考えられる行動をとる人の割合が増加することがわかった。**図1**は歩行者天国時と通常時に対象道路を撮影した動画から二人組、三人組、四人組と判別できたグループについて、どのような並び方で歩いているかを観測した結果を示している。グループ全員が横に並んでいた割合は、二人組、三人組、四人組のどの組においても、歩行者天国の場合のほうが通常時に比べて大きくなっている。次に、子どもに対する保護者の行動と写真を撮る人の行動、および男女二人組の行動に関する分析結果を**図2**



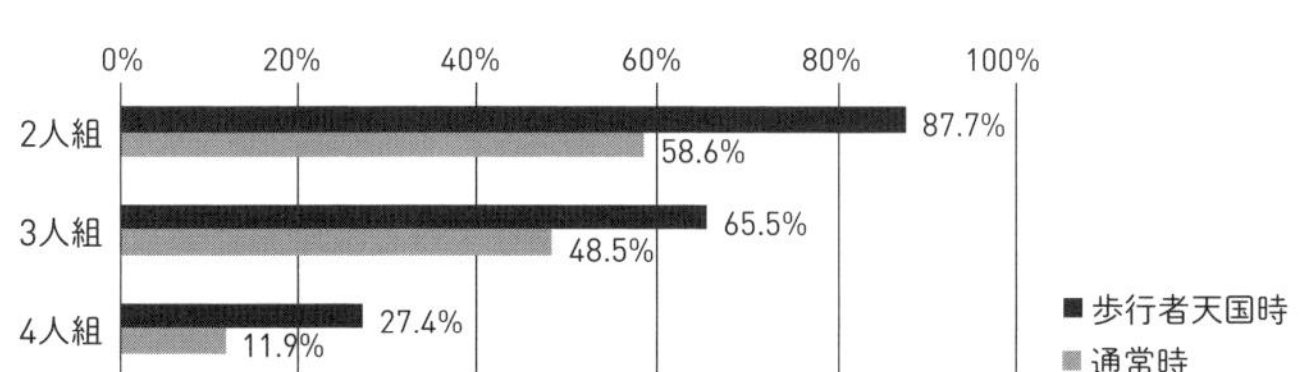


**図1**｜複数人の歩行行動に関する分析——グループ全員が横に並んで歩いている割合

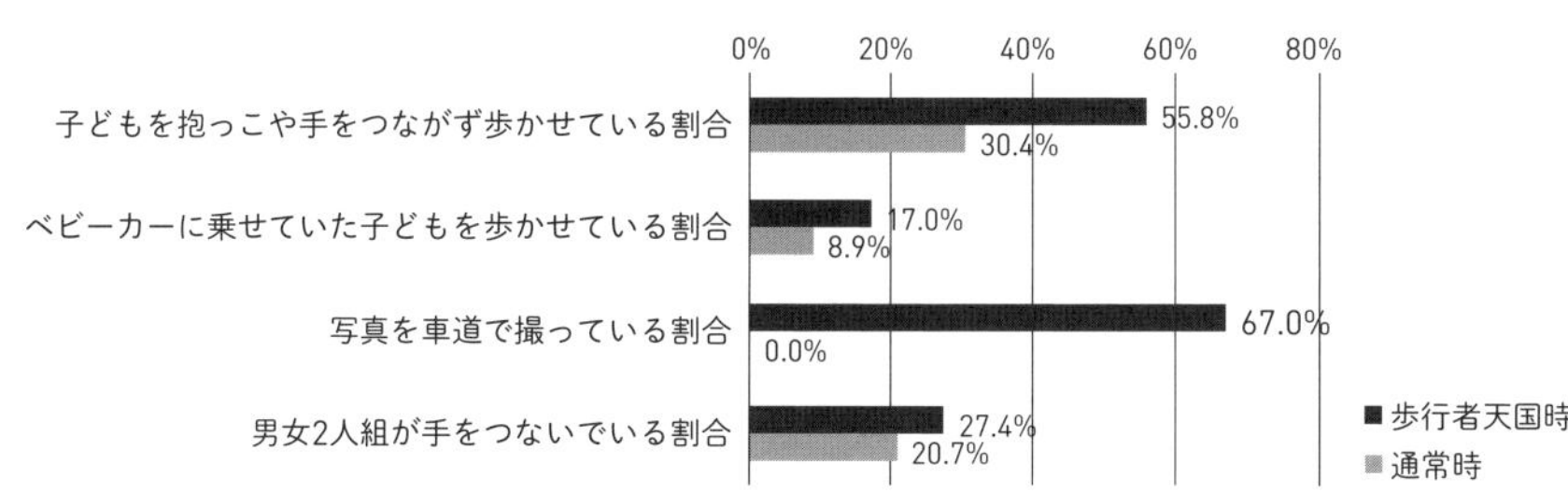


**図2**｜子ども連れ等の歩行行動に関する分析——歩行中にしている行動の割合

に示す。ここでは、筆者らが観測映像から小学生低学年以下と判断した子どもを分析対象とした。子どもに対する歩行者の行動は、子どもを手もつながずに自由に歩かせている割合、およびベビーカーに乗せていた子どもを降ろして歩かせている割合、どちらも歩行者天国において通常時よりも大きくなっているが、ベビーカーがある場合に関しては、有意な差は見られなかった。次に、写真を撮る人が車道で撮影している割合を見ると、歩行者天国時において六七・〇%が車道で写真を撮るようになった。男女二人組に関して手をつないでいる割合を見ると、歩行者天国時においては通常時に比べて増加している。これらの歩行者天国時に増加した行動は、各行動の中で制約を受けやすい（行動したくても行動ができない場合が多く発生する）と考えられる行動である。つまり、どの項目においても歩行者天国は通常時に比べ、制約を受けやすいと考える行動の割合が増加した。

また、一番街の近くには「クレアモール」と呼ばれる商店街があり、交通規制はないものの、自動車の通行はごく少数で、歩行者は普段から「歩行者天国」のような状況で通行している。クレアモールは、鉄道駅から徒歩で一番街に向かう場合の主要な通行経路となる位置にあるため、一番街とクレアモールで同一の歩行者を観測することができる。本研究では、これらの状況を利用して、一番街における「自動車が通行している状況」と一番街の「自動車が通行している状況」とクレアモールにおける「歩行者天国同様の状況」を両方通行した人を見つけることで、同一人物について、車が通行している環境と車が通行していない環境における行動の違いを見た分析結果においても、よりよい空間と示唆された車のいない環境では、車のいる状況に比べ、男女が手をつないで歩く割合や、二人組が縦や斜めではなく横並びで歩く割合が増加するという変化を観測できた。すなわち、歩行者の心理や意識分析から良い空間と判断された空間では、制約を受けやすいと考えられる歩行行動が増加し、行動の選択肢が多様化したと考えられる。これらのことから、歩行空間において、本研究で観測した行動を捉えることにより、歩行空間の質を評価することが可能であることが示唆された。

また、「笑顔でシャッターが切れるカメラ」を用いた歩行者の表情分析では、車がない環境で有意に多くシャッターが切られる結果は得られなかった。しかし、笑顔を検知するセンサーを用いることで、解析に時間を要する動画を用いての歩行者の表情の分析を簡便に行う手法について、適用可能性を示すことができた。

### 笑顔度合いの利用

前述の研究では笑顔でシャッターが切れるカメラを用いた

検討による、歩行空間の質に関する有意な差を見ることができなかった。そこで筆者らは、笑顔の有無を二値的に判断するのではなく、笑顔の度合いを考慮できる機能を用いることで、さらに笑顔の歩行空間評価への利用について検討することとした。着目したのは「スマイルスキャン」というオムロン株式会社の製品で、顔から様々な情報を読み取るオムロンの技術「OKAO Vision」により、検出された顔の特徴点検出から、両目の端点と口の端点の座標を特定し、表情によって変化する特徴点座標付近の特徴（目や口の形、顔のしわなど）の情報から、笑顔度合いを〇～一〇〇％までの数値で出力可能な機器である。スマイルスキャンは、企業での接客に関する社内教育や、リハビリテーションなどに用いられる機器であり、この機能を歩行者の笑顔度合いの計測に活用できると考えた。

しかしながら、スマイルスキャンは笑顔トレーニング機器であることから、検出対象は最大で二人、一回の測定時間は最大で六〇秒という制限があった。また、カメラの正面に向かった顔を検出することを想定しているため、歩行者の顔をシステムで認識するためには、動画をスロー再生した上で歩行者の顔をズームアップする必要があった。これらの制限は、街路を継続的に観測して評価する上で不都合があったことから、筆者らが研究開発を行った笑顔検出システムは、長時間の映像から複数



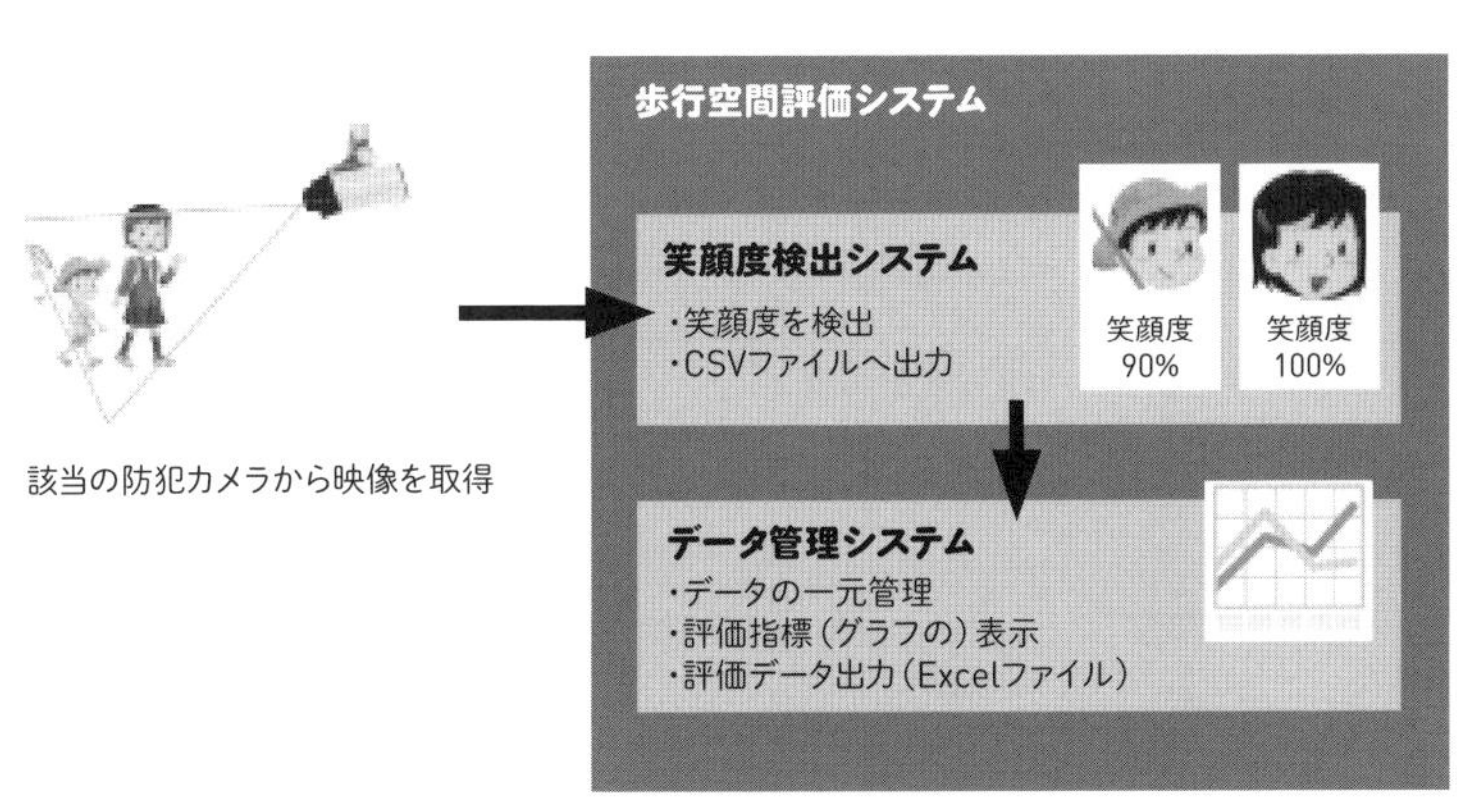


図3｜歩行空間システムのイメージ図

人の顔を検出し、笑顔度の測定を行うことができるシステムとした。

本研究で作成した歩行空間評価システムは、笑顔度検出システムと、データ管理システムの二つの部分から成っている。システムの概念図を**図3**に示す。まず、評価を行う街路空間において歩行者を撮影し、動画を保存する。その動画をコンピュータに取り込み、笑顔度検出システムで解析することで、歩行者の笑顔度をデータ化する。データ化された笑顔度は、CSVファイルとして保存される。次に、データ管理システムにより笑顔度がデータ化されたCSVファイルを読み込み、観測日時、観測場所、道路構造などの属性を付加してデータの一元管理を行うとともに、時間平均などの統計値をグラフ、数値で出力する。

歩行空間評価システムで用いる笑顔度検出システムには、オムロン株式会社の「スマイルスキャン」と同様に、オムロン株式会社の技術である顔認識センサー「OKAO Vision」が搭載されている。このOKAO Visionにより、目じりの下がり方や口の形、顔のしわなどの情報を読み取ることで、歩行者の笑顔度を〇〜一〇〇%の数値にして出力している。

## 多様な街路における観測調査および歩行者表情への要因分析

歩行空間の多くは、歩道幅員や植栽等の歩道の形状や構造によって様々なケースが存在する。そこで、歩行者の笑顔度を増減させる歩道の構造条件やその他の要因を明らかにし、笑顔度を用いて歩行空間を評価することを目的とし様々な実道における歩行者の表情の評価を行い、車道や歩道の構造といった道路形状の違いによって笑顔度がどのように変化するのかを明らかにするため、実道における歩行者観測調査を行い、笑顔度検出システムを用いた検証を行った。調査地点は埼玉県内の駅前通りとし、JR京浜東北線の川口駅から大宮駅の間の駅、JR高崎線の大宮駅から桶川駅の間の駅、東武伊勢崎線の草加駅、および東武東上線の朝霞駅の駅前通り二二地点を調査地点とした。

## 歩道の有無による平均笑顔度の比較

歩道がない四地点と歩道がある一八地点の平均笑顔度を算出し、両者の平均笑顔度の比較を行った。まず、歩道のない地点において、一時間あたりの車両通行台数と、歩行者の平均笑顔度の関係をみた［図4］。この結果からは、一時間あたりの車両通行台数と歩行者の平均笑顔度に負の相関が見られ、決定係数は〇・九〇となっている。すなわち、走行する車両台数が増加すると笑顔度が減少する可能性が示された。

次に、歩道がある地点に着目した分析を行う。歩道がある一八地点を、歩行可能な幅員が三m未満の七地点と三m以上の一一地点に分け、それぞれの平均笑顔度の集計結果を**図5**に示す。なお、草加駅東口では自転車専用レーン整備前と整備後の二回調査したため、歩行可能な幅員が三m以上の地点のサンプル数が一二となっている。結果として、歩行可能な幅員が三m以上の地点における平均笑顔度のほうが高くなった。また、平均値の差の検定を行った結果、p値が〇・〇四九となり、歩行可能な幅員が三m以上確保できる地点の方が平均笑顔度が高くなることが示された。したがって、歩行可能な幅員が三m未満の地点においては、歩行可能な幅員を三m以上確保することで笑顔度を増加させることができるといえる。

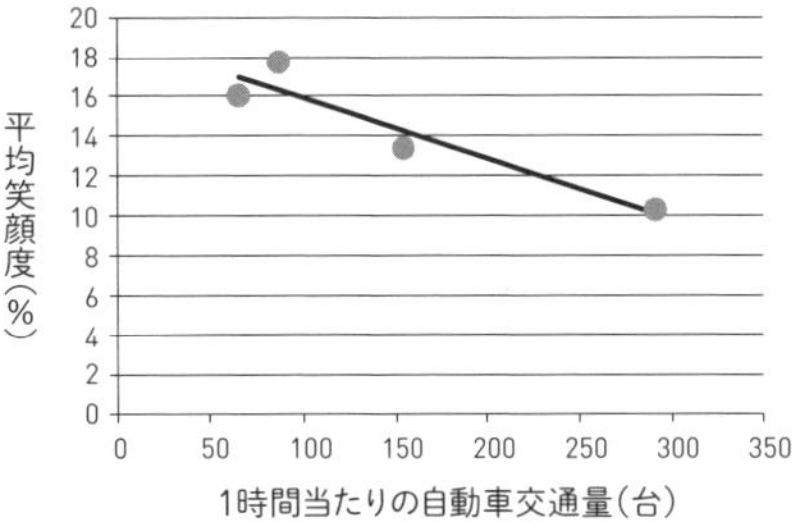

## 自転車通行空間整備の効果検証

歩行者空間改善・創出の取り組みが行われている道路として、車道での自転車通行空間が整備された街路を対象とし、事前事後の歩行者の笑顔度を比較することで、歩行空間改善に関する検証を行った。

歩行者の通行空間の改善事例として、車道での自転車通行空間整備に着目した。自転車通行空間整備が行われ、それまで歩道を通行していた自転車が車道を走るようになれば、歩行者はより安心して通行できるようになり、歩行空間の質は改善されると考えられる。観測地点とした草加駅東口では、二〇一三(平成二五)年度に車道に自転車指導レーンが整備された。ここでは、整備前後における歩行者の笑顔度に関する検証結果について述べる。草加駅東口における自転車通行空間の整備前と整備後の平均笑顔度の集計結果を**図5**に示す。なお、相手との会話等による影響のほうが自転車指導レーンの整備効果よりも強く出てしまい笑顔度が高くなると考えられるため、二人組以上

**図4**｜単断面道路における平均笑顔度と自動車交通量の相関関係

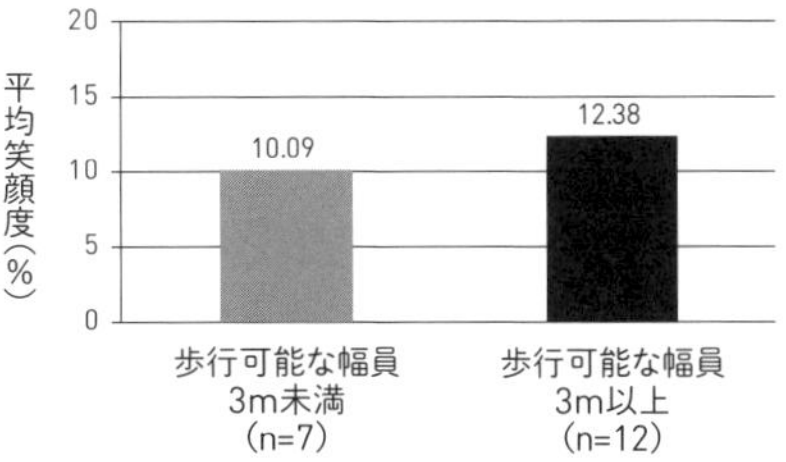

**図5**｜歩行可能な幅員3m未満の地点と3m以上の地点における平均笑顔度の比較

で歩行する歩行者の笑顔度は除いた。結果として、自転車通行空間整備後では、笑顔度の平均値は一一・二六%から一一・四九%というわずか〇・二三%の違いであり、変化は見られなかった。この結果について、自転車指導レーンの整備効果とともに、さらに検証した。

草加駅東口における自転車指導レーン整備前と整備後の歩行者数や自転車台数について、整備後のほうが歩行者数は増加し、整備後のほうが歩道内を通行する自転車の台数は減少しているものの、自転車指導レーンを走行した台数は三〇台しかおらず、依然として歩道内を走行する自転車が多かったことがわかった。したがって、自転車指導レーンの整備効果が確認できなかったことが、笑顔度がわずかしか増加しなかった原因であると考えられる。継続的に調査を実施することで、自転車通行空間の利用促進などを踏まえ、歩道から車道へ自転車の走行位置が移った段階での調査を検討する必要があると考えられる。

歩行空間を走行する自転車の存在が歩行者の快適性にどのような影響を与えるかを明らかにするために、さらに別の分析を実施した。ここでは、歩道で自転車とすれ違うときの歩行者の表情に注目した。対象道路は、上尾駅東側に位置し、歩道の自転車交通量が多い道路である。歩行者の表情について二つに分類することとし、一つ目の分類は、システムによって顔が検出される前後五秒以内に自転車とすれ違った歩行者、もう二つ目の分類は、システムによって顔が検出される前後五秒以内に自転車とすれ違った歩行者である。分析の結果から、自転車とすれ違う歩行者は相対的に笑顔が低いことが分かった。このことは、歩道上の自転車の存在が歩行者の笑顔を減少させていることを示唆している。自転車レーンが適切に活用されれば、歩行者の歩行体験の質の向上に貢献する可能性がある。

## 歩行空間の新たな評価方法への期待

本節では、歩行者のしぐさや歩行者の笑顔といった、歩行者の外形的特徴を利用して、まちなかを歩いている人を煩わせることなく歩行空間の質を計測する手法の提案について紹介し、また歩行者の笑顔の利用のために開発した、表情センサーを用いた歩行者笑顔度の計測システムを紹介した。

アンケート調査やストレス調査により、歩行者にとって自動車が通行するよりも良い空間とされた、自動車の通行しない空間では、グループが横並びになる割合が増えるなど、歩いているときの制約が小さくなっている様子が見られ、歩行者の行動を観測することで歩行空間の質を評価できる可能性を示すことができた。

歩行者笑顔度計測システムを使用して、駅前の様々な道路で記録された動画を分析し、歩行者の笑顔の度合いに影響を与える道路の構造やその他の要因を分析した結果からは、歩道のない道路では車両の台数が増えるにつれて笑顔度が低下すること、歩道のある道路については、歩道の有効幅員が三m以上の道路で歩行者の笑顔度が高まることがわかった。また、歩行者と自転車が歩道で接近すると歩行者の笑顔度が低下することがわかった。歩行空間の質を計測する上で、歩行者の表情は歩行空間の質を評価する新たな指標となる可能性があることが示唆されたと考えられ、表情センサーの高度化など、今後の技術革新により、ウォーカブルな空間の質を高める上で有用な指標になる可能性がある。

# 豊かさの指標から見たウォーカビリティ

岸上祐子・馬奈木俊介

## 温泉のまち、別府市

国内で最も多く温泉の源泉が立地している大分県。その中でも、源泉が集積しているのが別府市である。別府市は大分県中部に位置し、人口約一二万人、面積一二五㎢に温泉の源泉が二〇〇〇本以上集中する日本一の温泉集積地である。市の事業所数の約四分の一が宿泊業・飲食サービス業に該当し、市の経済における温泉観光関連業は大きな位置を占める。

しかし、伝統的な温泉地は「団体旅行対応等のため、温泉施設を大規模化したが宿泊客は増加せず、循環ろ過方式を導入したが衛生問題等で不評」とされ、大分県の温泉の利用者数（年度延べ宿泊利用人員、環境省調査）では、一九九八年度は約六八〇万人であったのが二〇〇八年度は約六一〇万人、二〇一八年度は約五九〇万人と減少している。また、二〇一一年四月には、観光庁から「訪日外国人旅行者の受け入れ体制整備に係る外客受け入れ地方拠点」に選定され、特にアジアの観光客に人気の観光地であったが、コロナウイルス感染拡大防止のためにインバウンドの観光客は姿を消した。

多くの地方都市と同様に別府市も人口減の傾向にある。市の「まち・ひと・しごと創生 改訂版 別府市人口ビジョン」（二〇二〇（令和二）年三月）によると、別府市の人口は「一九八〇年の一三万六四八五人をピークに減少し、二〇一五年には一二万二一三八人となっている。国立社会保障・人口問題研究所によると、本市の人口は今後も減少傾向が続き、二〇四〇年には一〇万人を下回り、九万九〇八三人になると推計されている」とされる。

環境省の「温泉の保護と利用に関する課題について（中間報告）」（二〇〇四（平成一六）年六月）でも温泉地については「国民の温泉利用の多様化等により、温泉地の明暗拡大」し、「温泉地の創意工夫を促し、魅力ある温泉利用の場づくりを進めること」が課題と指摘されている。

## メディカルリゾートへの期待

これまでの観察的温泉研究（温泉医学）では、温泉入浴の習慣が、女性において高血圧（予防）、膠原病（促進）、男性においては心疾患（予防）、大腸がん生存率（促進）の疾病予防または促進効果を発揮する可能性[1]があると報告されている。こうした健康における効果を生かし、温泉地の新たな魅力として考えられるのが健康との保養をかけ合わせた「メディカルリゾート」である。

別府市は、温泉療養地としての歴史があり「産業別従業者の割合を全国の割合と比較すると、医療・福祉、宿泊業・飲食サービス業において、全国水準を大きく上回って」いる。大学病院等も充実し、健康面への温泉の効用についての知見を得る条件が整っている。また、温泉の入浴用途に用いられる一〇種類の泉質のうち七種類が確認されており、泉質別の効果を検討することが可能である。また、別府市で確認された温泉の効用は国内の他の温泉地でも活用可能である。これらのことから、温泉の効能を検証するためのモデル地区として適切であると判断した。

## ウォーカブル・シティとしての可能性

健康に良いとされる温泉が有する免疫力を高める効果が科学的に証明することによって、地域の自然資本の価値を裏付けることが可能となる。また、別府市、別府市旅館ホテル組合連合会の広報や実証実験協力者の募集により、湯治のための滞在や、企業のテレワークの拠点として広く認知させることが可能となる。別府市は温泉の他、自宅の近辺で必要なすべてのアメニティが得られるとする一五分都市（15-minute city）の概念を取り入れることで、移動距離の少ないまちづくりを行う。また、市では健康増進をはじめとするＳＤＧｓ達成に向けて明確な数値設定を行い、ＰＤＣＡサイクルを回すことで、より住みやすく持続可能なまちづくりを行い、療養型メディカルリゾートとして国内外の認知を広げることを目指している。ウォーカブルなメディカルリゾートとして、雇用創出、充実した医療・福祉環境や住みやすい生活環境に惹かれた転入促進、交流人口増加が期待される。

また、二〇二一年四月に別府市は免疫力日本一を宣言し、その実現に向け九州大学都市研究センターと包括連携協定を結んでいる。これには、別府市、別府市旅館ホテル組合連合会、九州大学都市研究センターの三者が関わり、別府の温泉が保有する免疫力を高める効果を科学的に証明することなど「免疫力日本一宣言の実現」に向けた取り組みを連携して推進するために締結された。

## 温泉の健康への効能

そこで、二〇二一年六月〜二〇二二年七月にかけて温泉の効力を証明する実証実験が実施され、一三六名（男性八〇名、女性五六名）が参加した。被験者には、別府温泉の五種の泉質のうち（単純温泉、塩化物泉、炭酸水素塩泉、硫黄泉、硫酸塩泉）、同じ温泉に続けて七日間、一日に合計二〇分以上入浴し、入浴試験開始前後に便検体を提出してもらった。

分析は、被験者が入浴を行った五つの泉質の温泉「単純温泉」・「塩化物泉」・「炭酸水素塩泉」・「硫黄泉」・「硫酸塩泉」と男女別・年代別で層別化して行い、泉質別・男女年代別の効果を評価することを試みた。また、腸内細菌叢における各種細菌は人によって腸内における出現率と占有率が大きく異なるため、各被験者の上位二〇種の占有率を持つ腸内細菌を対象に分析を行った。

## 性別や年代別で異なる効果

温泉入浴前後の腸内細菌叢の分析によって、泉質によって異なる疾病リスクを低減できる可能性が示唆された。入浴前後で疾病リスクの変化に統計的に有意な結果が出たものとして、男性の単純温泉入浴による「過敏性腸症候群」の疾病リスクが減少することが示された。また、五〇歳未満の男性において、すべての泉質において「通風」の疾病リスクが減少することがわかった。

腸内細菌叢の占有率の変化について、統計的な解析を行った結果では、男性の炭酸水素塩泉入浴によって、善玉菌であるビフィズス菌の有意な増加が認められた。また、女性の単純温泉入浴によってコプロコッカスの増加が、五〇歳未満女性の塩化物泉入浴でフィーカリバクテリウムの増加が統計的に有意な結果となった。これらの細菌は、増加することで各種疾病を改善する可能性が示唆されている[2-4]。

以上の結果から、健康懸念にあった泉質の温泉に入浴することで、各種疾病リスクを減少出来る可能性が考えられる。今後のさらなる研究によって詳細が明らかになることを期待したい。

## 温泉の効果を実証することで地域貢献へ

・温泉の効果

別府温泉の泉質別に、疾病リスクの軽減の可能性があることを示すことができた。

温泉の効能について、腸内細菌叢に焦点をあて、自治体と共に大きな規模で科学的に検証を行った。プロジェクトには企業も参画し今後の産業創出につながる可能性もある。また、健康の価値について技術シーズである新国富指標(Inclusive Wealth Index)を用いて数値化し評価されることで、自治体の施策などの具体的な取り組みへの反映が期待される。

・地域のSDGsへの貢献

別府市の経済にも貢献する自然資源である温泉の価値を示すことで、SDGsの「③すべての人に健康と福祉を」「⑪住み続けられるまちづくりを」に資するほか、健康面の改善により教育や経済へも良い影響を及ぼすためひいては「④質の高い教育をみんなに」「⑨産業と技術革新の基盤をつくろう」に貢献し、人の幸福度も増加する。そこから「⑧働きがいも経済成長も」へ連鎖し、同時に活気のある「⑪住み続けられるまちづくりを」へつながる。

・各地への波及効果

プロジェクト期間の検証時から、検証参加者を呼びかけることで別府の知名度が向上していたためメディカルリゾート先進地としての認知が広まり、湯治の効果を得ること、およびワーケーションの場としても注目が集まる。それにより、観光地としてのブランド力が高まることが予想される。

## 指標でウェルビーイングを示す

別府市では、二〇二四年六月から約一年間、市が運行するコミュニティバスを使ったライドシェア「湯けむりライドシェア」の実証運行を行う。業務として乗客を運ぶには第二種運転免許（通称：二種免許）が必要だが、一種免許でも運転できる。走行する地域は、別府市内でも高齢化率が高く公共交通が少ない地域で、運行は一日一〇便、一乗車二〇〇円で決まったルートを走り、市民も観光客も、誰でも利用ができる。

人の幸福には、経済的な豊かさだけではなく、人との関わりや環境も重要なことがわかる。新国富指標では、これらを包括的に測ろうとする。このような指標を用い、地域の自然資源の価値を評価した次には、このような具体的な移動手段の取り組みによるウェルビーイングの増加も注目したい。大分県は別府市以外にも湯布院や湯平温泉など、多数の温泉地を抱える。さらに、国内において温泉地は人気のある観光地である。本研究の意義は、他の温泉地においても応用可能であり、自然資本を活用した豊かな地域づくりに資するだろう。

第4章

討論

# 日本のまちとウォーカビリティ

# 討論・日本のまちとウォーカビリティ

［コーディネーター］**一ノ瀬友博**／［話題提供者］**浅野幸継**
［パネリスト］**森本章倫／村上暁信／田島夏与／岩崎 寛／鳥海 梓**

ここでは、これからのウォーカビリティのあり方について、公開シンポジウム「ウォーカブルなまちを評価する――居心地の良いまちを目指して」にて議論した内容を紹介する［**図1**］。

## 日本に求められるウォーカビリティ

**一ノ瀬**――本書の内容を経て、ここからは**図1**に示す論点について、さらに突っ込んだ議論に入っていきたいと思います。世界中で様々な課題や地域の実情があり、それぞれのウォーカビリティが目指されていますが、ここでは日本にとってどのようなウォーカビリティが求められているのかを議論していきたいと思います。

89ページ**図2**に、国際交通安全学会の五〇周年に合わせて公表した「IATSS VISION 2024」があります。大きく下に三つ「MOBILITY（モビリティ）」「SUSTAINABILITY（サステナビリティ）」「WELL-BEING（ウェルビーイング）」とあります。「モビリティ」というのは、それぞれの人が自由に動けるということ。さらには安全に動けることですね。「サステナビリティ（持続可能性）」は、環境、経済、社会という視点があるわけですが、今このサステナビリティが世界的にますます求められるようになってきています。最後の「ウェルビーイング」は、本書162ページでも取り上げた岩崎先生の話題でも「ゼロ次予防」という話がありましたが、健康でないところから健康になるのではなく、個人のウェルビーイングをさらにもっとよいほうに上げていく側面から、今様々なところでキーワードになっていると思います。

国際交通安全学会のビジョンとしては、この三つの要素が絡み合って理想的な交通社会を形成することを目指すべきで、それをこの学会が担うことになります。

「ウォーカビリティ」の議論は、まさにその中心に位置するものだと考えております。

## なぜウォーカブルでなければならないのか？

**一ノ瀬**──これからあるべきウォーカビリティについては、様々な分野が統合し、理想的なものを目指すべきだと思います。日本のまちの課題を踏まえた上で、どのようなウォーカビリティを目指すべきでしょうか。

**森本**──大変難しい題目ですが、まずなぜ日本でウォーカビリティが必要なのか。私は二つ大きな目的があると思います。一つは本書でも議論されているウェルビーイングです。田島先生は、土地の価値をきちんと把握し、経済的に個人のウェルビーイングを上げる話でした[本書142ページ参照]。あるいは、岩崎先生の健康に関するお話がありました[本書162ページ参照]。そこに住む人自身のウェルビーイングが上がることが、大きな目的の一つです。

もう一つは、社会全体を持続させられるかどうかの視点があると思います。それには、魅力ある空間をつくり、まちをコンパクトにすることで、市街地を緩やかに縮退させながら都市の財政バランスをとっていくことです。その魅力的な空間をつくるために、ウォーカビリティが

**①これからの日本のまちには どのようなウォーカビリティが求められるのか？**

・なぜウォーカブルでなければならないのか？
・誰のためのウォーカブルなのか？
・場所に応じてウォーカビリティのあり方を分けて考える必要があるのか？

**②日本のまちのウォーカビリティ実現のために 超えなければならない課題は何か？**

**図1**｜これからのまちとウォーカビリティ、その論点

必要になる。ウォーカビリティは、この二つの目的を持ちながら議論が動いているのだと私なりに解釈しています。

**鳥海**――なぜウォーカブルでなければならないのかに対する一つの答えとして、先ほどの岩崎先生のお話にあった、「誰一人取り残されることのない」社会を目指そうと考えたときに、いちばん多くの人ができる移動の手段が「歩く」ことだからという点が挙げられると思います。自転車を持っていない人もいるし、自動車を運転できない人もいる、となると、「歩ける」ことが移動を支えるベースにあるべきで、それが公平な社会につながることだと考えます。

ただ、人によって歩ける距離が違ってきます。例えば、小さな子どもを連れていると、一人で歩くときよりも短い距離しか歩けませんし、高齢になると歩ける距離が短くなることもあります。そうなると次は「バスに乗る」とか「他の人が運転する車に乗せてもらう」という補助が必要だったり、「自転車を買おうか」と思ったりする、歩く行為を補助するモビリティの必要性が生じます。最終的には、ウォーカブルな空間をつくることと同時に、それを助けるほかの交通手段も合わせて都市やまちができていくことが重要になるのではないかと考えています。

**田島**――アメリカの調査の中で面白かったのが、一九世紀頃につくられた道は、馬車と馬と人を対象につくられ、二〇世紀に入り、自動車と自転車と人のためにつくり変えられていくのですが、あるポイントで完全に自動車に凌駕されていきます。一時点を見ても、車と人をどうするかは大事なポイントですが、ライフスタイルを変えていくなかで、どのように交通モードを取り入れていくかがとても大事になると思っています。まず「ここに行きたい」「ここに行けば何かがある」と思える居心地の良い空間があること。そしてそれらがわかりやすくつながれていること。そこに至るまでに自分がどのような空間に身を置くことになるかがわかりやすく伝わることで「では歩いていこう」という選択につながっていくのだと思います。まずは、点と点がわかりやすくつながることを目指していきたいと思うところです。

**岩崎**――柴山多佳児先生は、日本とヨーロッパの違いを示されて、市民参画の重要性として「利用者や住民の視線がすごく大事」と言われました［本書49ページ参照］。現地でも実際にわかりやすく、住民の方に考えていただくような工夫をされていたと思います。日本でも場をつくっていく際には、市民を巻き込んで合意形成していくことが大事な過程になり、よいものをつくっても、理解されなければ結局は使われないものになります。そこがいちばんの課題です。

　では、どうやって住民の意図を汲み取ってかたちにしていくか。そのときに「ゼロ次予防」の視点が必要になると考えています。やはり一般の人の中には、ウォーカブルに興味がない人がたくさんいます。「ここはすごくウォーカブルで良い場所だよ」と言っても、なかなか行かない。そういう意味で、「健康」は必要としない人がいないのですね。健康は、子どもからお年寄りまで多くの人にとって必要なものです。ウォーカブルな場所を使うことによっていかに健康が得られるか。「健康」と「ウォーカブル」をセットで考えていくと、研究者だけでなくより多くの人が関心を持ってまちづくりに参加できるのではないかと思います。

**村上**——考え方としては、森本先生がおっしゃったことに私も賛成です。やはり社会に対してどうなのかを合わせて考えていくことが必要だろうと思います。ご紹介した「丸の内ストリートパーク」［本書64、170ページ参照］でも、空間そのものを扱っていると、熱環境の改善はできるのですが、「それをやったら何がよいのですか？」という問いがより重要になってくる。その問いかけを続けることで、毎年のように取り組む内容が発展していき、その過程でステークホルダー、地元のエリアマネジメント団体との議論が進みます。「やっぱりリラックスできたほうがいい」とか、あるいは、ビジネスの最先端のところですので、「イノベーションが起こせるようなところがいい」「それに対して空間はどのような役割を担うべきなのか」という議論に展開していきます。そのプロセスが非常に大事だと思うのです。「なぜウォーカブルが必要か？」に対する答えは、場所によって違ってきますので、社会との関係を考えながら、その場所ごとに解を求めていくプロセスが必要だろうと思っています。

　もう一つ、「ウォーカビリティ」という言葉からは、空間をつくっていくことがイメージされやすいと思います。しかし、これまでに行った丸ノ内での生理についての調査の結果では私自身も予想してなかったことですが、空間自体の快適性を感じてもらうためには「前の日の睡眠が大事」という項目が出てきました。そうすると、働いている人たちに「ちゃんと寝なきゃダメですよ」という話をするわけです。結局そういうことが、その空間、その都市、そのエリアの魅力を高めることにつながっていくのです。つまり、空間をつくって終わりではなく、そこでどう生活していくかについて、地元の人たちとコンセンサスを得ながらさらに発展させていくことが非常に重要なのだろうと思います。

**一ノ瀬**──場所によって違う解を探さなければいけないということ。良く寝ているかどうかで異なってしまうという話は、非常に興味深いですね。個人のレベルの話、社会のレベルの話、交通モードの話といくつか重要なポイントが出てきたと思います。

## ウォーカビリティとモビリティ

**一ノ瀬**──まずはモビリティとの接続性、歩くことと何がつながるのか。異なる交通モードの接続という視点で、それぞれの人のニーズは異なると思いますが、場所や少し広域的な視点、都市の構造が変わると、変数が非常に多くなります。難しい問題だと思いますが、交通モードとの関係でさらに追加のご意見をお願いします。

**鳥海**──今ある交通モードを前提に、どう変えていくかを考えていかざるを得ないと思います。そうすると、駅前周辺をどうウォーカブルな空間にするのか、駅からバスに乗り換える人がどのように歩くか、バスから降りて目的の場所に行く人がどう歩くかという話になりますね。まず、道路や交通のネットワーク全体の計画をしっかり立てる必要があると思います。駅前の目抜き通りなどでは、自動車を制限したり一方通行にしたりして歩くことを重視している通りが多くありますが、それ以外の通りは結構混沌としていることが多いです。バスも自転車も自動車も混在し、自動車から送り迎えしてもらった人がそこら中で横断して、ヒヤッとするような場面も多い状態です。全体を俯瞰して「この道はバスや自動車との乗り降りのための道です」「こちらはウォーカブルな空間として歩行者専用にしていきます」などと、道ごとの位置づけ、役割分担をはっきりさせていくことが重要だと思います。

　そうする中で、道路の空間が不足する場面が出てきます。例えば、自転車を停める駐輪場が不足し、道路上に駐輪した自転車が溢れて歩きづらい状況などは現実に見られます。ですから、民地、施設の側とも協力しながら、「この店舗に入るときにはこの場所で停めて、ここで入れるように」とか「このバス停で降りた人が、ここで道路を横断して、この病院の入り口に迎えるように」という全体を、建物の入口や駐車駐輪施設の配置なども含めてみんなで考えていけると、より実現しやすいように思います。

**一ノ瀬**――日本の場合、駅を中心としたまちのつくられ方をしているわけですが、駅周辺を含めた都市全体の計画があり、さらにブレイクダウンしたウォーカブルのあり方を考えていくということですね。

## 都市空間をいかに上質なものにしていくか

**一ノ瀬**――例えば東京のような大都市の場合には、実質的に車が使いにくく、交通の分担率として車はかなり低いわけですよね。そもそも今も十分ウォーカブルと考えてよいのかどうか、森本先生にぜひご意見いただければと思います。TOD(Transit Oriented Development)や、交通のつながりという面で、先生がテーマにされている地方都市、特に宇都宮での実践について、これからのあるべき姿をお話しいただければと思います。

**森本**――浅野幸継さん(国土交通省都市局まちづくり推進課課長補佐)が、大都市と地方都市では都市機能や人口規模の特性に応じて少し異なる交通戦略があると言われていました［本書206ページ参照］。大都市においては、日本がこれから世界に向けて一定程度のイニシアチブを取るために国際競争力を身につけ、外に向けて戦っていくという意味での戦略です。地方の場合は、人口減少の中で持続可能な社会をつくるためにいかに「コンパクト+ネットワーク」をつくるかです。おそらくこの二つの戦略を上手に使い分けることが必要だと思います。

ロンドンが二〇四一年までに自動車の分担率を二〇%まで減らすことを目標にしていると柴山先生は話されていましたが*、最近の東京都市圏パーソントリップ調査で自動車の分担率を調べてみたところ、日本では二〇一八年に二〇%を達成している都市があります。横浜市です。横浜市の自動車分担率は実は二〇%なのですね。当時もっと上が川崎市で一四%、東京都区部は八%です。つまり、物量的に考えるのならば、東京という都市はロンドンのはるか先を進んでいます。まずはそこを認識すべきだと思います。

ただし、量として進んでいるかもしれませんが、質で勝っているかというと、そうでないところがたくさんあ

*$CO_2$削減の取り組みとしてイギリス・ロンドンでは、自動車交通分担率を二〇一五年の三七%から二〇四一年までに二〇%まで削減する目標を掲げた

## 「居心地が良く歩きたくなる」まちなかづくりとは

浅野幸継
国土交通省都市局まちづくり推進課

全国的な人口減少や少子高齢化の進展、地方都市での市街地の拡散、コロナ禍によるライフスタイルの変化など、近年の都市を取り巻く状況は著しく変化しています。

国土交通省では、令和二（二〇二〇）年度の都市再生特別措置法改正を契機に、まちに出かけたくなる、歩いていて楽しくなる、まちに居たくなる、といった、「居心地が良く歩きたくなる」まちなかづくりを推進するため、法律・予算・税制によるパッケージ支援を行うとともに、普及啓発・機運醸成の取組みを行っています。これによって、多様な人々が集い、多様な交流が生まれ、イノベーションの創出や人中心の豊かな生活の実現が図られ、それが地域課題の解決や新たな価値の創造につながり、さらには、内外の多様な人材、関係人口を惹きつけるという魅力的な都市の構築に向けた好循環が期待されます。

また、居心地の良さを計測・把握し、可視化するツールとして「まちなかの居心地の良さを測る指標（改訂版 ver1.1）」を令和六（二〇二四）年度六月に作成・公表しました。

これまではハード整備の状況や滞在者・通行者数により、まちなかの状態を把握していましたが、滞在者・通行者がどのように場を利用しているか〈活動〉、どのように感じるか〈主観〉にも着目し、居心地の良さを安心感・寛容性・安らぎ感・期待感という四要素に分類し、指標を整理しています。

あわせて、本指標はエリアのビジョン等に応じて指標となる項目を選択・追加しながらエリア独自の指標を設定することとしています。都市機能や人口規模といった各都市各エリアの特性に即した指標を設定し、どのように空間を育てていくのか、どのように空間を使えたらいいかなど関係者間で意見交換の素材としての活用を期待しています。

「居心地が良く歩きたくなる」まちなかの創出を推進するにあたっては、地方公共団体、民間事業者、住民の方々など多くの関係者の連携が不可欠です。都市再生特別措置法や関係施策に基づいて、多様な人々が交流・滞在できるゆとりとにぎわいのある空間の創出など、都市の魅力を高めるエリア価値の向上に向けた取組が各地域で進められるよう、引き続き取り組んでいきます。

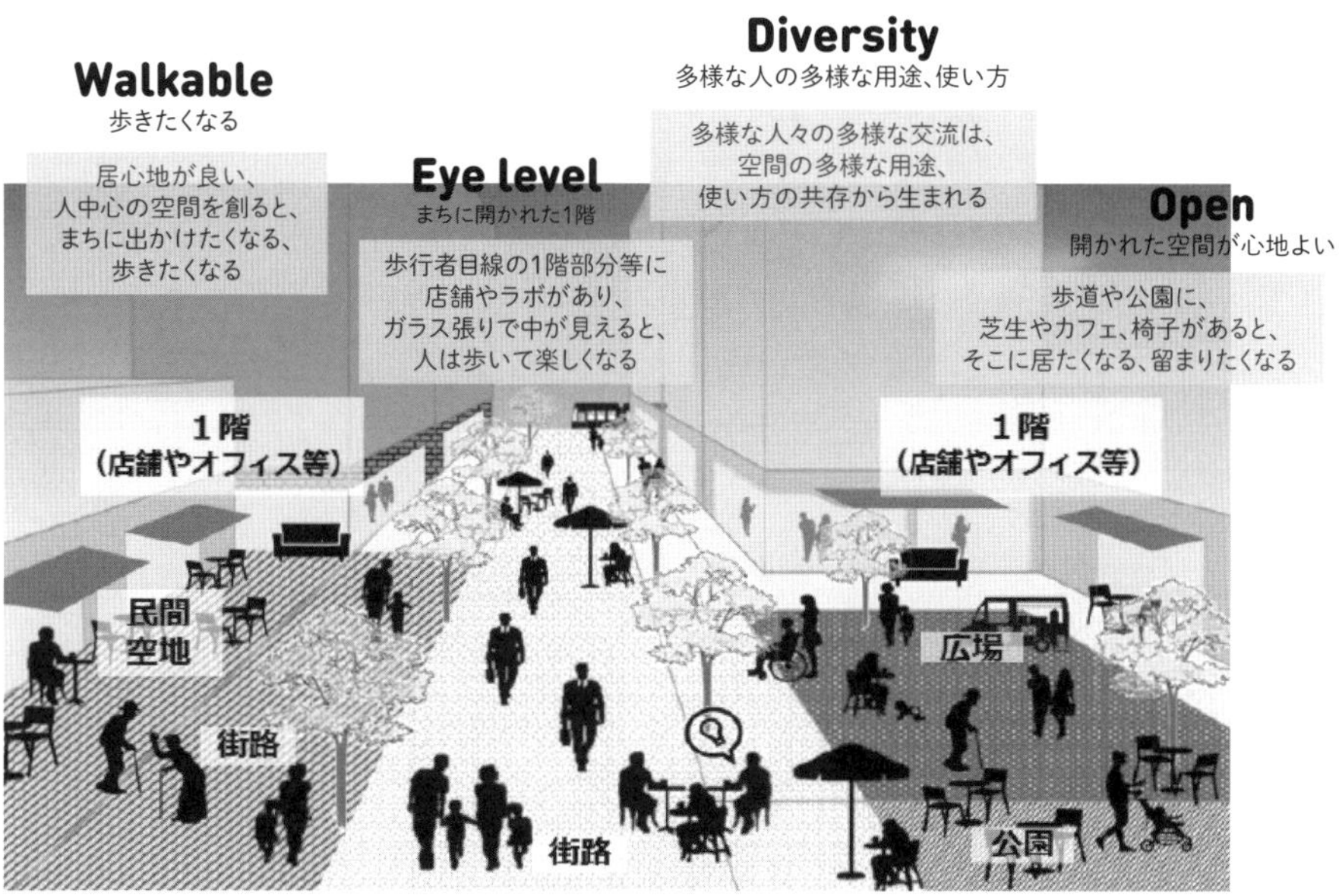

**Walkable**
歩きたくなる

居心地が良い、
人中心の空間を創ると、
まちに出かけたくなる、
歩きたくなる

**Eye level**
まちに開かれた1階

歩行者目線の1階部分等に
店舗やラボがあり、
ガラス張りで中が見えると、
人は歩いて楽しくなる

**Diversity**
多様な人の多様な用途、使い方

多様な人々の多様な交流は、
空間の多様な用途、
使い方の共存から生まれる

**Open**
開かれた空間が心地よい

歩道や公園に、
芝生やカフェ、椅子があると、
そこに居たくなる、留まりたくなる

1階
(店舗やオフィス等)

1階
(店舗やオフィス等)

民間
空地

街路

街路

広場

公園

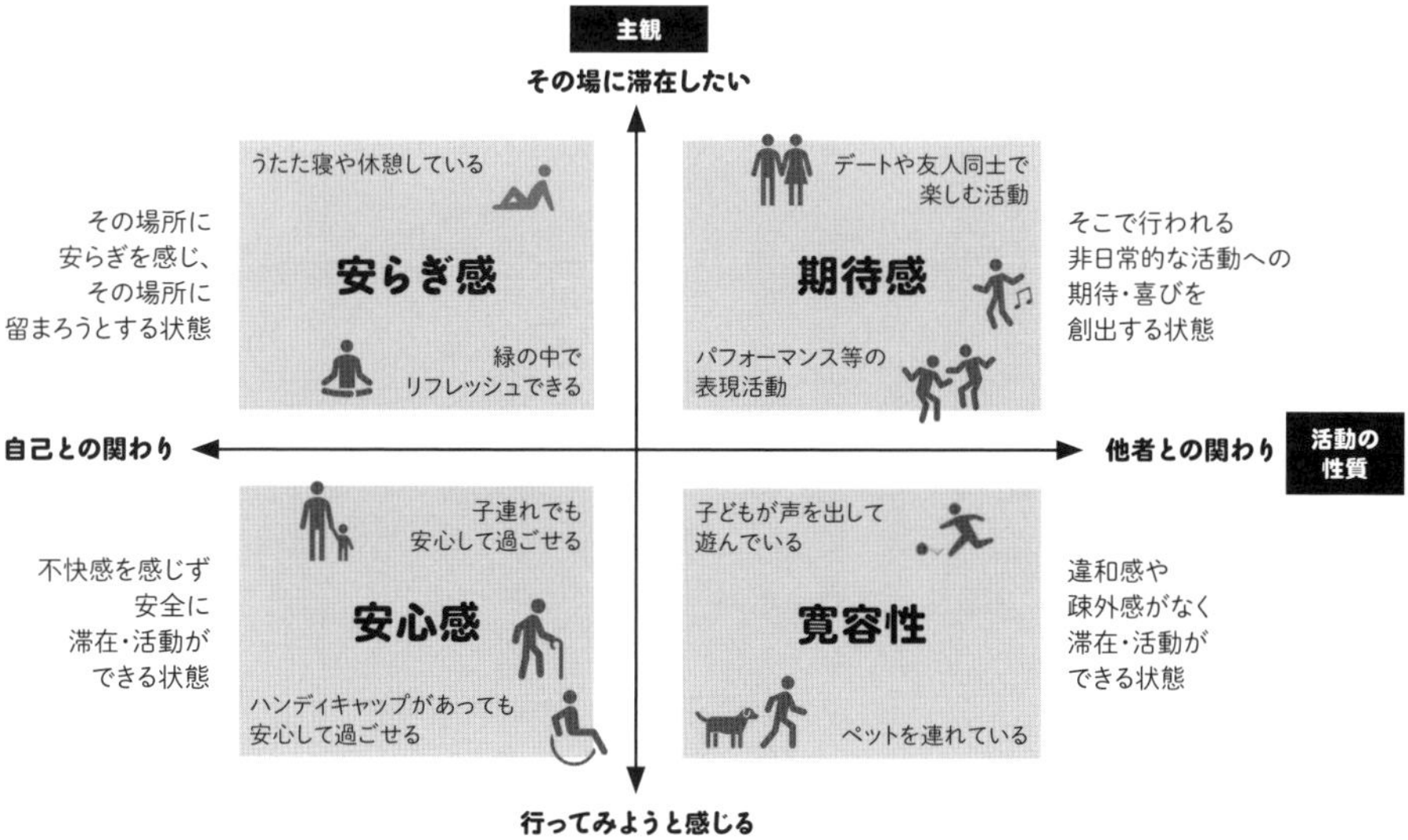

**主観**

その場に滞在したい

うたた寝や休憩している

**安らぎ感**

緑の中で
リフレッシュできる

その場所に
安らぎを感じ、
その場所に
留まろうとする状態

デートや友人同士で
楽しむ活動

**期待感**

パフォーマンス等の
表現活動

そこで行われる
非日常的な活動への
期待・喜びを
創出する状態

自己との関わり ← → 他者との関わり

**活動の性質**

子連れでも
安心して過ごせる

**安心感**

ハンディキャップがあっても
安心して過ごせる

不快感を感じず
安全に
滞在・活動が
できる状態

子どもが声を出して
遊んでいる

**寛容性**

ペットを連れている

違和感や
疎外感がなく
滞在・活動が
できる状態

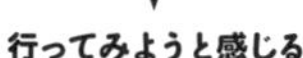

行ってみようと感じる

ります。我々に欠けているのは、空間のデザインです。良質な空間をつくっているかというと、まだまだそんなことはありません。満員電車の中でぎゅうぎゅう詰めになって動いていたり、ウォーカブルと言いながら狭い道路を一応歩けるだけの空間で歩いていたり、そういう実態の中でこの数字が叩き出されていることを認識し、そのための戦略をつくるべきだと思います。

海外の素敵な事例や、国内の事例［本書2章参照］のような良質な空間をつくるには、時間もお金もかかります。しかし、それをつくることによって、これから先の日本のまちが半世紀近く、あるいはもっと長く持続可能になったり、楽しい空間になったりするのではないかと思います。現時点のB／Cだけで判断するのではなく、もう少し中長期的に質の良い空間をつくる時代が望まれています。日本はそこに本気で取り組まないと国際競争に勝てないのではと思います。

**一ノ瀬**――地方都市、例えば、宇都宮の自動車分担率はどのくらいでしょうか。

**森本**――残念ながら宇都宮はかなり高く、六～七割近くあります。二〇二三年、国内で七五年ぶりに新しい路面電車をつくりました。これは一つのチャレンジです。路面電車を一本つくったからといって変わるわけではありませんが、変わろうとする意識が社会構造を少しずつ変えていきます。現在、沿線で人口が増えていたり、歩く人も増えていたりします。一年経ち、歩行の空間整備とも相まって歩行者の割合が増え、健康増進につながったという数値も徐々に出てきています。「自動車分担率が高いから無理」という話ではなく、自動車分担率が高いからこそウォーカブルな仕組みをつくることで注目されるまちになり、地方間競争を勝ち残れるようになるのではないかと思い、長年宇都宮のお手伝いをしております。

**一ノ瀬**――私も開業後少し経ってから乗りに行きましたが、地元の人がお客さんを連れて乗っていたりして、宇都宮に住んでいる人たちのシビックプライドが醸成され、誇り高そうにしていたのが印象的でした。

今の「上質な空間が大事なのではないか」という森本先生のお話がありましたが、場所によっても、時期によっても違ってくると思います。特に今日本の夏が暑くなってきている中、温熱環境からの視点も重要です。「丸の内ストリートパーク」は、期間限定ではありながら良質な空間をつくっていると思います。「上質な空間」、あるいは気候や時期によって変わるものをどう考えたらよいのか、村上先生に補足いただければと思います。

**村上**――都市空間をいかに上質なものにしていくか。大都市と地方都市では、目指すべき方向が違うのはまったくその通りです。当然、都市ごとに変わってくると思います。ヒートアイランドの問題は今社会問題として非常にクローズアップされています。夏がどんどん暑くなってきて、注目度は非常に高いですね。夏の暑さ対策に関しては仕事の依頼がたくさんあります。ただ、私自身の研究に関して言えば、ヒートアイランドの話で見ている限り、上質な空間を求められることはありません。「低質ではない空間にして欲しい」ということだけなのですね。

日本の都市空間の議論においては「上質なものを目指す」と言いながら、結局は「良くないものを排除する」という議論に行きがちです。例えば日本の場合、四季があり春と秋は快適に過ごせます。冬もうまくつくると、陽だまりのようなかたちで、非常に温かい空間をつくることができます。その部分に関しては、快適度を上げることができるんです。しかし、「春と秋、冬の初め頃までをもっと快適に過ごせるようにつくれますよ」という空間の提案に対しては、まったく仕事が入りません。そこにお金を払おうとはしないのですね。日本では無意識のうちに、不快な空間を排除することで質が上がっているように感じてしまうのが問題です。要するに、不平が問題であって、それ以外の「どうしたらもっと良くなるのか」「本当に住みたい空間になるのか」という議論になかなか展開しません。

質の高い空間をつくる議論ができる場をいかに関係者がつくれるかが、大変重要なところだと思っております。

**一ノ瀬**――必ずしも上質な空間が求められてないかもしれないというのは、本質的な問題かもしれません。海外と日本の違いなのかどうか。ボトムアップの視点を考えたとき、そういったニーズをうまく拾えていない可能性があるのかもしれません。

## 土地の取引価格と「上質」さ

**一ノ瀬**――個人のレベルという意味で、まず田島先生にお伺いします。例えば「良い公園ができたらよい」とは誰でも思うことです。あるいは周辺の土地の価値が上がるのであれば、住民にとってもメリットになるはずですよね。一方で、そのために何かプラスアルファの負担があるのだとすると、「いや、そんなものはいらない」となるかもしれません。経済学の視点から見て「低質でない空間」をどう考えたらよいのか。ウィーンの事例では、ウォーカブルに関わる指標が土地の価値を上げているという結果が出たわけですが［本書142ページ図1参照］、経済学的にどのように考えたらよいのかご解説いただければと思います。

田島――「上質な空間が求められていない」というご指摘がなぜなのか、それは上質な空間を求めていることに気がついていないのではないかと思いました。例えば、高級な美味しいお肉を食べたことがなければ、わざわざ高いお肉を買って食べようとは思わない、ということなのかなと。欧米の都市と日本の都市を比べたとき、日本にも歩きやすいまちはたくさんあると思います。ですが、これを人に説明するのが難しい。なぜかというと、通りに名前がないからです。「表参道の並木道をまっすぐ上がってきてね」と言えば、誰でもわかると思いますが、そうではない普通の道を人に説明するのが非常に難しいのです。ヨーロッパやアメリカの都市では通りごとに「〇〇ストリート」という名前があり、愛着をもってパッと頭に浮かぶのであれば、そこにはきっと価値を見出されているのだと思います。例えば「ニューヨークの五番街」であれば、非常にファンシーなブティックがあって、ある程度歩きやすそうなイメージがあるわけですね。そこに出店することに企業はお金を出しますし、そこで買い物やご飯を食べることに私たちは少し余分にお金を払ってもよいと思うようなことです。日本でも、日比谷公園や神宮外苑というものに、私たちは何らかのこだわりを持っています。印象に残って名前のつくところが増えていくと、それは何らかの守られるべきものと認識されやすくなるのではないかと思います。

ウィーンも二三区、東京も二三区なのですが、ウィーンの各所で取り引きされた土地価格の一〇年分のデータでは［本書145ページ図1参照］、歩道の幅や、その歩道がより美的な舗装をなされているか。石畳であったり、より高級感のあるようなものになっていたり、街路灯があったり、並木道になっているというような細かいデータが地理情報としてあります。それを指標化して、各地点を説明する変数に変換するという作業を、共著者の三輪哲大さんと、柴山先生がやってくださいました。そういった指標が、土地の取引価格に反映されていると確認する研究ができたことは今回、非常に新しく、より上質な空間の価値を可視化できたという点で面白かったです。

例えば、歩きやすいであろうと思われる道路空間の歩道の面積であったり、歩行者と車道の面積の比率であったり、そういったものが商業地よりも住宅の多い地域で高く評価されています。それを見つけられたことも大事なのですが、このことから私が日本の社会にアピールしたいことは、こういう情報をもっと集めて、私たちが気づかないうちに一体何を評価しているのか、わかるようになるとよいと思っています。

国交省でも「地理空間情報課」という課が新しくできました。私たちが「空間データから何が言えるのか」をうまく探し出し、気づかずに求めている価値を言語化していく必要があると思っています。

一ノ瀬――これはウィーンでの結果ですが、こういうものが取引価格に影響を及ぼしていることを、ウィーンに住んでいる方ももしかすると実は認識しているかどうかはわからないですね。

## 「歩ける」から「楽しむ」へ

一ノ瀬――岩崎先生にも健康、ウェルビーイングという視点から、個人のレベルでのウォーカビリティについてお話を伺いたいと思います。例えば、ハンディキャップを持っている方、小さいお子さんを連れている方、あるいは高齢者の方など、それぞれの状況によって、ウォーカブルな状態が違ってくると思います。あるいはもともとご専門にされている緑地がどのような役割を持つでしょうか。

岩崎――「ウォーカブル」や「ウォーカビリティ」を議論するうえで、障害を持った方や足腰が不自由な方のことを考えることは非常に大切な視点になります。これまでは、「その場に行ける」「歩ける」がゴール、というハード整備が多かったと思いますが、「歩きたくなる」「行きたくなる」という、次のステップを考える必要があります。

現場の設計になると「スロープをつくりました」「傾斜が何度」をクリアしたら終わりになるケースが多く、その場を実際に利用する利用者の心理にまで踏み込んだ計画がなされていないことが多かったと思います。有名な観光地でも、視点場が手すりで見えなくなってしまうケースがよくあります。車椅子の視点で見ると楽しめないですよね。「行ける」「歩ける」から「楽しむ」や何かプラスの要素がないと人は動きません。特に足腰が不自由な方や車椅子の方は家にこもりがちなので、外に出るためにもウォーカブルはとても大事な要素です。「あそこは楽しい」という心理になる場所をつくっていくことが大切です。

そしてそのときには、その場所に合わせたプログラムやソフトも一緒に考える必要があります。健常な状態では、「あの道は歩けるから行こう」とはなりません。そうではなく、「あそこで何かやっているから」「今◯◯だから行こう」ということが動機になります。人の行動心理で考えたら、ただ「行ける」ではなくて、「そこに何があるか」が大事になります。

「低質な空間をなくせばいい」という村上先生のお話には私も共感しています。障がい者の方に対する対応もネガティブな要素を取り除く意識が強い。日本では、「いかに楽しめるか」というプラスの要素を加える議論が足りないと思います。その要因の一つに、自治体など地域の行政は、住民の苦情に関するクレーム対応に気が取られ、どうしても、ネガティブなものを排除するほうに意識が向かってしまう。「楽しむ」というレベルにまで行けないのだと思います。

私が関わっている千葉市の花園公園は、地域の方々になかなか愛着を持ってもらえず、ゴミが放棄されたりするようになっていました。そこで「なんとか地域住民が公園に愛着を持つようにするにはどうしたらよいでしょうか」と相談に来られたのですね。楽しめる公園でないと愛着は育ちません。そこで、「自分たちで植物を植えてもよいし、摘んでもよい場所にしよう」と提案しました。普通の公園では、花を摘んではいけないことになっています。「自分のお庭のように楽しめる公園をつくりましょう」と提案して、区役所に行ったら大反対です。普通の地域の公園では、「花を摘んでよい」なんてあり得ません。区から大反対されました。

「なんでダメなのですか？」と理由を聞いてみたところ「前例がない」と言うのです。よく言われがちなことですが、さらに聞いていくと、結局は「住民からのクレーム対応が大変だから」という。クレームがきたときの責任の所在について問われたので、「では私が責任を取ります。公園に私の研究室の名前を書いて、私がこの取り組みをしたと書いてよいです」と言ったら、「では地域の方、自治体が了解したら実施してかまいません」となりました。自治会長さんにもお願いをして実際に取り組んだのですね。そうすると、ほかにそのような公園はないので、地域の人がたくさんやってきて、それこそコミュニティができ、多世代交流の場としてすごく評判になりました。その後、区の事業として、助成もいただくようになりました。

やはりどこかで、このようなポジティブな事例や要素を積み上げ、魅力のある場をつくっていくことが必要だと思います。現状のままでは「マイナスの要素がないように」というだけで、質の話にならないように思います。マインドを切り替えて、一般の方だけでなく、障害を持った方や高齢者も関わって楽しめる場になるように変えていく必要があると思います。

**一ノ瀬**——森本先生の「上質な空間」という言葉から始まり、本質的な議論になってきたと思います。

アルフォンツォの五段階モデル［図2］には、いままさに出ている「質の高さ」や「歩ける」というのが、「実現可能性」や「アクセシビリティ」、「安全性」などに対応すると思います。このあたりは日本ではクリアされている点だと思います。ただ、歩くのに「快適な空間」だったり、いちばん上の「楽しい場所があるのかどうか」の話になってくると思います。

また、建築系の方はよくご存知だと思いますが、ヤン・ゲールの野外活動の分類［図3］では、「必要活動」「任意活動」「社会活動」と言っています。ウォーカビリティでは「歩ける」や「歩きたい」、さらには「歩いて幸せに」なりますね。やはり歩くことで、外に出ていき、そこで「コミュニケーション」あるいは「コミュニティ活動」が生まれるということなのだと思います。

日本のウォーカビリティをどう考えるべきか、インフラという意味では、日本はある程度整備されて成熟してきているので、いかに縮退を前提としてより上質な空間を求めるかが一つ大事なポイントになると思いました。

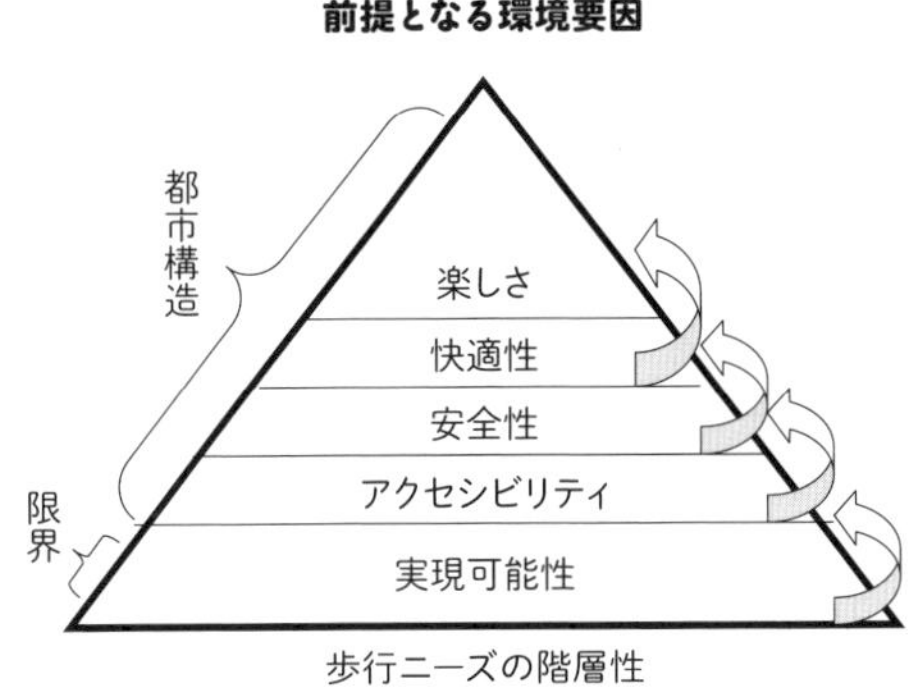


図2｜アルフォンツォの5段階モデル[1]

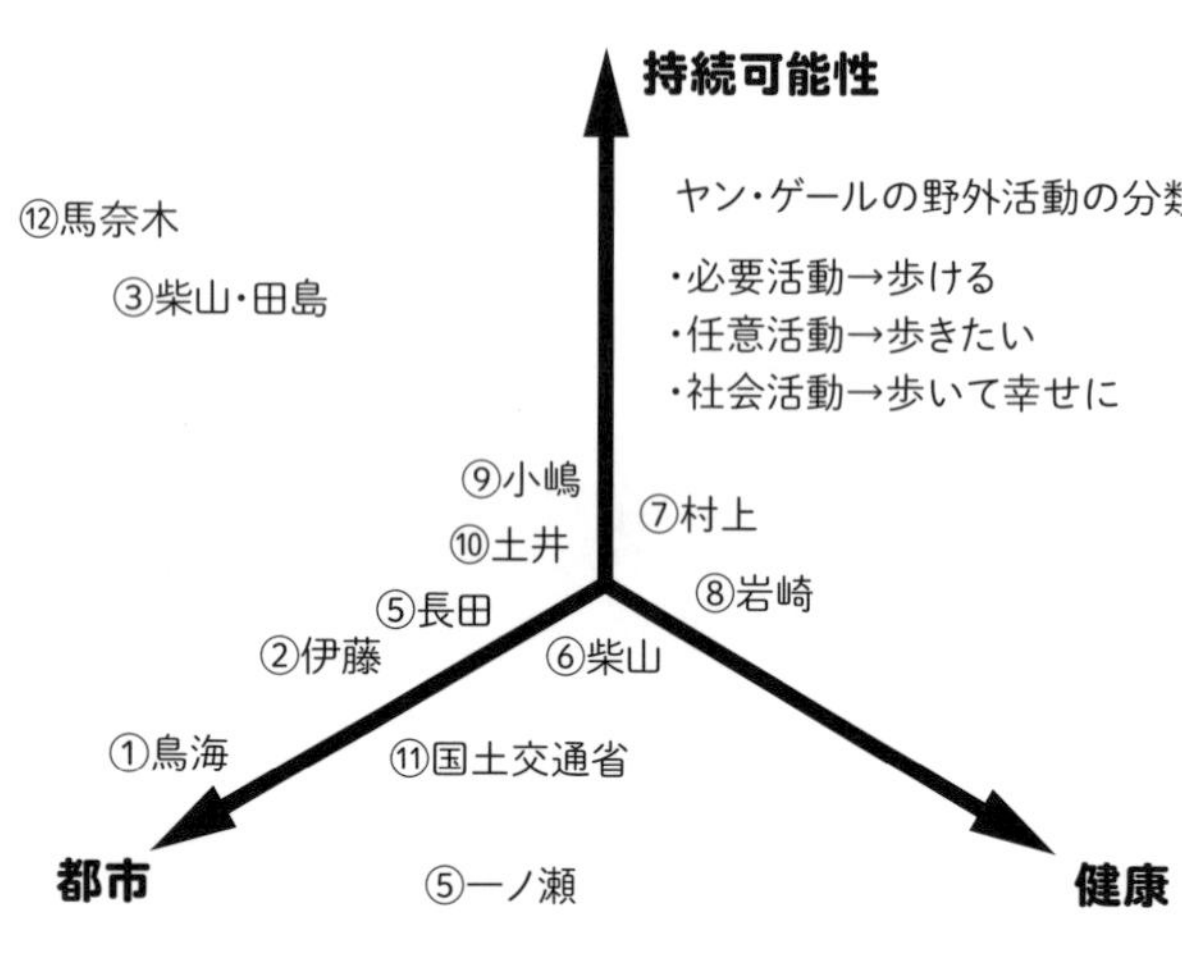


図3｜ヤン・ゲールの野外活動の分類に合わせてウォーカビリティを考える[2]

もっとよいかも」というアイデアや「こういうのを調べればもっとすごいことわかるかも」という話があれば、最後に一言ずついただければと思います。

**森本**——日本の社会資本の整備は、高度経済成長期から脱していないと思うのですね。「安全で歩ける空間をつくる」ところから「楽しい空間をつくる」ところへ飛躍するためには、基本的に今我々が持っているインフラの整備基準そのものをもう一度再考する必要があると考えています。例えば、道路をつくるとき、B／Cを計算しますが、その中身はほとんど時間短縮便益です。時間を短縮したことによる便益とコストを比較したときに「やってよい」「やって悪い」「一・〇を超えた」「超えない」という議論です。実を言うとこの計算のなかに環境的価値や社会的価値はほとんど入っていません。宇都宮のLRTを計算するときもこのような議論がたくさんありました。我々がB／Cのあり方そのものを切り替えていかない限り、いつまで経っても高い質の道路をつくることや社会資本を上手に使っていくことはできないのではないかと思います。

もう一つ、一旦方針を決めて、一〇年、二〇年動かさないのではなく、DXも含めていろいろなデータ情報が

## 新しい価値観をベースにしたトライ・アンド・エラーの取り組み

**一ノ瀬**——最後に、この議論を踏まえて、直近ではどのような課題を最もクリアしなければいけないでしょうか。また、いろいろな技術が進んでいるなか、「こんなものを使うと

入っているのだから、アジャイル的にある程度決めたら走り出せばよいと思うのですね。トライ・アンド・エラーをすればよいのです。その代わりトライ・アンド・エラーをしてデータをきちんと取って本当に効果があるかどうかのエビデンスを次の政策につなげていくことです。短い循環の政策決定と実施をもっとチャレンジしなければ、この議論は空中戦で終わってしまう気がします。ぜひできるところからチャレンジできればと思います。

**鳥海**――これまでの議論を踏まえて、二つあります。一つ目は、田島先生がおっしゃったデータです。ウォーカブルかどうかを評価しようとしたときに、データを集めるのが大変で、そのことがバリアになっている場合が多くあると思います。道幅や歩道の有り無しのような簡単な情報でも、現地に行かないとわからないことが多いです。人々がどういう風に歩くのかを知りたくて、ビデオを設置して撮影して調査しようとなると許可を取るのも大変です。研究者側の視点としては、もう少し簡単にデータにアクセスできたり、データを取ることに対して協力が得られたり、その重要性を理解していただけるような環境ができてくるとありがたいです。

二つ目は森本先生がおっしゃったように「トライ・アンド・エラー」。「とにかくやってみればいいじゃないか」と思うのですが、一歩を踏み出すことへのハードルが日本はすごく高いと思います。例えば、柴山先生が見せていただいたスーパーブロックの事例［本書32-44ページ参照］のように、交差点を封鎖して一方通行にする対策などは、まずは植木鉢など、その地域で簡単に手に入るものを置いてみてやってみればよいのではと思いますが、実際には、そんな風に気軽に試すことができない状況があります。

トライ・アンド・エラーの取り組みを地域の人たちが考えて実践することがもっとやりやすくなっていくとよいと思います。自治体に頼んで入念に計画してあちこち許可申請してもらって「やってもらう」のではなく、地域の人が「自分の家の前の通りをこういうふうにしたいよね」と町内会で話し合って、「じゃあ一週間、一方通行でやってみようか」とか、「ここに植栽をもっと増やしてみようか」というトライをやりやすくしていけるとよいと思います。「上質な空間を」とはいっても、やはり自治体は、交通事故対策などネガティブなものを排除することに忙しく、財源も限られています。これからは、いかに住民や周辺の企業の力でプラスアルファの部分をつくり出し、地域をブランディングしていけるかが重要になってくるのではないかと思います。そういった、民間がトライすることの障壁をできるだけ減らしていけると良いと思いました。

## 思い浮かべやすい都市のイメージを描く

**田島**――今鳥海先生に話していただいた「いろいろやってみること」は、本当に大事だと思います。先ほどの議論でも「見たことのないものを欲しがること」は非常に難しいことだと思います。何かを変えることに対しては抵抗が非常に強いのです。車のための道を通すときも、都市計画道路の用地を買収するのに時間がかかります。「こんなところに道路ができてもよくなるはずがない」と言われる近隣の方や地権者がおられるのですが、できてみるとみんなけっこう喜ぶということは、おそらく現場に関わっている方は見てきていると思います。「ウォーカブル」「人のための空間」においても「こんなものがあるんだ」とみんなが見たことのある状態にしていけるかどうかです。そのためには、試行錯誤することが大事なのだと思います。

一九六〇年代に話題になった、ケヴィン・リンチの『都市のイメージ』という本があります。その中で、思い浮かべやすい都市の様子について書かれています〔本書54ページ参照〕。高架高速道路が通ると地上部の通行が遮断されます。そのことにより、ボストンがどのようなかたちをしていて、どこを通ればどこに行けるのかがわからなくなってしまうことに気がついたという話です。

歩きやすい道ができることや到達しやすい目標点が認識できることは、「まちがどうなっているのか」を皆が思い描きやすくなることなのです。そうなることによって「移動してみよう」「そこに行ってみよう」という考えにつながっていくのだと思います。「思い浮かべやすくなるようなまちの仕組みとは、どういうものなのだろうか？」を追い求めていきたいと思います。例えば、「街路樹がつながっている」であるとか、欧米の都市のように「〇〇ストリートを進んでいけば目的地が必ず見つかる」ことが私にとっては訪れたまちを把握する手がかりになります。日本の社会では、どういったものが手がかりになるのか探していきたいと思います。

**岩崎**――WHOの定義の「身体的健康」「心理的健康」「社会的健康」のなかで、身体的健康や心理的健康は医者でも対応できるものですが、社会的健康については、実は医者が対応できるものではないのですね。そうなったときに、このウォーカブルな空間は、IATSSのビジョンの三つの図［本書89ページ参照］にもありますように、社会的健康に寄与できる空間になり得る場所だと思います。ぜひ、社会的健康を上げる空間がウォーカブルな空間として成立していくような整備ができるよう、私も取り組んでいきたいと思います。

今日の議論だけでもいろいろな観点から取り組んでいかなければ解決できない複雑な問題がたくさんあると思います。今後もこのような学際的なアプローチと研究と現場でのトライ・アンド・エラーの実践を重ねていくことが解決の手がかりになるのではないかと思います。私もこういった学際的な視点から取り組んでいければと思います。

## 全体性と関係性、計画と連携を考える

**村上**――私も先ほどのアルフォンツォの三角形［図2］に言及しながらお話ししてもよろしいでしょうか。先ほどから「とりあえずやってみる」というトライ・アンド・エラーの話があり、私も同感です。アルフォンツォの図には「実現可能性」「アクセシビリティ」という土台があり、その上に「安全性」「快適性」があります。本来は、その連携が大事なのだと思いますが、日本の場合は、それぞれがそれぞれで最適化、いちばん良い方向を見出してしまっていたのではないかと思うのですね。例えば、私自身、空間の仕事をしていると、空間の快適性だけを最大化することが議論の中で求められたりします。そうするとその周辺の「楽しさ」や「安全性」などとの連携にはあまり気を使わなくなってしまう。森本先生がおっしゃったような「B／Cを新しい価値観をベースに再考するべき」という話は、私も非常に腑に落ちたところです。全体像の中でいかに新しい価値観や新しい評価を見出していくか。そういう考え方をしていくことが非常に大事だと思います。そう考えていくと、もちろんトライ・アンド・エラーも大切なのですが、同時に、計画的に地域全体をどうしていくかの視点もなければいけません。トライ・アンド・エラーの取り組みは、都市計画との関係性において重要になってくると思います。

ご紹介した「丸の内ストリートパーク」は、あの場所のエリアマネジメント団体が運営しているので、常にエリア全体を考え、周辺にどう波及させていくかを考えています。しかし、「丸の内ストリートパーク」は、南北に長

2024年9月23日、於ステーションコンファレンス東京

い通りで連続していますが、東西道路は止めることができず、そこで分断されてしまうのですね。この取り組みを長い期間にわたり一連のものとして周辺に波及させていくと、東西道路をいかに公園化していくかという話が出てきます。そのときにはやはりアクセスの問題、あるいはゴミ収集などのサービスをどうしていくかという、地域計画との連携が問われてくることになります。柴山先生の非常に耳の痛いご指摘に、「日本は一点豪華主義で面的に広がっていかない」という話がありましたが、まさにそうだと思います［本書59ページ参照］。そこを広げていくためにはやはりもう一度、地域や都市計画との連携が重要になってくるのではないかと思いました。

**一ノ瀬**──ありがとうございます。今日はパネルディスカッションというかたちで議論を進めてきました。これまで年に四、五回ほど研究会を開催し、たびたび議論を重ね、共同研究をしてきましたが、今日、最後に話題にしたように、日本の都市にとって、どのようなウォーカビリティが求められているのか、ずいぶん整理ができたように思います。ウォーカビリティという意味では、国土交通省は「居心地が良く歩きたくなる」まちづくりを推進しており、まちなかの居心地の良さを測る指標として主観を重視した指標を提示していますが、日本の都市の状況を考えると、ある程度アクセシビリティや安全性を踏まえたうえでの指標であるということが、整理できたように思います。

最後に森本先生に投げかけていただいた「上質な空間」というのがいちばんのポイントで、また最後に村上先生がおっしゃるように、アルフォンツォの話は、三角形でピラミッドになっていくのですが、それを個別最適化してしまっているのではないかというご指摘も、確かにそうだと思いながら伺ったところです。

今村上先生も国際交通安全学会でこの「ウォーカブル」をテーマに調査研究プロジェクトを動かしているところでもあります。国際交通安全学会としては、これからますます日本の都市のウォーカビリティ向上に貢献できるのではないかと思っています。皆さん、本当にどうもありがとうございます。

# おわりに

「はじめに」で述べたように、本書は国際交通安全学会の調査研究プロジェクトをきっかけとして誕生した。私たちは五年間かけて「ウォーカブルなまち」をいかに評価するかを問い続けてきた。それは、第4章の「これからのまちとウォーカビリティ」で議論されたように、「これからのまちがどのようであるべきか」、「モビリティはどうあるべきか」、そもそも「私たちはまちに何を求めているのか」、「どのような移動・空間であれば、私たちは楽しみ幸せになれるのか」といった根本的な問に行き着いた。

「ウォーカブル（歩ける）」をキーワードにスタートしたが、かつて人類は「歩くしか」移動手段がなかった。記録に残っている最初の乗り物は簡素な「筏」であったという。人類は、アフリカで誕生し、歩いて他の大陸に移動していったが、歩いて行けない場所は人類にとって未踏の地となった。それでも人類は海で隔てられていた大陸や島へ筏や簡素な船で渡り、新天地を開拓した。動物を移動や輸送の手段として使い出すのは、海を渡るようになったあとのこととされているが、歩くだけであった陸上の移動と輸送が動物を使い、より速く遠くに移動したり、より多くの荷物を運べることになったことは、大きな変革であった。そして産業革命とともに誕生した内燃機関による乗り物、特に一九世紀後半に登場してきた自動車は人類の陸上でのモビリティに革命をもたらした。私たちはいつでも自由にそして速く目的地にたどり着けるようになった。その自動車が誕生したアメリカは広大な土地を有しており、自動車の利用を前提としたまちがつくられるようになったことは必然であった。二〇世紀には個人が自由に動けるモビリティに加え、大量な人々やものを速く遠くへ大量に運ぶ飛行機や高速鉄道も整備され、速く遠く大量が価値を持ち、私たちに便益をもたらした。

第4章で議論された内容は、そのような二〇世紀までの前提が大きく変化しつつある中で、私たちが依然としてそれまでのまちづくり、モビリティのあり方を変えられていないのではないかという問題提起であった。二一世紀には先進国は成熟社会を迎え、情報通信技術が発展したことにより私たちは地球の裏側で起こっている出来事の情報も瞬時に手に入れることができるようになった。そして情報を手に入れるだけでなく、ソーシャルネットワークサービス（SNS）の急激な普及により、個人が共感を伝えたり、抗議の意志を示したりすることが容易になった。二〇一九年末からのCOVID-19のパンデミックにより、私たちの生活、仕事、教育などに情報通信技術の活用がいっそう進むことになった。一方、ネット販売やデリバリーサービスの利用が急増した結果、輸送の担い手不足が顕在化した。もっとも、3Dプリンターが普及すれば、遠隔地の工場から製品を運ぶのではなく、利用者の自宅、あるいは地域の中でものがつくれるようになり、物流が大きく変わるのではないかという予測もある。第1章で解説したように地球環境問題はますます深刻になっており、社会的な公正性にも大きな注目を向けられるようになった。そして経済成長を前提とした発展の限界も指摘されており、環境・経済・社会の面からのサステイナビリティが求められるようになってきている。

必要に駆られて速く移動するのではなく、ゆっくり移動を楽しむという視点や、ネガティブな要素を排除するのではなく、居心地のよい上質な空間を生み出すという視点は、これまでのインフラ整備の価値観の転換を迫るものであり、評価のあり方も自ずと変わってくる。完璧な評価方法を構築しないとそのような整備ができないということではなく、トライアンドエラーを試みていくことの重要性が議論された。当然であるが、このトライアンドエラーは多様な主体を巻き込み議論し、実行が合意される必要がある。ウォーカブルなまちづくりより前からスマートシティも国を挙げて取り組まれているところであるが、本書で扱ったように様々なデータが入手可能になり、それらを分析する手法も次々提案されているので、トライ（社会実験）がエビデンスに基づいて検証されることにより、順応的な軌道修正が可能になる。同時に個別な最適解に陥らないようにするためにも、俯瞰的な視点から地域や都市計画との連携が重要となる。

ウォーカビリティを高めるために、事例で紹介したポンテベトラのようにまちの中心部から自動車を追い出すというような手段をとることもあるが、本書をここまで読んでいただければ、歩くか車かというような単純なものではなく、全ての人々の移動を可能にする社会を目指すものであることは理解いただけたかと思う。運動や楽しむことを目的として長い距離を歩きたい人もいる一方で、歩くことが難しい、あるいは短い距離しか歩けない人もいる。通勤や通学のためにできるだけ速く移動したい人もいるだろう。ウォーカブルなまちは、様々な人々のニーズに応えうるもので、社会的な公正性を保証するものである。本書は、日本におけるウォーカブルなまちを考えることがスタートであったので、国外という意味では欧米の先進地しか調査を行っていない。発展途上国には、依然として「歩くしかない」人々も数多く存在するし、保安上の課題から自動車での移動が優先されている地域もあるだろう。日本においても、人口減少、高齢化により地域公共交通維持が困難になり、自動車を持たない、あるいは運転ができない人々の生活の利便性が著しく低下することが危惧されている。これらの課題は本書では扱えていないが、国際交通安全学会では、コモン・ビジョンとして理想的な交通社会の実現を掲げているので、これらの課題にも取り組んでいきたいと考えている。

一ノ瀬友博

# 参考文献

URLは二〇二五年一月六日最終閲覧

## 第1章　なぜウォーカブルなまちが求められているのか


1 https://www.mlit.go.jp/toshi/toshi_gairo_tk_000081.html

2 Prevost, L., Padula, S. and Hymes, K.:5 Ways the Coronavirus Has Changed Suburban Real Estate, The New York Times, Vol.17, 2020.

3 Liu, S. and Su, Y.: The impact of the COVID-19 pandemic on the demand for density: Evidence from the U.S. housing market, Econ Lett, Vol.207, pp.110010, 2021.

4 IPCC: AR6 climate change 2021 - the physical science basis, 2021.

5 Convention on Biological Diversity: Global biodiversity outlook 5, 2020.

6 Ruckert, A., Zinszer, K., Zarowsky, C., Labonte, R. and Carabin, H.: What role for One Health in the COVID-19 pandemic?, Can J Public Health, Vol.111, No. 5, pp.641-644, 2020.

7 C40: Green & just recovery agenda, 2020. https://www.c40.org/what-we-do/raising-climate-ambition/green-just-recovery-agenda/

8 Paolini, M.: Sign the manifesto for the reorganisation of the city after the COVID19, 2020.

9 Hu, F. B., Sigal, R. J., Rich-Edwards, J. W., Colditz, G. A., Solomon, C. G., Willett, W. C., Speizer, F. E. and Manson, J. E.: Walking Compared With Vigorous Physical Activity and Risk of Type 2 Diabetes in WomenA Prospective Study, JAMA, Vol.282, No. 15, pp.1433-1439, 1999.

10 Gregg, E. W., Gerzoff, R. B., Caspersen, C. J., Williamson, D. F. and Narayan, K. M. V.: Relationship of Walking to Mortality Among US Adults With Diabetes, Archives of Internal Medicine, Vol.163, No. 12, pp.1440-1447, 2003.

11 Saelens, B. E., Sallis, J. F., Black, J. B. and Chen, D.: Neighborhood-based differences in physical activity: an environment scale evaluation, Am J Public Health, Vol.93, No. 9, pp.1552-1558, 2003.

12 Cerin, E., Saelens, B. E., Sallis, J. F. and Frank, L. D.: Neighborhood Environment Walkability Scale: validity and development of a short form, Med Sci Sports Exerc, Vol.38, No. 9, pp.1682-1691, 2006.

13 井上茂、大谷由美子、小田切優子、高宮朋子、石井香織、李廷秀、下光輝一「近隣歩行環境簡易質問紙日本語版（ＡＮＥＷＳ日本語版）の信頼性」『体力科学』（日本体力医学会）58巻4号、453-462ページ、2009年

14 Sarkar, C., Webster, C. and Gallacher, J.: Neighbourhood walkability and incidence of hypertension: Findings from the study of 429,334 UK Biobank participants, Int J Hyg Environ Health, Vol.221, No. 3, pp.458-468, 2018.

15 Howell, N. A., Tu, J. V., Moineddin, R., Chen, H., Chu, A., Hystad, P. and Booth, G. L.: Interaction between neighborhood walkability and traffic-related air pollution on hypertension and diabetes: The CANHEART cohort, Environ Int, Vol.132, pp.104799, 2019.

16 Simons, E., Dell, S. D., Moineddin, R. and To, T.: Associations between Neighborhood Walkability and Incident and Ongoing Asthma in Children, Ann Am Thorac Soc, Vol.15, No. 6, pp.728-734, 2018.

17 Saint-Maurice, P. F., Troiano, R. P., Bassett, D. R., Jr, Graubard, B. I., Carlson, S. A., Shiroma, E. J., Fulton, J. E. and Matthews, C. E.: Association of Daily Step Count and Step Intensity With Mortality Among US Adults, JAMA, Vol.323, No. 12, pp.1151-1160, 2020.

18 Martinez, C. A., Carmeli, E., Barak, S. and Stopka, C. B.: Changes in pain-free walking based on time in accommodating pain-free exercise therapy for peripheral arterial disease, J Vasc Nurs, Vol.27, No. 1, pp.2-7, 2009.

19 Novakovic, M., Krevel, B., Rajkovic, U., Vizintin Cuderman, T., Jansa

20 Tronteli, K., Fras, Z. and Jug, B.: Moderate-pain versus pain-free exercise, walking capacity, and cardiovascular health in patients with peripheral artery disease, J Vasc Surg, Vol.70, No. 1, pp.148-156, 2019.
O'Connor, S. R., Tully, M. A., Ryan, B., Bleakley, C. M., Baxter, G. D., Bradley, J. M. and McDonough, S. M.: Walking exercise for chronic musculoskeletal pain: systematic review and meta-analysis, Arch Phys Med Rehabil, Vol.96, No. 4, pp.724-734 e723, 2015.

21 Mobily, K. E., Rubenstein, L. M., Lemke, J. H., O'Hara, M. W. and Wallace, R. B.: Walking and Depression in a Cohort of Older Adults: The Iowa 65+ Rural Health Study, Journal of Aging and Physical Activity, Vol.4, No. 2, pp.119-135, 1996.

22 髙石鉄雄、石原健吾、鋤柄悦子、稲留友美、加藤千晶、脊山洋右「名古屋市内の3つの1万歩コースにおけるウォーキング中の身体活動強度」『日本家政学会誌』63巻2号、61-69ページ、２０１２年

23 Brown, J. R., Morris, E. A. and Taylor, B. D.: Planning for Cars in Cities: Planners, Engineers, and Freeways in the 20th Century, Journal of the American Planning Association, Vol.75, No. 2, pp.161-177, 2009.

24 Moreno, C., Allam, Z., Chabaud, D., Gall, C. and Pratlong, F.: Introducing the "15-Minute City": Sustainability, Resilience and Place Identity in Future Post-Pandemic Cities, Smart Cities, Vol.4, No. 1, pp.93-111, 2021.

25 Jacobs, J.: The death and life of great American cities, New York, Random House, 1961.

26 Southworth, M.: Designing the Walkable City, Journal of Urban Planning and Development, Vol.131, No. 4, pp.246-257, 2005.

27 Frank, L. D., Schmid, T. L., Sallis, J. F., Chapman, J. and Saelens, B. E.: Linking objectively measured physical activity with objectively measured urban form: findings from SMARTRAQ, Am J Prev Med, Vol.28, No. 2 Suppl 2, pp.117-125, 2005.

28 Frank, L. D., Sallis, J. F., Conway, T. L., Chapman, J. E., Saelens, B. E. and Bachman, W.: Many Pathways from Land Use to Health: Associations between Neighborhood Walkability and Active Transportation, Body Mass Index, and Air Quality, Journal of the American Planning Association, Vol.72, No. 1, pp.75-87, 2007.

29 Stockton, J. C., Duke-Williams, O., Stamatakis, E., Mindell, J. S., Brunner, E. J. and Shelton, N. J.: Development of a novel walkability index for London, United Kingdom: cross-sectional application to the Whitehall II Study, BMC Public Health, Vol.16, pp.416, 2016.

30 加登遼、神吉紀世子「居住エリアのウォーカビリティに立脚した地域評価に関する指標の開発と検証 北大阪都市計画区域の茨木市におけるスマートシュリンキングに向けて」『都市計画論文集』(日本都市計画学会)52巻3号、１００６-１０１３ページ、２０１７年

31 金井俊祐、山田真実、木村優介「Walkability Indexを用いた歩行空間整備前後の歩行活動量の分析枠組みに関する研究 滋賀県草津川跡地公園による道路ネットワークの変化に着目して」『都市計画論文集』(日本都市計画学会)54巻3号、１１８４-１１９１ページ、２０１９年

32 Walk Score.: Walk Score, 2022. https://www.walkscore.com/

33 Carr, L. J., Dunsiger, S. I. and Marcus, B. H.: Walk score as a global estimate of neighborhood walkability, Am J Prev Med, Vol.39, No. 5, pp.460-463, 2010.

34 Carr, L. J., Dunsiger, S. I. and Marcus, B. H.: Validation of Walk Score for estimating access to walkable amenities, Br J Sports Med, Vol.45, No. 14, pp.1144-1148, 2011.

35 Hall, C. M. and Ram, Y.: Walk score® and its potential contribution to the study of active transport and walkability: A critical and systematic review, Transportation Research Part D: Transport and Environment, Vol.61, pp.310-324, 2018.

36 Koohsari, M. J., Sugiyama, T., Hanibuchi, T., Shibata, A., Ishii, K., Liao, Y. and Oka, K.: Validity of Walk Score(R) as a measure of neighborhood walkability in Japan, Prev Med Rep, Vol.9, pp.114-117, 2018.

37 Government, V. S.: 20-minute neighbourhoods, 2021.

38 Badland, H., Whitzman, C., Lowe, M., Davern, M., Aye, L., Butterworth,

I., Hes, D. and Giles-Corti, B.: Urban liveability: emerging lessons from Australia for exploring the potential for indicators to measure the social determinants of health, Soc Sci Med, Vol.111, pp.64-73, 2014.

39 Capasso Da Silva, D., King, D. A. and Lemar, S.: Accessibility in Practice: 20-Minute City as a Sustainability Planning Goal, Sustainability, Vol.12, No. 1, 2019.

40 Nabil, N. A. and Eldayem, G. E. A.: Influence of mixed land-use on realizing the social capital, HBRC Journal, Vol.11, No. 2, pp.285-298, 2019.

41 Rodriguez-Pose, A. and von Berlepsch, V.: Does Population Diversity Matter for Economic Development in the Very Long Term? Historic Migration, Diversity and County Wealth in the US, Eur J Popul, Vol.35, No. 5, pp.873-911, 2019.

42 Neves, A. and Brand, C.: Assessing the potential for carbon emissions savings from replacing short car trips with walking and cycling using a mixed GPS-travel diary approach, Transportation Research Part A: Policy and Practice, Vol.123, pp.130-146, 2019.

43 Reid, C.: Anne Hidalgo reelected as mayor of Paris vowing to remove cars and boost bicycling and walking, 2020.

44 C40: How to build back better with a 15-minute city, 2020. https://www.c40knowledgehub.org/s/article/How-to-build-back-better-with-a-15-minute-city?language=en_US&laguage=en_US#:~:text=In%20a%20%E2%80%9915%2Dminute%20city%E2%80%99%2C%20all%20citizens%20are,and%20sustainable%20way%20of%20life

45 Weng, M., Ding, N., Li, J., Jin, X., Xiao, H., He, Z. and Su, S.: The 15-minute walkable neighborhoods: Measurement, social inequalities and implications for building healthy communities in urban China, Journal of Transport & Health, Vol.13, pp.259-273, 2019.

46 Caselli, B., Carra, M., Rossetti, S. and Zazzi, M.: Exploring the 15-minute neighbourhoods. An evaluation based on the walkability performance to public facilities, Transportation Research Procedia, Vol.60, pp.346-353, 2022.

47 Pozoukidou, G. and Chatziyiannaki, Z.: 15-Minute City: Decomposing the New Urban Planning Eutopia, Sustainability, Vol.13, No. 2, 2021.

48 Abdelfattah, L., Deponte, D. and Fossa, G.: The 15-minute city: interpreting the model to bring out urban resiliencies, Transportation Research Procedia, Vol.60, pp.330-337, 2022.

49 国土交通省都市局「新型コロナ危機を契機としたまちづくりの方向性（論点整理）」２０２０年

50 Baobeid, A., Koç, M. and Al-Ghamdi, S. G.: Walkability and Its Relationships With Health, Sustainability, and Livability: Elements of Physical Environment and Evaluation Frameworks, Frontiers in Built Environment, Vol.7, 2021.

51 Chertok, M., Voukelatos, A., Sheppeard, V. and Rissel, C.: Comparison of air pollution exposure for five commuting modes in Sydney – car, train, bus, bicycle and walking, Health Promotion Journal of Australia, Vol.15, No. 1, pp.63-67, 2004.

52 Marshall, J. D., Brauer, M. and Frank, L. D.: Healthy neighborhoods: walkability and air pollution, Environ Health Perspect, Vol.117, No. 11, pp.1752-1759, 2009.

53 James, P., Hart, J. E. and Laden, F.: Neighborhood walkability and particulate air pollution in a nationwide cohort of women, Environ Res, Vol.142, pp.703-711, 2015.

54 Rodriguez-Rey, D., Guevara, M., Linares, M. P., Casanovas, J., Armengol, J. M., Benavides, J., Soret, A., Jorba, O., Tena, C. and Garcia-Pando, C. P.: To what extent the traffic restriction policies applied in Barcelona city can improve its air quality?, Sci Total Environ, Vol.807, No. Pt 2, pp.150743, 2022.

55 Arif, V. and Yola, L.: The Primacy of Microclimate and Thermal Comfort in a Walkability Study in the Tropics: A Review, Journal of Strategic and Global Studies, Vol.3, No. 1, 2020.

56 Jia, S. and Wang, Y.: Effect of heat mitigation strategies on thermal

environment, thermal comfort, and walkability: A case study in Hong Kong, Building and Environment, Vol.201, 2021.
57 Keall, M. D., Shaw, C., Chapman, R. and Howden-Chapman, P.: Reductions in carbon dioxide emissions from an intervention to promote cycling and walking: A case study from New Zealand, Transportation Research Part D: Transport and Environment, Vol.65, pp.687-696, 2018.
58 López, I., Ortega, J. and Pardo, M.: Mobility Infrastructures in Cities and Climate Change: An Analysis Through the Superblocks in Barcelona, Atmosphere, Vol.11, No. 4, 2020.
59 Leyden, K. M.: Social Capital and the Built Environment: The Importance of Walkable Neighborhoods, American Journal of Public Health, Vol.93, No. 9, pp.1546-1551, 2003.
60 Aghaabbasi, M., Moeinaddini, M., Zaly Shah, M., Asadi-Shekari, Z. and Arjomand Kermani, M.: Evaluating the capability of walkability audit tools for assessing sidewalks, Sustainable Cities and Society, Vol.37, pp.475-484, 2018.
61 Yoo, C. and Lee, S.: Neighborhood Built Environments Affecting Social Capital and Social Sustainability in Seoul, Korea, Sustainability, Vol.8, No. 12, 2016.
62 Mashhoodi, B., van Timmeren, A. and van der Blij, N.: The two and half minute walk: Fast charging of electric vehicles and the economic value of walkability, Environment and Planning B: Urban Analytics and City Science, Vol.48, No. 4, pp.638-654, 2019.
63 Litman, T. A.: Economic value of walkability, Victoria Transport Policy Institute Canada, 2017.
64 Sohn, D. W., Moudon, A. V. and Lee, J.: The economic value of walkable neighborhoods, URBAN DESIGN International, Vol.17, No. 2, pp.115-128, 2012.
65 清水千弘、馬場弘樹、川除隆広、松縄 暢「Walkabilityと不動産価値 Walkability Indexの開発」『CSIS Discussion Paper』（東京大学空間情報科学研究センター）163巻、1-15ページ、2020年
66 Gorrini, A. and Bertini, V.: Walkability assessment and tourism cities: the case of Venice, International Journal of Tourism Cities, Vol.4, No. 3, pp.355-368, 2018.
67 国土交通省「「居心地が良く歩きたくなる」まちなかづくり ウォーカブルなまちなかの形成」https://www.mlit.go.jp/toshi/toshi_machi_tk_000072.html
68 島原万丈、HOME'S総研『本当に住んで幸せな街 全国「官能都市」ランキング』光文社、2016年
69 Alfonzo, M. A.: To Walk or Not to Walk? The Hierarchy of Walking Needs, Environment and Behavior, Vol.37, No. 6, pp.808-836, 2005.

## 第2章　世界のウォーカブルなまちづくり

### 1　ヨーロッパのウォーカブルなまち

1 宇都宮浄人、柴山多佳児監訳『持続可能な都市モビリティ計画の策定と実施のためのガイドライン第2版』薫風社、2022年
2 Banister, D., The sustainable mobility paradigm. Transport Policy, 15, pp.73-80, 2008. doi:10.1016/j.tranpol.2007.10.005
3 北川大次郎『近代都市パリの誕生 鉄道・メトロ時代の熱狂』河出書房新社、2010年
4 柴山多佳児「持続可能性の向上に向けた欧州の統合的交通政策と施策」『交通工学』（交通工学研究会）59巻2号、2024年
5 宇都宮浄人、柴山多佳児『持続可能な交通まちづくり』筑摩書房、2024年
6 https://www.citiesforum.org/news/superblock-superilla-barcelona-a-city-redefined/
7 https://www.barcelona.cat/infobarcelona/en/work-gets-under-way-to-transform-the-barcelona-superblock-in-leixample_1201069.html
8 https://www.polisnetwork.eu/news/steps-ahead-the-future-of-barcelonas-superblock/

9 Sustainable Urban Mobility Plan of the Concello de Pontevedra, 2023

### 2 アメリカのウォーカブルなまち

1 石川幹子『都市と緑地 新しい都市環境の創造に向けて』岩波書店、2001年
2 Boston Parks and Recreation Department, 2023-2029 OPEN SPACE AND RECREATION PLAN, 2023. https://www.boston.gov/departments/parks-and-recreation/updating-seven-year-open-space-plan
3 Lynch, K.: Image of the City, MIT Press, Cambridge, 1960.（ケヴィン・リンチ著、丹下健三、富田玲子訳『都市のイメージ（新装版）』岩波書店、2007年）
4 Miller, S.C., Seeing Central Park: The Official Guide Updated and Expanded, Abrams Books, New York, 2020
5 http://files.thehighline.org/pdf/high-line-map.pdf
6 Friends of High Line, ハイライン北端（34丁目）に設置された現地案内板 "High Line 1840-Today"
7 Diller Scofidio+Renfro :The High Line. https://dsrny.com/project/the-high-line
8 Times Square :The Official Website. https://www.nyc-timessquare.org/times-square-transformation.html

### 3 日本のウォーカブルなまち

1 https://www.pref.kagawa.lg.jp/toshikei/toshikeikaku/takamatsupromenade.html
2 中地遥菜、紀伊雅敦「高松市中心部の歩行回遊性向上策の検討」第66回土木計画学研究発表会（秋大会）、2022年
3 Sou, K., Shiokawa, H., Yoh, K., and Doi, K.: Street Design for Hedonistic Sustainability through AI and Human Co-Operative Evaluation, Sustainability, Vol.13, 2021
4 島根県土木部都市計画課「神門通りDESIGN NOTE」2019年

## 第3章 ウォーカビリティを評価する

### 1 ウォーカビリティを評価する枠組み

1 Saelens B. E., Sallis J. F., Black J. B., Chen D.,: Neighborhood-based differences in physical activity: an environment scale evaluation: Am J Public Health Vol.93, No. 9, pp.1552-1558, 2003.
2 Baobeid Abdulla, Koç Muammer, Al-Ghamdi Sami G.: Walkability and Its Relationships With Health, Sustainability, and Livability: Elements of Physical Environment and Evaluation Frameworks: Frontiers in Built Environment 7, 2021

### 2 持続可能な都市のあり方

1 国土交通省都市局「都市計画制度の概要」https://www.mlit.go.jp/toshi/city_plan/toshi_city_plan_tk_000043.html
2 森本章倫「人中心の交通システムと交通結節点」『交通工学』（交通工学研究会）56巻4号、1ページ、2021年
3 Akinori Morimoto: City and Transportation Planning: An Integrated Approach, Routledge, 2021.

### 3 都市構造と街路空間

1 国土交通省「「居心地が良く歩きたくなる」」まちなかづくり ウォーカブルなまちなかの形成」https://www.mlit.go.jp/toshi/toshi_machi_tk_000072.html
2 国土交通省「街路空間の再構築・利活用に向けた取組 居心地が良く歩きたくなる街路づくり」https://www.mlit.go.jp/toshi/toshi_gairo_tk_000081.html
3 国土交通省「生活道路の交通安全対策ポータル」https://www.mlit.go.jp/road/road/traffic/sesaku/anzen.html
4 国土交通省「通学路等の交通安全対策」https://www.mlit.go.jp/road/road/traffic/sesaku/tsugakuro.html
5 ヤン・ゲール、ビアギッテ・スヴァア著、鈴木俊治、高松誠治、武田重昭、中島直人訳『パブリックライフ学入門』鹿島出版会、102-103ページ、2016年

6 安藤亮介、氏原岳人「歩行者中心の都市空間創出による交通手段の変化の可能性」『交通工学論文集』(交通工学研究会) 5巻5号、1-10ページ、２０１９年

7 国土交通省「国土のグランドデザイン２０５０ 対流促進型国土の形成」47ページ、２０１４年

8 鳥海 梓「風配図を用いた都市拠点サービス圏域の地域比較と道路ネットワーク評価に関する考察」『生産研究』(東京大学生産技術研究所) 73巻、１２５-１３０ページ、２０２１年

9 交通工学研究会「機能階層型道路ネットワーク計画のためのガイドライン(案) Ver 2.0」２０２４年 http://www.jste.or.jp/cms/wp-content/uploads/2024/08/r3-r6_01.pdf

10 国土交通省「ウォーカブル推進都市一覧(令和６年12月31日時点)」https://www.mlit.go.jp/toshi/content/001855546.pdf

11 国土交通省「国土数値情報」https://nlftp.mlit.go.jp/ksj/index.html

12 Esri Japan、住友電工「ArcGIS Geo Suite道路網」２０２０年

13 齋藤博之「平成13年の道路構造令改正における自転車走行空間の確保の考え方」『交通工学』(交通工学研究会) 38巻増刊号、26-32ページ、２００３年

14 国土交通省「歩行空間ネットワークデータの概要」https://www.mlit.go.jp/common/001198934.pdf

15 鳥海 梓、大口 敬「多様な道路利用主体を考慮した街路ネットワークの機能階層化に関わる論点整理」『土木計画学研究・講演集』(土木学会) 62巻、10ページ、２０２０年

16 鳥海 梓、笠原光将、大口 敬「街路における歩行者と出入交通の交錯に関する実態分析」『土木計画学研究・講演集』(土木学会) 63巻、10ページ、２０２１年

17 A. Toriumi, K. Kasahara, and T. Oguchi: A Simulation Study on the Interaction between the Land-Access Function for Motor Vehicles and the Walkability for Pedestrians in Urban Streets, Journal of the Eastern Asian Society for Transportation Studies, 11, pp.1855-1869, 2022.

18 Transportation Research Board of the National Academies (TRB) : Access Management Manual - Second Edition, TRB, Washington D.C., USA, 2014.

19 警察庁「「ゾーン30」の概要」https://www.npa.go.jp/bureau/traffic/seibi2/kisei/zone30/pdf/zone30.pdf

20 交通工学研究会『改訂 生活道路のゾーン対策マニュアル』丸善出版、２０１７年

21 例えば、Transportation Research Board of the National Academies (TRB) :Highway Capacity Manual 7th edition: A Guide for Multimodal Mobility Analysis, TRB, Washington D.C., USA, 2022.

## 4 街路のアクセシビリティ

1 Frank, L.D., Schmid, T.L., Sallis, J.F., Chapman, J.E., Saelens, B.E.: Linking objectively measured physical activity with objectively measured urban form, American Journal of Preventive Medicine, Vol.28, no. 2, supp.2, pp.117-125, 2005.

2 伊藤佑亮、高山宇宙、森本章倫「Walkabilityの概念整理と日本での適用に向けた課題に関する研究 歩行行動の欲求段階モデルを用いた高田馬場駅周辺におけるケーススタディ」『都市計画論文集』(日本都市計画学会) 56巻3号、２０２１年

3 伊藤佑亮、高山宇宙、森本章倫「Walkabilityを巡る論点整理と歩行者環境の評価・分析に関する研究」『土木計画学研究・講演集』(土木学会) 64巻、CD：全６ページ、２０２１年

4 Forsyth, A.: What is a walkable place? The walkability debate in urban design, Urban Design International 20, no. 4, pp.274-292, 2015.

5 ジョン・J・フルーイン著、長島正充訳『歩行者の空間 理論とデザイン』鹿島出版会、75-91ページ、１９７４年

6 Hillier, B. and Hanson, J.: The Social Logic of Space, Cambridge University Press, 1984.

7 Hillier, B. et al.: Natural movement: or, configuration and attraction in urban pedestrian movement, Environment and Planning B, Vol.20, No.1, pp.29-66, 1993.

8 中村一樹、紀伊雅敦「歩行行動の欲求段階に基づく歩行空間の質の知覚的評価手法の構築」『土木学会論文集D3』72巻5号、８６１-８７０ページ、２０１６年

9 Alfonzo, M.A.: To Walk or Not to Walk? The Hierarchy of Walking Needs, Environment and Behavior, Vol.37, no. 6, pp.808-836, 2005.

10 新宿区「高田馬場駅周辺エリアまちづくり方針」２０２２年 https://www.city.

shinjuku.lg.jp/kusei/keikan_202303.html
11 土田 栞、佐々木葉「市街地の「空間的奥行の履歴」に着目した景観特性把握手法に関する研究」『土木学会論文集D1』76巻1号、112-122ページ、2020年


## 5 人の移動

1 https://www.mlit.go.jp/toshi/tosiko/toshi_tosiko_tk_000031.html
2 https://www.tokyo-pt.jp/
3 https://www.mlit.go.jp/toshi/tosiko/toshi_tosiko_tk_000033.html
4 長田哲平、加納壮貴、大森宣暁、古池弘隆「中心市街地における受動赤外線型自動計測器を用いた歩行者通行量の分析」『交通工学論文集』(交通工学研究会)4巻1号(特集号B)、38-45ページ、2018年
5 我妻智世、長田哲平、大森宣暁、古池弘隆「複数地点の受動赤外線自動計測器を用いた中心市街地における歩行者・自転車通行量の変動に関する研究」『交通工学論文集』(交通工学研究会)、7巻4号(特集号B)2021年


## 6 歩行空間のAI画像分析

1 Chou, C., Aoki, Y., Yoh, K., and Doi, K.: New local design in the new normal: Sustainable city for outbreak risk, IATSS Research, 45(4), 395-404, 2021.
2 Day, G., and Gwilliam, J.:Living Architecture, Living Cities: Soul-Nourishing Sustainability,Routledge, 2019.
3 中村文彦、国際交通安全学会 都市の文化的創造的機能を支える公共交通のあり方研究会『余韻都市 ニューローカルと公共交通』鹿島出版会、2022年
4 Telega, A., Telega, I., and Bieda, A.: Measuring Walkability with GIS—Methods Overview and New Approach Proposal. Sustainability,13,1883,2021.
5 Labdaoui, K., Mazouz, S., Acidi, A., Cools, M., Moeinaddini, M., and Teller, J.: Utilizing thermal comfort and walking facilities to propose a comfort walkability index (CWI) at the neighbourhood level, Building and Environment, Volume 193, 2021.
6 Dubey, A., Naik, N., Parikh, D., Raskar, R., and Hidalgo, C.A.: Deep Learning the City: Quantifying Urban Perception at a Global Scale. In Proceedings of the European Conference on Computer Vision (ECCV), Amsterdam, The Netherlands, 2016.
7 Seresinhe, C.I., Preis, T., and Moat, H.S.: Using deep learning to quantify the beauty of outdoor places. R. Soc. Open Sci. 2017.
8 Fukai, S., Watanabe, N., Iwahori, Y., Kantavat, P., Kijsirikul, B., Takeshita, H., Hayashi, Y., and Okazaki, A.: Deep Neural Network for Estimating Value of Quality of Life in Driving Scenes, ICPRAM 2022, pp.616-621, 2022.
9 Reginthala, M., Iwahori, Y., Bhuyan. M.K., Hayashi, Y., Achariyaviriya, W., and Kijsirikul, B.:Interdependent Multi- task Learning for Simultaneous Segmentation and Detection, Image and Video Analysis and Understanding, ICPRAM 2020, pp.167-174, 2020.
10 Simonyan, K., and Zisserman, A.:Very Deep Convolutional Networks for Large-Scale Image Recognition, arXiv, 1409.1556, 2015.
11 Selvaraju, R.R., Cogswell, M., Das, A., Vedantam, R., Parikh, D., and Batra, D.:Grad-CAM: Visual Explanations from Deep Networks via Gradient-Based Localization, IEEE International Conference on Computer Vision (ICCV), pp.618-626, 2017.


## 7 土地取引価格

1 Miwa, N., Shibayama, T., & Tajima, K.: Exploring government open data: understanding contributions of better walkability to real estate pricing. Sustainable Transport and Livability, Vol.1, No.1, 2024. https://doi.org/10.1080/29941849.2024.2310299
2 Laa, B., Shibayama, T., Brezina, T. et al. (2022). A nationwide mobility service guarantee for Austria: possible design scenarios and implications. Eur. Transp. Res. Rev. Vol.14, No.25, 2022. https://doi.org/10.1186/s12544-022-00550-5

## 8 カーボンニュートラル

1 国立環境研究所温室効果ガスインベントリオフィス「日本の温室効果ガス排出量データ」
2 松橋啓介「大都市圏の地域別トリップ・エネルギーから見たコンパクト・シティに関する考察」『都市計画論文集』（日本都市計画学会）35巻、469-474ページ、2000年
3 茨城県つくば市「気候市民会議つくば2023」2024年

## 9 ウェルビーイング

1 https://www.mhlw.go.jp/web/t_doc?dataId=97100000&dataType=0&pageNo=1
2 https://policies.env.go.jp/nature/biodiversity/30by30alliance/
3 https://www.env.go.jp/content/900518835.pdf
4 https://www.env.go.jp/council/content/i_09/900432706.pdf
5 https://www.mlit.go.jp/sogoseisaku/environment/sosei_environment_mn_000034.html
6 https://green-infra-pdf.s3.ap-northeast-1.amazonaws.com/Rep-hyoka.pdf
7 https://www.mhlw.go.jp/bunya/roudoukijun/anzeneisei12/index.html
8 https://www.mhlw.go.jp/toukei/list/dl/r05-46-50_kekka-gaiyo01.pdf
9 岩崎 寛、菊池典子、大塚芳嵩、山田隆介、中村 勝「オフィスにおける植物の設置が勤務者の心理に及ぼす影響」『日本緑化工学会誌』41巻1号、239-242ページ、2015年
10 矢動丸琴子、大塚芳嵩、中村 勝、岩崎 寛「オフィス緑化が勤務者に与える心理的効果に関する研究」『日本緑化工学会誌』42巻1号、56-61ページ、2016年
11 矢動丸琴子、中村 勝、岩崎 寛「オフィス緑化が勤務者に与える心理的効果に関する研究 業種・職種別による考察」『日本緑化工学会誌』43巻1号、86-91ページ、2017年
12 鄭 蒙蒙、矢動丸琴子、中村 勝、江口恵五、岩崎 寛「オフィスの個人デスクに設置した植物への接触が勤務者の心理に与える影響」『日本緑化工学会誌』44巻144号、119-122ページ、2018年
13 岩崎 寛「都市緑化植物が保有するストレス緩和効果 揮発成分から見た癒しの効果」『におい・かおり環境学会誌』39巻4号、231-238ページ、2008年
14 https://www.dentsu.co.jp/news/release/pdf-cms/2019042-0422.pdf
15 https://www.mhlw.go.jp/content/10904750/001158810.pdf
16 https://www.mhlw.go.jp/seisakunitsuite/bunya/hokabunya/shakaihoshou/hokeniryou2035/
17 近藤克則「健康格差の縮小に向けたゼロ次予防」『生活協同組合研究』（生協総合研究所）544巻、5-16ページ、2021年
18 https://www.mhlw.go.jp/content/10904750/001158810.pdf
19 漆谷綾乃、小笠原秀治、淵江知宏、岩崎 寛「高速道路休憩施設における緑地のあり方 ゼロ次予防緑化」『日本緑化工学会誌』50巻1号、159-162ページ、2024年
20 https://urbangreen.or.jp/cfgreendesign/gd31-08
21 小野良平『公園の誕生』吉川弘文館、2003年

## 10 暑熱環境

1 深谷恭平、村上暁信「可視化された温熱環境情報が屋外空間の利用に与える影響に関する研究」『都市計画論文集』58巻3号、1439-1445ページ、2023年

## 11 人の表情・しぐさ

・本稿で紹介した歩行空間評価システムに関する研究は、国土交通省新道路技術会議技術研究開発「歩行者の表情・しぐさを利用した空間評価指標についての研究開発」の一環として実施されたものである
1 松見淳子、J・D・Boucher「情動、顔面表情および文化的差異について」『心理学研究』（日本心理学会）49巻3号、167-172ページ、1978年
2 ダーウィン著、浜中浜太郎訳『人及び動物の表情について』岩波書店、1931年
3 P・エクマン、W・V・フリーセン『表情分析入門 表情に隠された意味をさぐる』誠信書房、1987年
4 札元太一、小嶋 文、久保田尚「歩行者の外形的な特徴に着目した空間評価に関する研究」『土木学会論文集D3』（土木学会）67巻5号、919-927ページ、

２０１１年
5 佐藤 学、星野優希、小嶋 文、久保田尚「歩行者の表情・しぐさに着目した歩行空間の評価手法に関する研究」『土木学会論文集Ｄ３』（土木学会）70巻5号、８８９-９０５ページ、２０１４年
6 Kojima, A., Satoh, M., Kubota, H., Evaluation Index for Walk Space Focusing on Pedestrian Smile, Transportation Research Board 2016 Annual Meeting,Transportation Research Board 2016 Annual Meeting Compendium of Papers,95:WEB, 2016.
7 Jan Gehl ; Life Between Buildings, Danish Architectural Press,1971.(ヤン・ゲール著、北原理雄訳『屋外空間の生活とデザイン』鹿島出版会、１９９０年)

## Column 豊かさの指標から見たウォーカビリティ

1 T. Maeda et al., Sci Rep, Preventive and promotive effects of habitual hot spa-bathing on the elderly in Japan, Scientific Reports, 2018.
2 Ogata, T. et al. Effect of Bifidobacterium longum BB536 administration on the intestinal environment, defecation frequency and fecal characteristics of human volunteers. Bioscience and microflora. 16, pp.53-58, 1997.
3 Valles-Colomer, M. et al. The neuroactive potential of the human gut microbiota in quality of life and depression. Nature microbiology. 4, pp.623-632, 2019.
4 Le, T. K. C. et al. Oral administration of Bifidobacterium spp.improves insulin resistance, induces adiponectin, and prevents inflammatory adipokine expressions. Biomedical research. 35, pp.303-310, 2014.

## 第４章 討論・日本のまちとウォーカビリティ

1 Alfonzo,M.A.m To Walk orNot to Walk, The Hierarchy of Walking Needs, Environmentand Behavior, Vol.37, No.6, p.820, 2005.
2 Gehl,J., Life between buildings using publicspace,IslandPress,pp.1onlineres ource, 211p, 2011.

**・編著者・著者紹介**（所属はすべて出版時点のもの。ただし一部研究当時を含む）

**一ノ瀬友博** 慶應義塾大学環境情報学部 学部長・教授
**岩貞るみこ** モータージャーナリスト
**紀伊雅敦** 大阪大学大学院工学研究科環境エネルギー工学専攻 教授
**小嶋 文** 埼玉大学大学院理工学研究科 准教授
**柴山多佳児** ウィーン工科大学交通研究所 上席研究員
**土井健司** 大阪大学大学院工学研究科地球総合工学専攻 教授
**松橋啓介** 国立環境研究所社会システム領域 室長
**馬奈木俊介** 九州大学都市研究センター 教授
**村上暁信** 筑波大学システム情報系 教授
**森本章倫** 早稲田大学理工学術院創造理工学部社会環境工学科 教授
**岩崎 寛** 千葉大学大学院園芸学研究院 教授
**長田哲平** 宇都宮大学地域デザイン科学部 准教授
**田島夏与** 立教大学経済学部経済政策学科 教授
**鳥海 梓** 東京大学生産技術研究所人間・社会系部門 特任准教授
**伊藤佑亮** 早稲田大学大学院建設工学専攻修士課程二年
**浅野幸継** 国土交通省都市局まちづくり推進課 課長補佐
**岸上祐子** 九州大学都市研究センター 特任助教
**曽 翰洋** 大阪大学大学院工学研究科地球総合工学専攻 博士課程
**中地遥菜** 大日本ダイヤコンサルタント株式会社
関東支社技術第二部 地域交通計画室
**三輪哲大** ウィーン工科大学 客員研究員

# ウォーカブルなまちを評価（ひょうか）する

二〇二五年三月一五日 第一刷発行

**編著者** 一ノ瀬友博＋国際交通安全学会 ウォーカブルなまち研究会
**著者** 岩貞るみこ・紀伊雅敦・小嶋 文・柴山多佳児・土井健司・松橋啓介・馬奈木俊介・村上暁信・森本章倫・岩崎 寛・長田哲平・田島夏与・鳥海 梓・伊藤佑亮・浅野幸継・岸上祐子・曽 翰洋・中地遥菜・三輪哲大

**発行者** 新妻 充
**発行所** 鹿島出版会
〒一〇四-〇〇六一 東京都中央区銀座六-一七-一 銀座六丁目-SQUARE 七階
電話 〇三-六二六四-二三〇一 振替 〇〇一六〇-二-一八〇八八三

**印刷・製本** 壮光舎印刷
**デザイン** 高木達樹（しまうまデザイン）


ISBN 978-4-306-07372-2 C3052



本書の内容に関するご意見・ご感想は左記までお寄せ下さい。
URL：https://www.kajima-publishing.co.jp
e-mail：info@kajima-publishing.co.jp